高等学校计算机应用规划教材

ASP.NET 4.5 基础教程

(C# 2012 篇)

王祥仲　王哲河　李玉玲　编著

清华大学出版社

北　京

内 容 简 介

ASP.NET 4.5 是一种基于服务器的功能强大的技术，用于为 Internet 或企业内部网创建动态的、交互式的 HTML 网页。它构成了.NET Framework 的核心元素，为异常强大的.NET 开发环境提供基于 Web 的访问。

本书包括 13 章，系统地介绍了如何使用 ASP.NET 开发动态网站，具体包括 ASP.NET 的运行环境、C#编程语言概述、ASP.NET 控件的使用、数据绑定、母版页、网站导航、XML 数据管理、LINQ 技术等内容，最后通过一个具体的动态网站开发项目演示了利用 ASP.NET 4.5 进行动态网站开发的方法和思路。

本书作为使用 ASP.NET 进行网站开发的实例教程，围绕 ASP.NET 4.5 的特点对此类应用程序的开发流程进行了详细说明，教学重点明确、结构合理、语言简明，而且每个实例均为作者在本领域工作中的真实案例，具有很强的实用性。

本书可作为高等学校计算机相关专业的教材，也可作为 ASP.NET 网站设计培训班的教材，同时适合一些工程技术人员或者工科高校学生自学使用。

图书在版编目(CIP)数据

ASP.NET 4.5 基础教程(C# 2012 篇) / 王祥仲，王哲河，李玉玲 编著. —北京：清华大学出版社，2017
（2022.3重印）
(高等学校计算机应用规划教材)
ISBN 978-7-302-47107-3

Ⅰ. ①A… Ⅱ. ①王…②王…③李… Ⅲ. ①网页制作工具—程序设计—高等学校—教材 Ⅳ. ①TP393.092.2

中国版本图书馆 CIP 数据核字(2017)第 116857 号

责任编辑：刘金喜
封面设计：孔祥峰
版式设计：牛静敏
责任校对：成凤进
责任印制：曹婉颖

出版发行：清华大学出版社
网　　址：http://www.tup.com.cn，http://www.wqbook.com
地　　址：北京清华大学学研大厦 A 座　　**邮　　编**：100084
社 总 机：010-83470000　　**邮　　购**：010-62786544
投稿与读者服务：010-62776969，c-service@tup.tsinghua.edu.cn
质 量 反 馈：010-62772015，zhiliang@tup.tsinghua.edu.cn
课 件 下 载：http://www.tup.com.cn，010-62781730
印 装 者：天津鑫丰华印务有限公司
经　　销：全国新华书店
开　　本：185mm×260mm　　**印　　张**：22.25　　**字　　数**：514 千字
版　　次：2017 年 7 月第 1 版　　**印　　次**：2022 年 3 月第 3 次印刷
印　　数：3501～3900
定　　价：68.00 元

产品编号：068982-03

前　　言

ASP.NET 4.5 是一种基于服务器的功能强大的技术，用于为 Internet 或企业内部网创建动态的、交互式的 HTML 网页。ASP.NET 4.5 构建在.NET Framework 4.5 之上，扩展了 ASP.NET 3.5 的功能，其内核是一个基于控件的、事件驱动的架构，这意味着只需要向页面添加少量的代码，就可以完成强大的功能。

本书面向初、中级用户，由浅入深、全面系统地介绍了使用 ASP.NET 和 C#开发网站的基础知识、基本方法和具体应用。当然，如果您是一名高手，那么本书也将是一本极好的参考书。

本书共分为 13 章，由浅入深、层层深入地讲解了使用 ASP.NET 开发网站的技术，包括 ASP.NET 开发基础、C#编程语言、ASP.NET 的服务器控件和核心对象、数据访问、母版页、网站导航等技术的讲解，最后通过一个综合实例展示了如何使用多种技术来开发网站。

第 1 章讲解了 ASP.NET 的基础知识。首先对 ASP.NET 技术进行了概括介绍，然后介绍了 Visual Studio 2012 集成开发环境，最后通过一个实例介绍了如何使用 ASP.NET 创建一个 Web 程序。

第 2 章讲解了 C#编程语言。首先讲解了 C#的数据类型和变量，然后讲解了流程控制的相关知识和 C#面向对象的特征——类和对象，最后介绍了 C# 5.0 的新特性。

第 3 章讲解了 Web 控件。首先介绍了基本的 Web 控件，然后讲解了 ASP.NET 控件类，接着介绍了列表控件、表控件和验证控件，最后介绍了两种比较复杂的控件：Calendar 控件和 AdRotator 控件。

第 4 章讲解了用户控件，主要介绍了用户控件的创建和使用。

第 5 章讲解主题和母版页，利用这两个工具就能够整合页面到一个统一网站。首先介绍了主题的创建和应用，然后介绍了母版页的创建和应用。

第 6 章讲解了页面导航的有关知识。首先介绍了站点地图，接着介绍了两个导航控件：TreeView 控件和 Menu 控件。

第 7 章讲解了 ASP.NET 中的核心对象。主要包括 Response 对象、Request 对象、Server 对象、Session 对象、Cookie 对象以及 Application 对象。

第 8 章讲解了 ADO.NET 数据库编程。首先概括介绍了 ADO.NET，然后介绍了如何连接数据库和获取数据，最后介绍了如何使用 DataSet 和 DataAdapter。

第 9 章讲解了如何进行数据绑定。重点介绍了数据源控件 SqlDataSource 和数据绑定控件，包括 GridView 控件、DetailsView 控件、ListView 控件以及 Chart 控件。

第 10 章介绍了 XML 数据管理。首先介绍了 XML 的基础知识，然后介绍了如何使用流模式操作 XML 数据，接着介绍了使用 XmlDocument 类编辑 XML 数据的方法，最后介绍了 DataSet 和 XML 的相互转换。

第 11 章介绍了 LINQ 技术。首先介绍了基于 C#的 LINQ 技术，然后介绍了 LINQ 到 ADO.NET 的知识。

第 12 章介绍了 ASP.NET 程序的配置。主要包括使用 web.config 进行配置和使用 global.asax 进行配置。

第 13 章通过开发一个“网络书店”系统来演示如何综合使用多种技术开发 Web 网站。本章除了介绍 ASP.NET 的具体技术之外，对于需求分析和系统设计、数据库设计以及功能模块的划分也有比较详细的介绍，有利于读者了解一个实际项目的开发流程。

对于每个知识点，本书都有实例演示。为了便于读者快速了解 ASP.NET 技术，本书的实例没有纠缠于具体而又烦琐的程序细节，而是简单明了地说明了如何运用知识点。本书最后一章是一个综合案例，取自现实生活，希望读者通过这个案例，可以对如何使用 ASP.NET 编程有比较深刻的了解。本书适用对象为 ASP.NET 的初、中级读者，可以作为高等学校计算机相关专业的教材、ASP.NET 网站设计培训班的教材，也适合一些工程技术人员或者工科高校学生自学使用。

本书 PPT 课件和应用到的所有例子的源代码将在 http://www.tupwk.com.cn/downpage 网站上提供。要运行源代码，读者需要配置一个运行环境，需要安装 Visual C# 2012 专业版，详细的配置可参考本书具体章节中的介绍。

本课程参考总学时为 65 学时，各章学时分配见下表(供参考)：

学时分配建议表

课 程 内 容	学 时 数			
	合　计	讲　授	实　验	机　动
第 1 章 ASP.NET 4.5 开发基础	2	2		
第 2 章 C#语言快速掌握	6	4	2	
第 3 章 Web 控件	6	4	2	
第 4 章 用户控件	4	2	2	
第 5 章 主题和母版页	4	3	1	
第 6 章 页面导航	3	2	1	
第 7 章 ASP.NET 常用对象	8	6	2	
第 8 章 ADO.NET 数据库编程	7	5	2	
第 9 章 数据绑定和数据控件	6	4	2	
第 10 章 XML 数据操作	3	2	1	
第 11 章 LINQ 技术	6	4	2	
第 12 章 配置 ASP.NET 应用程序	3	2	1	
第 13 章 网络书店	7	3	3	1
合　计	65	43	21	1

本书除封面署名作者外，参与编写的人员还有刘波、许小荣、王冬、王龙、蔡娜、肖斌、陈作聪、沈毅、周艳丽、张璐、苏静、张泽等。在此对以上人员致以诚挚的谢意！

由于本书涉及的范围比较广泛，加之作者的经验有限，时间仓促，书中难免有不足之处，敬请广大读者、专家提出宝贵意见。

服务邮箱：wkservice@vip.163.com。

编　者

目　录

第1章 ASP.NET 4.5开发基础

ASP.NET 是 Microsoft .NET Framework 中一套用于生成 Web 应用程序和 XML Web Services 的技术。ASP.NET 页面在服务器上执行并生成发送到桌面或移动浏览器的标记(如 HTML、WML 或 XML)。该页面使用一种已编译的、由事件驱动的编程模型，这种模型可以提高性能并支持将应用程序逻辑同用户界面相隔离。

本章重点：

- Web 和 ASP.NET 的基本概念
- ASP.NET 开发环境
- Visual Studio 2012 开发环境

1.1 ASP.NET 简介

ASP.NET 是微软公司为了迎接网络时代的来临，提出的一个统一的 Web 开发模型。ASP.NET 是建立在公共语言运行库上的编程框架，可用于在服务器上生成功能强大的 Web 应用程序。

1.1.1 .NET 简介

.NET 是微软公司发布的新一代的系统、服务和编程平台，主要由.NET Framework 和 Microsoft Visual Studio .NET 开发工具组成。

.NET Framework 是一种新的计算平台，它包含了操作系统上软件开发的所有层，简化了在高度分布式 Internet 环境中的应用程序开发。.NET Framework 主要包括两个最基本的内核，即公共语言运行库(Common Language Runtime，简称 CLR)和.NET Framework 基类库，它们为.NET 平台的实现提供了底层技术支持。下面将分别进行详细的介绍。

1. 公共语言运行库

公共语言运行库是.NET Framework 的基础，是.NET Framework 的运行时环境。公共语言运行库是一个在执行时管理代码的代理，以跨语言集成、自描述组件、简单配制和版本化及集成安全服务为特点，提供核心服务(如内存管理、线程管理和远程处理)。公共语言运行库还强制实施严格的类型安全以及可确保安全性和可靠性的其他形式的代码准确性。公共语言运行库遵循公共语言架构(简称 CLI)标准，使 C++、C#、Visual Basic 以及 JScript 等多种语言能够深度集成。在.NET Framework 中，用一种语言所写的代码能继承用另一种语言所写的类的实现，用一种语言所写的代码抛出的异常能被用另一种语言写的代码捕获。

2. .NET 基类库

.NET Framework 的另一个主要组件是类库，它是一个综合性的面向对象的可重用类型集合，如 ADO.NET、ASP.NET 等。.NET 基类库位于公共语言运行库的上层，与.NET Framework 紧密集成在一起，可被.NET 支持的任何语言所使用。这也就是为什么 ASP.NET 中可以使用 C#、VB.NET、VC.NET 等语言进行开发。.NET 类库非常丰富，提供数据库访问、XML、网络通信、线程、图形/图像、安全、加密等多种功能服务。类库中的基类提供了标准的功能，如输入/输出、字符串操作、安全管理、网络通信、线程管理、文本管理和用户界面设计功能。这些类库使得开发人员能够更容易地建立应用程序和网络服务，从而提高开发效率。

1.1.2　ASP.NET 页面与 Web 服务器的交互过程

ASP.NET 是一个统一的 Web 开发模型，它包括使用尽可能少的代码生成企业级 Web 应用程序所必需的各种服务。ASP.NET 作为.NET Framework 的一部分提供。

ASP.NET 网页在任何浏览器或客户端设备中向用户提供信息，并使用服务器端代码来实现应用程序逻辑。使用 ASP.NET 网页可以为网站创建动态内容。通过使用静态 HTML 页(.htm 或.html 文件)，服务器读取文件并将该文件按原样发送到浏览器，以此来满足 Web 请求。相比之下，当用户请求 ASP.NET 网页(.aspx 文件)时，该页则作为程序在 Web 服务器上运行。当该页运行时，可以执行网站要求的任何任务，包括计算值、读写数据库信息或者调用其他程序。该页动态地生成标记(HTML 或另一种标记语言中的元素)，并将该标记作为动态输出发送到浏览器。

ASP.NET 页面作为代码在服务器上运行。因此，要得到处理，页面必须在用户单击按钮(或者当用户选中复选框或与页面中的其他控件交互)时提交到服务器。每次页面都会提交回自身，以便它可以再次运行其服务器代码，然后向用户呈现其自身的新版本。传递 Web 页面的过程如下：

(1) 用户请求页面。使用 HTTP GET 方法请求页面，页面第一次运行时，执行初步处理(如果已通过编程，则让它执行初步处理)。

(2) 页面将标记动态呈现到浏览器中，用户看到的网页类似于其他任何网页。

(3) 用户输入信息或从可用选项中进行选择，然后单击相应按钮。如果用户单击链接而不是按钮，则页面可能仅仅定位到另一页，而第一页不会被进一步处理。

(4) 页面发送到 Web 服务器。浏览器执行 HTTP POST 方法，该方法在 ASP.NET 中称为“回发”，更明确地说，就是页面发送回其自身。例如，如果用户正在使用 Default.aspx 页面，则单击该页面上的某个按钮可以将该页发送回服务器，发送的目标则是 Default.aspx。

(5) 在 Web 服务器上，该页面再次运行，并且可以在页面上使用用户输入或选择的信息。

(6) 页面执行通过编程所要实行的操作。

(7) 页面将其自身呈现回浏览器。

只要用户在该页面中工作，此循环就会继续。用户每次单击按钮时，页面中的信息会发送到 Web 服务器，然后该页面再次运行。每个循环称为一次“往返行程”。由于页面处理发生在 Web 服务器上，因此页面可以执行的每个操作都需要一次到服务器的往返行程。在下一节可以通过例子进一步了解这个过程。

此外，ASP.NET 网页是完全面向对象的。在 ASP.NET 网页中，可以使用属性、方法和事件来处理 HTML 元素。ASP.NET 页框架为响应在服务器上运行的代码中的客户端事件提供统一的模型，从而不必考虑基于 Web 的应用程序中固有的客户端和服务器隔离的实现细节。该框架还会在页面处理生命周期中自动维护页及该页上控件的状态。

使用 ASP.NET 页和控件框架还可以将常用的 UI 功能封装成易于使用且可重用的控件。控件只需编写一次，即可用于许多页面并集成到 ASP.NET 网页中。这些控件在呈现期间放入 ASP.NET 网页中。

1.2　Visual Studio 2012 集成开发环境

Visual Studio 2012 是一个功能强大的集成开发环境，在该开发环境中可以创建 Windows 应用程序、ASP.NET 应用程序、ASP.NET 服务和控制台程序等。

1.2.1　集成开发环境简介

打开 Visual Studio 2012 集成开发环境界面，如图 1-1 所示，可以看到界面主要由几个不同的部分组成。

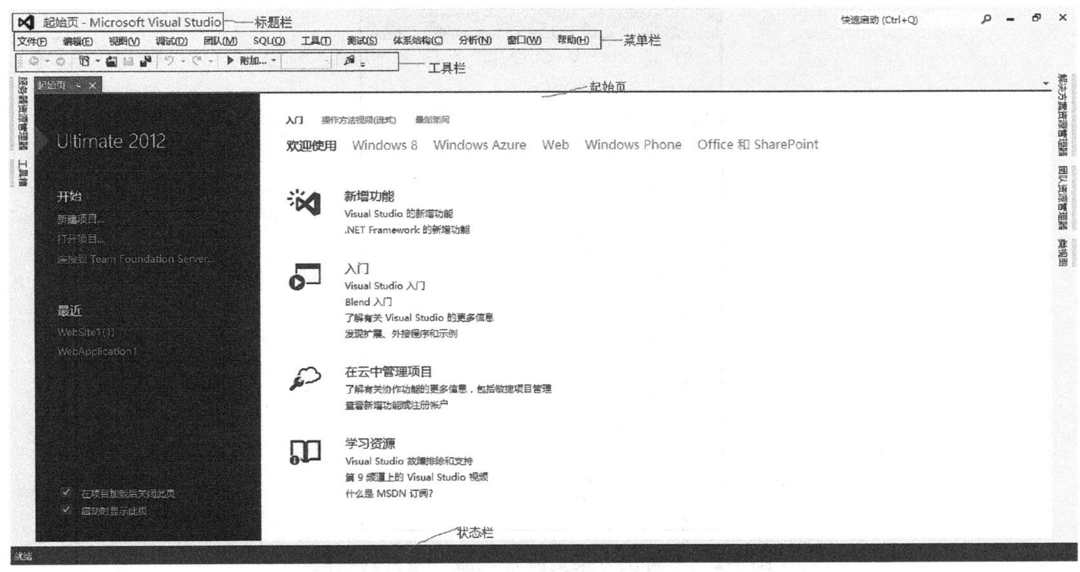

图 1-1　Visual Studio 2012 界面

Visual Studio 2012 的主界面各组成部分如下：

- 标题栏：位于主界面的顶部，用于显示页面的标题。
- 菜单栏：位于标题栏的下方，包含了实现软件所有功能的选项。
- 工具栏：位于菜单栏的下方，包含了软件常用功能的快捷按钮。
- 状态栏：位于主界面的底部，用于显示软件的状态信息。
- 起始页：主界面中工具栏和状态栏之间的显示部分，占据了主界面的绝大部分位置。显示的内容包括：连接到团队服务器、新建项目和打开项目的快捷按钮；最近使用的项目列表和 Visual Studio 2012 入门、指南及新闻列表的选项卡，等等。
- 工具箱：位于主界面的左侧，提供了设计页面时常用的各种控件，只要简单地将控件拖动到设计页面即可方便地使用。
- 解决方案资源管理器：位于主界面右侧的最上部，用于对解决方案和项目进行统一管理，其主要组成是各种类型的文件目录。
- 团队资源管理器：位于解决方案资源管理器的下方，是一个简化的 Visual Studio Team System 2012 环境，专用于访问 Team Foundation Server 服务。
- 服务器资源管理器：位于主界面左侧的最上方，用于打开数据连接，登录服务器，浏览数据库和系统服务。

1.2.2　解决方案资源管理器

在 Visual Studio 2012 中，执行菜单栏中的“视图”|“解决方案资源管理器”命令，就可以利用资源管理器对网站项目进行管理。通过资源管理器，可以浏览当前项目所包含的所有资源(如.aspx 文件、.aspx.cs 文件、图片等)，也可以向项目中添加新的资源，并且可以修改、复制和删除已经存在的资源。“解决方案资源管理器”项目列表框如图 1-2 所示。

图 1-2　“解决方案资源管理器”项目列表框

在添加一个 Web 页面后，可以使用 Visual Studio 对它进行编辑，在“解决方案资源管理器”项目列表框中双击某个要编辑的 Web 页面文件，该页面文件就会在如图 1-3 所示的左边的窗口中打开。

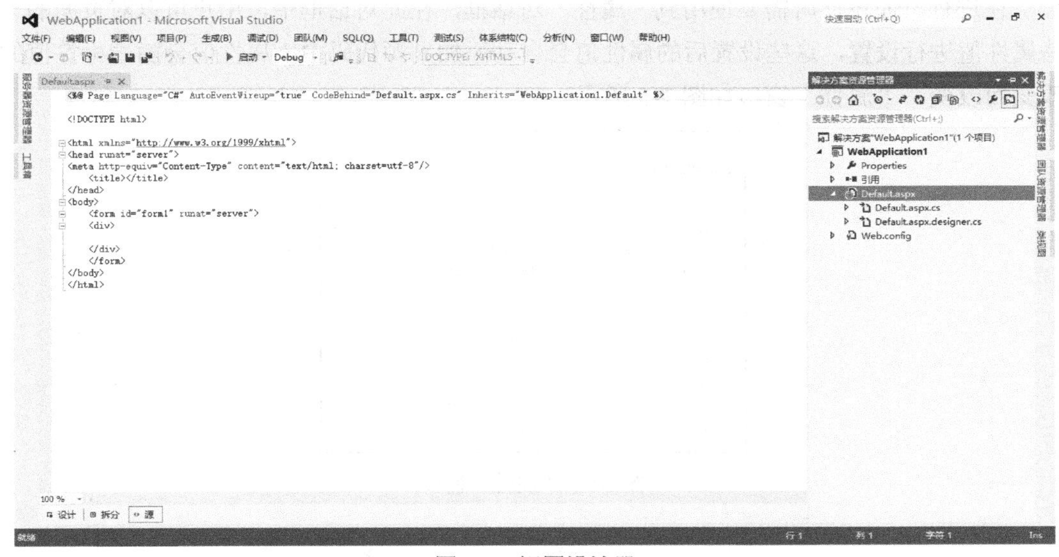

图 1-3　视图设计器

图 1-3 中的页面文件编辑窗口可以通过底部的“设计”“拆分”和“源”三个按钮来进行三种视图的编辑。其中，“设计视图”用来显示设计的效果；“拆分视图”同时显示设计视图和“源视图”；“源视图”显示设计源码，可以在该视图中直接通过编写代码来设计页面。

在 Web 页面的设计视图下，双击页面的任何地方即可打开隐藏在后台的代码文件，在此界面中，开发者可以编写与页面对应的后台逻辑代码。通过双击网站目录下的文件名，也可以打开如图 1-4 所示的后台代码文件。

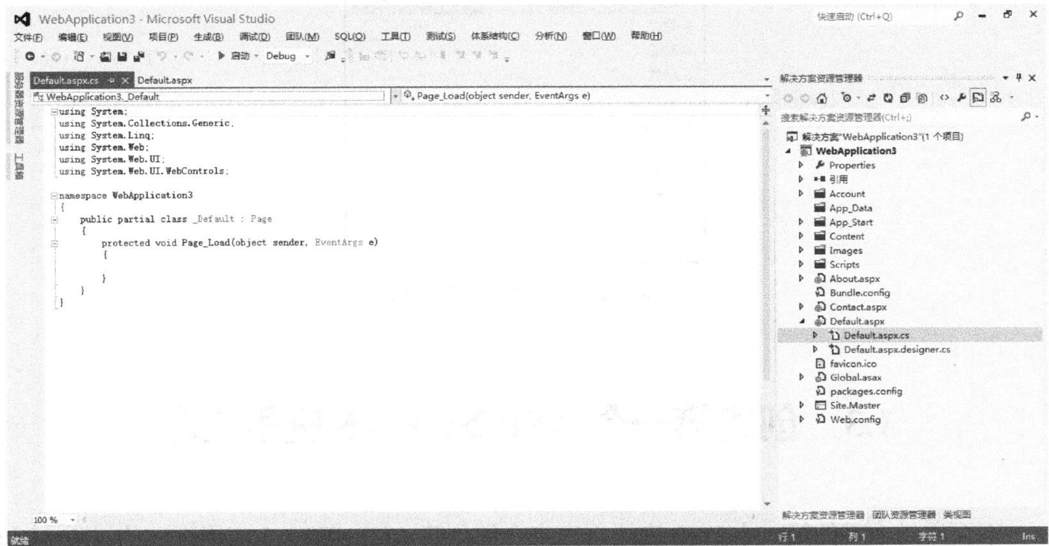

图 1-4　后台隐藏的代码文件

1.2.3 属性对话框

在进行页面设计时需要使用到“属性”对话框，在此对话框中，用户可以对页面的一些属性值进行设置，这些设置后的属性值会自动添加到源代码中，属性值会随着标签值的改变而改变。“属性”窗口如图 1-5 所示。

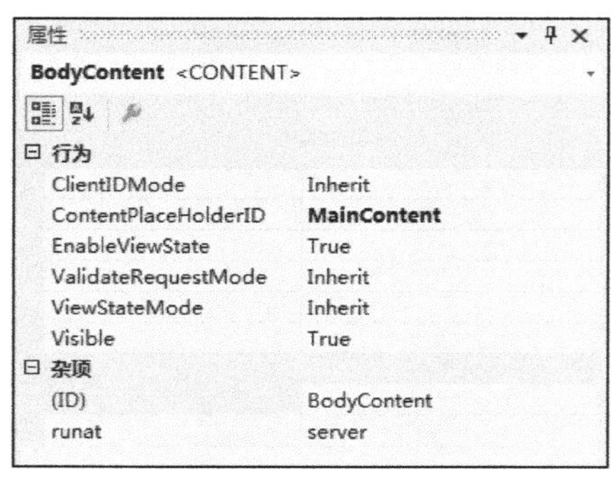

图 1-5　“属性”窗口

1.2.4 工具箱

在 Visual Studio.NET 的窗口左侧有一个隐藏的工具箱，当用户将鼠标指针放置在“工具箱”按钮上时会弹出一个“工具箱”列表框，如图 1-6 所示。在此列表框中列出了开发 ASP.NET Web 窗体的多种控件，用户可以直接使用这些控件，省却了编辑代码的时间，加快了程序开发的进度。

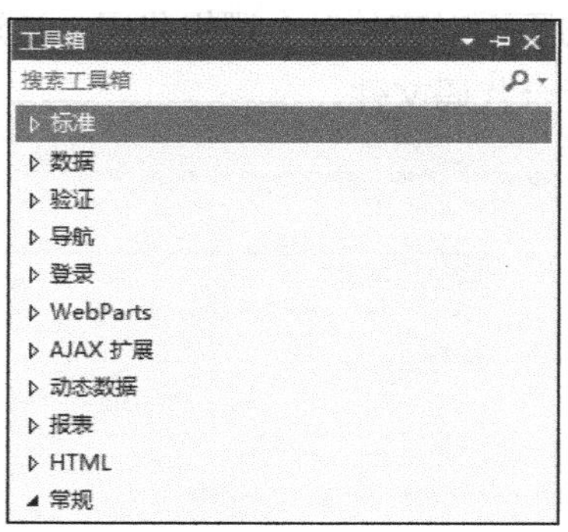

图 1-6　“工具箱”列表框

1.3 创建第一个 ASP.NET 4.5 应用程序

下面通过本书的第一个 Web 应用程序来介绍创建 ASP.NET 4.5 应用程序的过程，本练习将实现在运行程序后，在浏览器中显示“欢迎进入 ASP.NET 的世界”。

1.3.1　创建 Web 站点

在使用 Microsoft Visual Studio 2012 开发 ASP.NET 4.5 应用程序时，并不需要把应用程序存储到一定的虚拟目录中才可对应用程序进行运行和调试，但为了能够以站点的形式来浏览创建好的应用程序，需要先在 IIS 管理器中创建一个 Myroot 虚拟目录，并把这个虚拟目录指定到一个文件夹中，而本书创建的所有示例均将存储在这个文件夹中。

使用 Microsoft Visual Studio 2012 创建 Web 项目的方法有两种。

第一种方法是：执行“文件”|“新建”|“项目”命令，打开“新建项目”对话框，如图 1-7 所示。在该对话框的“项目类型”列表框中选中 Web 类型；在“模板”列表框中将显示 Microsoft Visual Studio 2012 提供的 Web 程序模板。模板中的 ASP.NET 空 Web 应用程序和 ASP.NET Web 窗体应用程序是用得最多的。

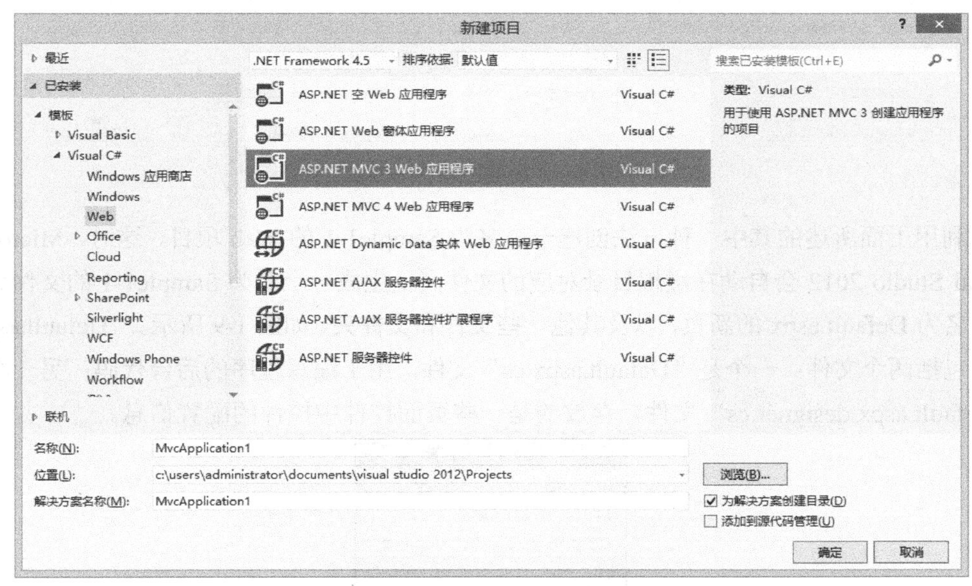

图 1-7　“新建项目”对话框

这里我们选择“ASP.NET 空 Web 应用程序”模板；在“名称”文本框中输入要创建的项目名称；在“位置”文本框中输入创建的项目存储的位置，或者通过“浏览”按钮进行路径选择。单击“确定”按钮即可创建一个 Web 项目。

第二种方法是：执行“文件”|“新建”|“网站”命令，打开“新建网站”对话框，如图 1-8 所示。该对话框中显示了可以创建的网站项目的模板，提供的模板有 ASP.NET 空网站、ASP.NET Web 窗体网站、ASP.NET 网站(Razor v1)、ASP.NET 网站(Razor v2)、ASP.NET Dynamic Data 实体网站、WCF 服务、ASP.NET 报表网站等。模板中的 ASP.NET 空网站和 ASP.NET Web 窗体网站是用得最多的。

这里我们选择“ASP.NET Web 窗体网站”模板；在“Web 位置”下拉列表框中选择

“文件系统”，在文本框中输入存储位置，也可以通过“浏览”按钮选择路径，并在路径后面输入要创建的项目的名称。这里也可以在“Web 位置”下拉列表框中选择“HTTP 选项”，然后输入要创建的网站名称为 http://localhost/Myroot/Sample1-1/，这样就会在虚拟目录 Myroot 下创建一个新的网站项目。单击“确定”按钮即可创建一个 Web 项目。

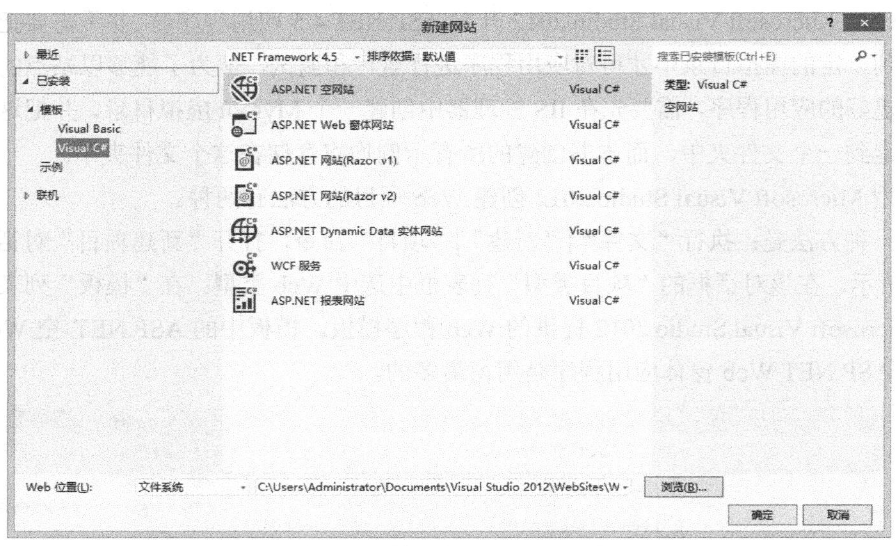

图 1-8　“新建网站”对话框

利用上面所述的其中一种方法创建一个名为 Sample1-1 的 Web 项目，这时，Microsoft Visual Studio 2012 会自动在虚拟目录对应的文件夹里生成一个名为 Sample1-1 的文件夹和一个名为 Default.aspx 的新页，以及其他一些文件和文件夹，如图 1-9 所示。“Default.aspx”页面包括两个文件：一个是“Default.aspx.cs”文件，用于编写程序的后台代码；另一个是“Default.aspx.designer.cs”文件，存放的是一些页面控件中控件的配置信息。

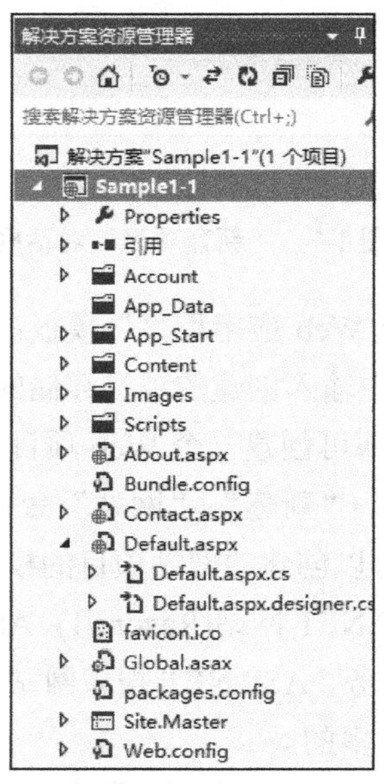

图 1-9　新建 Web 项目

1.3.2　编写 ASP.NET 4.5 应用程序

下面演示如何在该页面中添加文本。步骤如下：

(1) 单击“设计”选项卡切换到“设计”视图。

(2) 将插入点放在第一行，输入“欢迎进入 ASP.NET 的世界！”。

(3) 在屏幕右下角的“属性窗体”中可以设置所输入的文本的字体、颜色和字体大小等属性。这里将设置该网页的 title 属性为“你好”，其余采用默认属性。

此时该网页的代码如下所示：

```
1.  <%@ Page Language="C#" AutoEventWireup="true" CodeBehind="Default.aspx.cs"
        Inherits="WebApplication1.Default" %>
2.  <!DOCTYPE html>
3.  <html xmlns="http://www.w3.org/1999/xhtml">
4.  <head runat="server">
5.  <meta http-equiv="Content-Type" content="text/html; charset=utf-8"/>
6.  <title>你好</title>
7.  </head>
8.  <body>
9.  <form id="form1" runat="server">
10. <div>欢迎进入 ASP.NET 的世界！</div>
11. </form>
12. </body>
13. </html>
```

第 1 行代码会在后面详细介绍，这里只要知道对于使用 ASP.NET 技术生成的网页都需要这一行代码就可以了。这里需要重点关注第 6 行和第 10 行。第 6 行就是设置的标题，第 10 行就是在网页上显示的内容。

至此，就得到了一个显示欢迎信息的网页，接下来介绍如何编译和运行该程序。

1.3.3　编译和运行应用程序

执行“生成”|“生成 WebApplication1”命令，如果生成成功，则屏幕下方的输出窗体中的内容如图 1-10 所示。

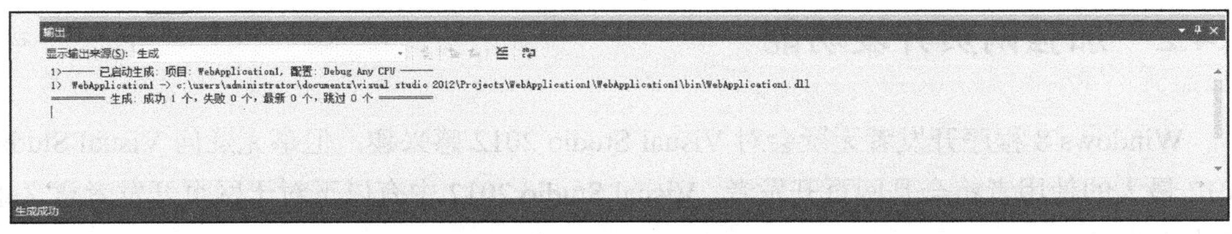

图 1-10　输出窗体

再单击工具栏上的“启动调试”按钮 或直接按快捷键 F5，运行效果如图 1-11 所示。

图 1-11　运行效果

1.4　Visual Studio 2012 新增功能

和前面几个版本的 Visual Studio 相比，Visual Studio 2012 集成开发环境新增的主要特性有以下几种。

1.4.1　支持开发 Windows 8 程序

升级到 Visual Studio 2012 的最大理由就是要开发 Windows 8 程序。随着 Windows 8 开发系统的发布，微软宣布了新的 Windows RT 框架，该框架事实上就是使用 ARM 处理器设备的 Windows。新一代的 Windows 8 和 Windows RT 平板设备(包括微软 Surface 平板电脑)蜂拥上市，而 Visual Studio 2012 就是为这些平板设备开发应用程序的工具，其既可以为 Windows 8 x86 设备开发，也可以为 Windows RT ARM 设备开发。

Visual Studio 2012 专为开发 Windows 8 程序内置了一系列名为 Windows Store 的项目模板。开发者可以使用这些模板创立不同类型的程序，包括 blank app、grid app、split app、class library、Windows runtime component 以及单元测试库。

1.4.2　加强网页开发功能

Windows 8 程序开发者无疑会对 Visual Studio 2012 感兴趣，但毫无疑问 Visual Studio 2012 最大的使用者将会是网页开发者。Visual Studio 2012 中有以下对于网页开发者意义重大的新功能。

1. 随处搜索

Visual Studio 2010 中虽然已经集成了简单的搜索功能，但作为极受欢迎的功能，在 Visual Studio 2012 中必然会着重优化，目前提供搜索功能的部分包括解决方案管理器、扩展管理器、快速查找功能、新的测试管理器、错误列表、并行监控、工具箱、TFS(Team Foundation Server)团队项目、快速执行 Visual Studio 命令等。如图 1-12 所示的就是解决方案管理器和工具箱的搜索框，只要输入关键字，就会在下拉列表中提示可用的内容。

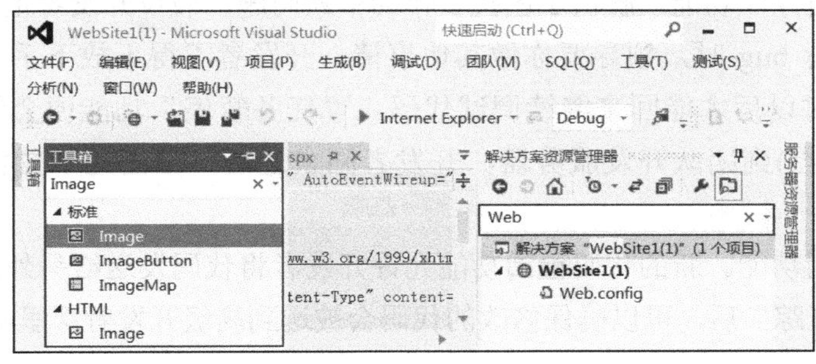

图 1-12　随处搜索功能

2. 提供对 JavaScript 的强大支持

以往在 Visual Studio 中编写 JavaScript 是让开发人员非常头疼的一件事，现在有了 Visual Studio 2012 后，这种现象有很大的改观，因为 Visual Studio 2012 对 JavaScript 代码编辑器进行了重要的更新，包括：

- 使用 ECMAScript 5 和 HTML5 DOM 的功能。
- 为函数重载和变量提供 Intellisense(智能感知)。
- 编写代码时使用智能缩进、括号匹配和大纲显示。
- 使用“转到定义”在源代码中查找函数定义。
- 使用标准注释标记时，新的 Intellisense 扩展性机制将自动提供 Intellisense。
- 在单个代码行内设置断点。
- 在动态加载的脚本中获取对象的 Intellisense 信息。

3. 建立应用程序模型

Visual Studio 2012 可以帮助开发人员创建可视化代码，以便更轻松地了解其结构、关系和行为，也可以创建不同详细级别的模型，并跟踪要求、任务、测试用例、bug，或其他工作与模型。

- 从“解决方案资源管理器”中创建依赖项关系图，以便开发人员可以了解代码中的组织和关系。
- 可以更轻松地读取和编辑依赖项关系图，通过浏览关系图并重新排列它们的项目以便于阅读和改进呈现性能。
- 从 UML 类图中生成 C#代码，更快速地开始实现开发人员的设计，并自定义用于生成代码的模板。

- 从现有代码中创建 UML 类图，以便使用者可以与有关设计的其他图进行交流。
- 从其他工具中导入导出 XMI 2.1 文件的 UML 类、用例和序列图模型元素。

1.4.3 新的团队开发功能

Visual Studio 2012 增加了一些可以增进团队生产力的新功能，主要包括：

- “任务暂停”功能，解决了困扰多年的中断问题。假设开发者正在试图解决某个问题或者 bug 时，领导要你做其他事情，开发者不得不放下手头工作，然后过几个小时以后才能回来继续调试代码。“任务暂停”功能便会保存所有的工作(包括断点)到团队开发服务器。开发者回来之后，单击几下鼠标，即可恢复整个会话。
- 代码检阅功能。新的代码检阅功能允许开发者将代码发送给另外的开发者检阅。启用“查踪”后，可以确保修改的代码会被送到高级开发者那里检阅，得到确认。

1.5 习　　题

1.5.1 填空题

1. ASP.NET 网页是完全面向对象的。在 ASP.NET 网页中，可以使用_______、_______和_______来处理 HTML 元素。
2. 用户使用_______方法请求页面，使用_______方法把页面发送到 Web 服务器。
3. 公共语言运行库是_______的基础，是_______的运行时环境。公共语言运行库是一个_______代理，以_______、_______、_______和_______为特点，提供核心服务。
4. .NET 基类库位于_______的上层，与_______紧密集成在一起，可被.NET 支持的任何语言所使用。

1.5.2 选择题

1. .NET Framework 具有的主要组件包括_______。

   A. 公共语言运行库　　B. .NET Framework 类库
   C. 动态语言运行库　　D. 中间语言

2. 执行权限用于确定在包含指定目录中的页面上允许执行什么级别的程序。这里有 3 种可能的值：_______、_______、_______。

   A. 无　　B. 所有　　C. 纯脚本　　D. 脚本和可执行文件

1.5.3　问答题

1. 简述.NET Framework 的基本结构。
2. 在 Visual Studio 2012 中增加了哪些主要的新功能？
3. 简述如何创建 ASP.NET 网页。

1.5.4　上机操作题

1. 在本地电脑中安装 Visual Studio 2012 开发环境并熟悉开发主界面和菜单栏的选项。

2. 按照 1.3.1 节所介绍的创建 ASP.NET 4.5 应用程序的方法来分别创建名为 Sample1-1 的应用程序项目。

第2章　C#语言快速掌握

C#语言是微软为了.NET框架而设计的一门全新的编程语言，它由C和C++发展而来，具有简单、现代、面向对象和类型安全的特点，其设计目标是要把Visual Basic的高速开发应用程序的能力和C++本身的强大功能结合起来。C#代码的外观和操作方式与C++和Java等高级语句非常类似。

Microsoft Visual C# 2012提供高级代码编辑器、方便的用户界面设计器、集成调试器和许多其他工具，以在C# 5.0语言版本和.NET Framework的基础上加快应用程序的开发。

本章重点：

- C#的数据类型和基本语句
- 类和对象的概念
- 委托与事件
- C#新特性

2.1　数据类型

C#中的数据类型可以分为值类型和引用类型，如图2-1所示。值类型又可以称为数值类型，其中包含枚举类型(Enum Types)和结构类型(Struct Types)；引用类型包含类类型(Class Types)、对象类型(Object Types)、字符串类型(String Types)、数组类型(Array Types)、接口类型(Interface Types)和代理类型(Delegate Types)等。

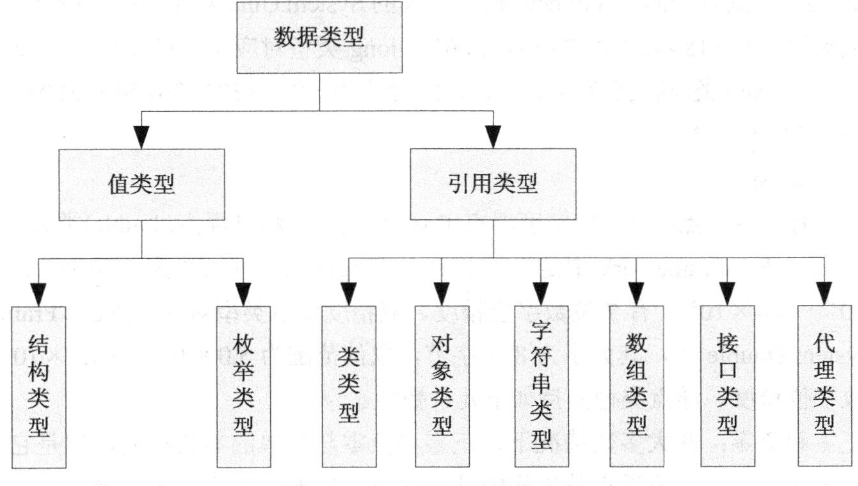

图2-1　C#中的数据类型分类

2.1.1 值类型

值类型主要由结构类型和枚举类型组成，其中结构类型又可以分为数值类型、bool 类型和用户自定义结构。基于值类型的变量直接包含值(对于这句话，读者在学习完引用类型后会有更深的理解)。将一个值类型变量赋给另一个值类型变量时，将复制包含的值。下面具体来介绍值类型。

1. 数值类型

数值类型主要包括整数类型、浮点数类型和小数类型，这些均属于简单类型。简单类型都是.NET Framework 中定义的标准类的别名，都隐式地从类 object 继承而来。所有类型都隐含地声明了一个公共的无参数的构造函数，称为默认构造函数。默认构造函数返回一个初始值为零的实例。

(1) 整数类型

整数类型可以分为无符号型、有符号型和 char，其中无符号型包括 byte、ushort、uint 和 ulong；有符号型包括 sbyte、short、int 和 long。char 在 C#中表示 16 位 Unicode 字符。

- byte 类型对应于.NET Framework 中定义的 System.Byte 类，其大小为一个字节，取值范围为 0～255。sbyte 类型对应于.NET Framework 中定义的 System.SByte 类，其大小为一个字节，取值范围为－128～127。
- ushort 类型对应于.NET Framework 中定义的 System.Uint16 类，其大小为 2 个字节，取值范围为 0～65 535。short 类型对应于.NET Framework 中定义的 System.Int16 类，其大小为 2 个字节，取值范围为－32 768～32 767。
- uint 类型对应于.NET Framework 中定义的 System.Uint32 类，其大小为 4 个字节，取值范围为 0～4 294 967 295。int 类型对应于.NET Framework 中定义的 System.Int32 类，其大小为 4 个字节，取值范围为－2 147 483 648～2 147 483 647。
- ulong 类型对应于.NET Framework 中定义的 System.Uint64 类，其大小为 8 个字节，取值范围为 0～18 446 744 073 709 551 615。long 类型对应于.NET Framework 中定义的 System.Int64 类，其大小为 8 个字节，取值范围为－9 223 372 036 854 775 808～9 223 372 036 854 775 807。

(2) 浮点数类型

在 C#中有两种浮点类型：单精度浮点(float)类型和双精度浮点(double)类型。单精度浮点类型对应于.NET Framework 中定义的 System.Single 类，其大小为 4 个字节，取值范围为 1.5×10^{-45}～3.4×10^{38}，有 7 位数字位精度。双精度浮点类型对应于.NET Framework 中定义的 System.Double 类，其大小为 8 个字节，取值范围为 5.0×10^{-324}～1.7×10^{308}，有 15 或 16 位数字位精度。浮点类型支持如下几种数值。

- 正零和负零：在大多数情况下，正零和负零与简单的零值相同，但是它们的使用有一些区别。如果浮点数操作的结果对于目标形式来说太小，操作的结果就会转换为正零或负零。

- 正无穷大：表示正的无穷大数，例如 5.0 / 0.0 会产生正无穷大值。如果浮点数操作的正数结果对于目标形式来说太大，操作的结果就会转换为正无穷大。
- 负无穷大：表示负的无穷大数，例如-5.0 / 0.0 会产生负无穷大值。如果浮点数操作的负数结果对于目标形式来说太大，操作的结果就会转换为负无穷大。
- NaN：NaN 是非数字数据，表示无效的浮点数操作，例如零除以零就会得到 NaN 值。如果浮点数的操作是无效的，操作的结果就会转换为 NaN。如果一个或所有浮点操作的操作数都是 NaN，那么操作的结果就变为 NaN。

如果二元运算符的一个操作数是浮点类型，那么其他操作数必须是整数类型或者浮点数类型，并且操作按下面的规则进行：

如果有一个操作数是 double 类型，那么其他操作数就要转换为 double 类型，操作就要按照 double 类型的范围和精度来进行，而且计算的结果也是 double 类型。

在没有 double 类型时，如果一个操作数是 float 类型，那么其他操作数就要转换为 float 类型，操作就要按照 float 类型的范围和精度来进行，而且计算的结果也是 float 类型。

对于 float 类型的数值，末尾需要使用 f 说明该数值为 float 类型；对于 double 类型的数值，末尾需要使用 d 说明该数值为 double 类型。如果没有这些说明，系统会把这些小数作为 double 类型处理。程序清单 2.1 是几个浮点数类型的使用。

程序清单 2.1　几个浮点数类型的使用

```
1.  float a = 1.0f;
2.  double b = 1.0d;
3.  double c = a + b;
```

程序说明：上面的代码中，第 1 行定义了一个 float 类型的变量 a，第 2 行定义了一个 double 类型的变量 b，第 3 行把 a 和 b 的值相加，把结果赋给 c，在进行加法运算时，a 自动转换为 double 类型。

(3) 小数类型

小数(decimal)类型在所有数值类型中精度是最高的，它有 128 位，一般做精度要求高的金融和货币的计算。decimal 类型对应于.NET Framework 中定义的 System.Decimal 类。取值范围为 1.0×10^{-28}～7.9×10^{28}，有 28 或 29 位有效数字。decimal 类型的赋值和定义如程序清单 2.2 所示。

程序清单 2.2　decimal 类型的赋值和定义

```
decimal dec = 2.2m;
```

程序说明：上面这行代码中，末尾 m 代表该数值为 decimal 类型，如果没有 m 将被编译器默认为 double 类型的 2.2。

decimal 类型不支持有符号零、无穷大和 NaN。一个十进制数由 96 位整数和 10 位幂表示。

注意：

一般不要在 decimal 类型和浮点数类型之间进行类型转换(无论隐式的还是显式的)，因为 decimal 类型比浮点数类型有更高的精度但是有更小的范围，从浮点数类型转换到 decimal 类型也许会产生溢出的异常，并且从 decimal 类型转换到浮点数类型也许会有精度损失。

2. bool 类型

布尔(bool)类型表示布尔逻辑量，对应于.NET Framework 中定义的 System.Boolean 类。布尔类型的可能值为 true 和 false(仅有 true 和 false 两个布尔值)，其中 true 表示逻辑真，false 表示逻辑假。可以直接将 true 或 false 值赋给一个布尔变量，或将一个逻辑判断语句的结果赋给布尔类型的变量，如程序清单 2.3 所示。

程序清单 2.3　布尔类型

```
1.  bool test = true;
2.  bool isBig = 100>210;
```

程序说明：第 2 行的语句中，首先计算逻辑判断语句 100>210 的值，其值为 false，然后再把该值赋值给变量 isBig。为了不至于引起混淆，可以把第 2 行语句写成如下形式：

```
bool isBig= (100>210);
```

与 C/C++不同，布尔类型不能和其他类型进行转换，布尔数据不能用于使用整数类型的地方，反之亦然。这是因为零整数数值或空指针不可以直接被转换为布尔数值 false，而非零整数数值或非空指针可以直接转换为布尔数值 true。在 C#中，布尔类型的变量不能由其他类型的变量代替，但是可以通过一个转换变为布尔类型。程序清单 2.4 所示的代码实现了把非零值转换为 true 值，把零转换为 false 值。

程序清单 2.4　布尔类型和其他类型进行转换

```
1.  int a = 0;
2.  bool isTrue = a !=0;
3.  bool isFalse = a == 0;
```

程序说明：在 C/C++中，经常使用不等于 0 的整数表示 true，使用 0 表示 false。在 C#中，必须像第 2 行和第 3 行的代码一样，通过判断整数和 0 的关系获取布尔值。

3. 用户自定义结构

在不会引起歧义的情况下，用户自定义结构常常简称为结构。结构类型通常是一组相关的信息组合成的单一实体。其中的每个信息称为它的一个成员。结构类型可以用来声明构造函数、常数、字段、方法、属性、索引、操作符和嵌套类型。结构类型通常用于表示较为简单或者较少的数据，其实际应用意义在于使用结构类型可以节省使用类的内存的占用，因为结构类型没有如同类对象所需的大量额外的引用。程序清单 2.5 定义了一个简单的学生数据结构。

程序清单 2.5　学生数据结构

```
1.  struct Student
2.  {
3.      public    uint id
4.      public string name;
5.      public string gender;
6.      public uint age;
7.      public string address;
8.    }
```

程序说明：第 1 行代码使用关键字 struct 指明了这里将要定义一个用户自定义结构，对于一个记录学生信息的结构，学号、姓名、性别、年龄、家庭住址是必不可少的，上述代码中第 3～7 行定义了这些信息。读者在使用这个结构时，可以根据自己的需要再增加相关行的信息。

4. 枚举类型

枚举(enum)类型是由一组特定的常量构成的一种数据结构，系统把相同类型、表达固定含义的一组数据作为一个集合放到一起形成新的数据类型，如一个星期的七天可以放到一起作为新的数据类型来描述星期类型，如程序清单 2.6 所示。

程序清单 2.6　关于星期的枚举类型定义

```
enum Weekday {Sunday,            //星期日
              Monday,            //星期一
              Tuesday,           //星期二
              Wednesday,         //星期三
              Thursday,          //星期四
              Friday,            //星期五
              Saturday           //星期六
          };
```

程序说明：其中 enum 是定义枚举类型的关键字，Weekday 是枚举类型的名字，{}中的是枚举元素，中间用逗号分隔。这样一周七天的集合就构成了一个枚举类型，它们都是枚举类型的组成元素。

枚举元素实际上都是整数类型，默认时第一个枚举元素值为 0，以后每个元素递增 1。开发者也可以自定义首元素的值，甚至每个元素的值，如程序清单 2.7 所示。

程序清单 2.7　自定义首元素的值

```
enum enumWeekday { Sunday=7,
                   Monday=1,
```

```
3.          Tuesday=2,
4.          Wednesday=3,
5.          Thursday=4,
6.          Friday=5,
7.          Saturday=6
8.      };
```

程序说明：这段代码和前面的基本相同，但是对星期的描述更符合中国人的习惯。第 1 行代码中把星期日定义为 7，是一个星期中的最大值，第 2 行代码把星期一定义为 1，后面依此类推。因为中国人习惯先工作后休息，所以总是习惯把星期日作为一周的最后一天。

注意：

枚举类型仅可使用 long、int、short 和 byte 类型的值。

2.1.2　引用类型

引用类型的变量又称为对象，可存储对实际数据的引用。如前所述，引用类型包括字符串、数组、类和对象、接口、代理等。本节介绍字符串和数组，其余类型在后面章节介绍。

1. 字符串

字符串实际上是 Unicode 字符的连续集合，通常用于表示文本，而 String 是表示字符串的 System.Char 对象的连续集合。在 C#中提供了对字符串(string)类型的强大支持，可以对字符串进行各种操作。string 类型对应于.NET Framework 中定义的 System.String 类，System.String 类是直接从 object 派生的，并且是 final 类，不能从它再派生其他类。

字符串值使用双引号表示，如 Hello world、“你好，世界！”等，而字符型使用单引号表示，这一点读者需要注意区分。程序清单 2.8 是几个关于字符串操作的代码。

程序清单 2.8　几个关于字符串操作的代码

```
1. string myString1 = "字符串";
2. string myString2 = "Hello" + " world";
3. char myChar = myString2[6];
```

程序说明：其中，第 1 行语句直接把字符串赋值给字符串变量 myString1。第 2 行语句把两个字符串进行了合并，字符串变量 myString2 的值最后为 Hello world(Hello 和 world 之间有空格)。第 3 行用于获得字符串中某个字符值，字符串中第一个字符的位置是 0，第二个字符的位置是 1，依此类推。这里 myChar 值第 7 个字符为 w。

注意：

String 的值一旦创建就不能再修改，如果需要修改字符串对象的实际内容，可使用 System.Text.StringBuilder 类。

2. 数组

数组是包含若干个相同类型数据的集合，数组的数据类型可以是任何类型。数组可以是一维的，也可以是多维的(常用的是二维和三维数组)。

数组的维数决定了相关数组元素的下标数，一维数组只有一个下标。一维数组的声明方式如下：

```
数组类型[] 数组名;
```

其中，“数组类型”是数组的基本类型，一个数组只能有一个数据类型。数组的数据类型可以是任何类型，包括前面介绍的枚举和结构类型。[ ]是必需的，否则将成为定义变量。“数组名”定义的数组名字相当于变量名。

数组声明以后，就可以对数组进行初始化了，数组必须在访问之前初始化。数组是引用类型，所以声明一个数组变量只是为对此数组的引用设置了空间。数组实例的实际创建是通过数组初始化程序实现的。数组的初始化有两种方式：第一种是在声明数组的时候进行初始化；第二种是使用 new 关键字进行初始化。

使用第一种方法初始化是在声明数组的时候，提供一个用逗号分隔开的元素值列表，该列表放在花括号中。例如：

```
int[] myscore = {80, 90, 100, 66};
```

其中，myscore 有 4 个元素，每个元素都是整数值。第二种是使用关键字 new 为数组申请一块内存空间，然后直接初始化数组的所有元素。例如：

```
int[] myscore = new int[5]{80, 90, 100, 66};
```

注意：

使用 new 关键字初始化数组时，数组大小必须与元素个数相匹配，如果定义的元素数和初始化的元素数不同则会出现编译错误。

数组中的所有元素值都可以通过数组名和下标来访问，在数组名后面的方括号中指定下标(指定要访问的是第几个元素)，就可以访问该数组中的各个成员。数组的第一个元素的下标是 0，第二个元素的下标是 1，依此类推。下面通过一个例子来做进一步说明。

程序清单 2.9　访问数组中的元素

```
1.  int[] vector = {80, 90, 100, 66};
2.  vector[2] = 100;
```

程序说明：上面的代码中，在第 1 行定义并初始化了一个有 4 个元素的数组 vector，第 2 行使用 vector[2]访问该数组的第 3 个元素。

多维数组和一维数组有很多相似的地方，下面介绍多维数组的声明、初始化和访问方法。多维数组有多个下标，例如二维数组和三维数组声明的语法分别为：

数组类型[,] 数组名;
数组类型[,,] 数组名;

更多维数的数组声明则需要更多的逗号。多维数组的初始化方法也和一维数组的相似，可以在声明的时候初始化，也可以使用 new 关键字进行初始化。程序清单 2.10 所示的代码声明并初始化了一个 3×2 的二维数组，相当于一个三行两列的矩阵。

程序清单 2.10　声明并初始化一个 3×2 的二维数组

```
int[,] mypoint = { {0, 1}, {2, 3}, {6,9}};
```

初始化时数组的每一行值都使用{}括号括起来，行与行间用逗号分隔。mypoint 数组的元素安排如表 2-1 所示。

表 2-1　mypoint 数组的元素

列　号 行　号	第 1 列	第 2 列
第 1 行	0	1
第 2 行	2	3
第 3 行	6	9

要访问多维数组中的每个元素，只需指定它们的下标，并用逗号分隔开即可，例如访问 mypoint 数组第一行中的第 2 列数组元素(其值为 1)的代码如程序清单 2.11 所示。

程序清单 2.11　访问多维数组中的元素

```
mypoint[0,1]
```

另外，C#中还支持“不规则”的数组，或者称为“数组的数组”。程序清单 2.12 所示的代码就演示了一个不规则数值的声明和初始化过程。

程序清单 2.12　一个不规则数值的声明和初始化过程

```
int[][] unregular = new int[3][];
unregular[0] = new int[] {1, 2, 3};
unregular[1] = new int[] {1, 2, 3, 4, 5, 6};
unregular[2] = new int[] {1, 2, 3, 4, 5, 6, 7, 8, 9};
```

程序说明：其中，unregular 表示了一个 int 数组组成的数组，或者说是一个一维 int[]类型的数组。这些 int[]变量中的每一个都可以独自被初始化，同时允许数组有一个不规则的形状。代码中的每个 int[]数组定义了不同的长度，第一个数组的长度为 3，第二个数组的长度为 6，第三个数组的长度为 9。

2.1.3　装箱和拆箱

装箱和取消装箱使值类型能够被视为对象。对值类型装箱时，将把该值类型打包到 Object 引用类型的一个实例中。这使得值类型可以存储于垃圾回收堆中。取消装箱将从对象中提取值类型，取消装箱又经常被称作“拆箱”。程序清单 2.13 演示了装箱和取消装箱操作：

程序清单 2.13　装箱和取消装箱操作

```
int i = 123;
object o = (object) i;        //装箱
o = 123;
i = (int) o;                  //取消装箱
```

相对于简单的赋值而言，装箱和取消装箱过程需要进行大量的计算。对值类型进行装箱时，必须分配并构造一个全新的对象。同理，取消装箱所需的强制转换也需要进行大量的计算。因此，在进行装箱和取消装箱操作时应该考虑到该操作对性能的影响。

2.2　变量和常量

2.2.1　变量

所谓变量，就是在程序的运行过程中其值可以被改变的量，变量的类型可以是任何一种 C#的数据类型。所有值类型的变量具有实际存在于内存中的值，也就是说当将一个值赋给变量时执行的是值复制操作。变量的定义格式为：

变量数据类型 变量名(标识符);

或者

变量数据类型 变量名(标识符)=变量值;

其中，第一个定义只是声明了一个变量，并没有对变量进行赋值，此时变量使用默认值。第二个声明定义变量的同时对变量进行了初始化，变量值应该和变量数据类型一致。程序清单 2.14 是几个对变量的使用的例子。

程序清单 2.14　几个对变量的使用的例子

```
int a = 10;
double b, c;
```

```
3.  int d=100, e=200;
4.  double f = a + b + c + d +e;
```

程序说明：第 1 行的代码声明了一个整数类型的变量 a，并对其赋值为 10。第 2 行的代码定义了两个 double 类型的变量，当定义多个同类型的变量时，可以在一行声明，各个变量间使用逗号分隔。第 3 行代码定义了两个整数类型的变量，并对变量进行了赋值；当定义并初始化多个同类型的变量时，也可以在一行进行，使用逗号分隔。第 4 行把前面定义的变量相加，然后赋给一个 double 类型的变量，在进行求和计算时，int 类型的变量会自动转换为 double 类型的变量。

2.2.2　常量

所谓常量，就是在程序的运行过程中其值不能被改变的量。常量的类型也可以是任何一种 C#的数据类型。常量的定义格式为：

```
const 常量数据类型 常量名(标识符)＝常量值;
```

其中，const 关键字表示声明一个常量，“常量名”就是标识符，用于唯一地标识该常量。常量名要有代表意义，不能过于简练或者复杂。常量和变量的声明都要使用标识符，其命名规则如下：

- 标识符必须以字母开头或者@符号开始。
- 标识符只能由字母、数字、下划线组成，不能有空格、标点符号、运算符等特殊符号。
- 标识符不能与 C#中的关键字同名。
- 标识符不能与 C#中的库函数名相同。

“常量值”的类型要和常量数据类型一致，如果定义的是字符串型，则“常量值”就应该是字符串类型，否则会发生错误，如程序清单 2.15 所示。

程序清单 2.15　常量的定义举例

```
1.  const double PI = 3.1415926;
2.  const string VERSION = "Visual Studio 2010";
```

程序说明：第 1 行定义了一个 double 类型的常量，第 2 行定义了一个字符串型的常量。一旦用户在后面的代码中试图改变这两个常量的值，编译器就会发现这个错误而导致代码无法编译通过。

2.3　运　算　符

前面介绍了 C#中的基本数据类型，本节将介绍如何通过运算符操作变量和常量，例如前面多次用到的赋值运算符“=”等。运算符是表示各种不同运算的符号，C#中的运算符非常多，从操作数上划分，运算符可大致分为以下 3 类。

- 一元运算符：处理一个操作数，只有几个一元运算符。
- 二元运算符：处理两个操作数，大多数运算符都是二元运算符。
- 三元运算符：处理三个操作数，只有一个三元运算符。

从功能上划分，运算符主要分为算术运算符、赋值运算符、关系运算符、条件运算符和逻辑运算符等，下面分别进行介绍。

2.3.1　算术运算符

算术运算符主要用于数学计算中，主要有加法运算符(+)、减法运算符(−)、乘法运算符(*)、除法运算符(/)、求模运算符(%)、自加运算符(++)和自减运算符(−−)，如表 2-2 所示。

表 2-2　算术运算符

运　算　符	符　　号	描　　述
加法运算符	+	加法运算符也可称为正值运算符，其形式为 x+y，如 5+8、+10 等
减法运算符	−	减法运算符也可称为负值运算符，其形式为 x-y，如 5-8、-10 等
乘法运算符	*	其形式为 x*y，如 5*8
除法运算符	/	其形式为 x/y，如 5/8
求模运算符	%	求模运算符也可称为求余运算符，“%”运算符两边操作数的数据类型必须是整型，如 7%3 的结果为 1
自加运算符	++	其作用是使变量的值自动增加 1，如 a++、++a
自减运算符	--	其作用是使变量的值自动减少 1，如 a--、--a

注意：

对于除法运算符来说，整数相除的结果也应该为整数，如 7/5 或 8/5 的结果都为 1，而不是 1.6 及 1.8，计算结果要舍弃小数部分。如果除法运算符两边的数据有一个是负数，那么得到的结果在不同的计算机上有可能不同，例如-7/5 在一些计算机上结果为-1，而在另一些计算机上结果可能就是-2。通常除法运算符的取值有一个约定俗成的规定，就是按照趋向于 0 取结果，即-7/5 的结果为-1。如果是一个实数与一个整数相除，那么运算结果应该为实数。

a++和++a 都相当于 a=a+1，其不同之处在于：a++是先使用 a 的值，再进行 a+1 的运算；++a 则是先进行 a+1 的运算，再使用 a 的值。--a 和 a--类似于++a 和 a++。初学者一定要仔细注意其中的区别。

加法运算符、减法运算符、乘法运算符、除法运算符以及求模运算符又称为基本的算术运算符，它们都是二元运算符，而自加运算符和自减运算符则是一元运算符。算术运算符通常用于整数类型和浮点数类型的计算，如程序清单 2.16 所示的代码。

程序清单 2.16　加法运算符

```
int a = 10;
int b = 1.01;
int c = a + b;
```

当一个或两个操作数为 string 类型时，二元“+”运算符进行字符串连接运算。如果字符串连接的一个操作数为 null，则用一个空字符串代替。另外，通过调用从基类型 object 继承来的虚方法 ToString()时，任何非字符串参数都将被转换成字符串表示法。如果 ToString()返回 null，则用一个空字符串代替。字符串连接运算符的结果是一个字符串，由左操作数的字符后面连接右操作数的字符组成。字符串连接运算符不返回 null 值。如果没有足够的内存分配给结果字符串，将可能产生 OutOfMemoryException 异常。

注意：

当两个枚举常量进行算术运算时，取枚举常量值进行计算。当把两个小数进行算术运算时，如果结果值太大而不能用 decimal 格式表示，将产生 OverflowException 异常(上溢出异常)。如果结果值太小而不能用 decimal 格式表示，则结果为零。

2.3.2　赋值运算符

赋值运算符用于将一个数据赋予一个变量、属性或者引用，数据可以是常量，也可以是表达式。前面已经多次使用了简单的“=”赋值运算符，例如 int a=1，或者 int c=a+b。其实，除了等号运算符，还有一些其他的赋值运算符，它们都非常有用。这些赋值运算符都是在“=”之前加上其他运算符，这样就构成了复合的赋值运算符。复合赋值运算符的运算非常简单，例如“a+=1”就等价于“a=a+1”，它相当于对变量进行了一次自加操作。

注意：

复合赋值运算符的“结合方向”为自右向左。例如，a = b = c 形式的表达式求值与 a = (b = c)相同。

表 2-3 给出了复合赋值运算符的定义和含义。

表 2-3　复合赋值运算符

复合赋值运算符	类　别	描　　述
+=	二元	var1 += var2 等价于 var1 = var1 + var2，var1 被赋予 var1 与 var2 的和
−=	二元	var1 −= var2 等价于 var1 = var1 − var2，var1 被赋予 var1 与 var2 的差
*=	二元	var1 *= var2 等价于 var1 = var1 * var2，var1 被赋予 var1 与 var2 的乘积

(续表)

<table>
<tr><th>复合赋值运算符</th><th>类　别</th><th>描　述</th></tr>
<tr><td>/=</td><td>二元</td><td>var1 /= var2 等价于 var1 = var1 / var2，var1 被赋予 var1 与 var2 相除所得的结果</td></tr>
<tr><td>%=</td><td>二元</td><td>var1 %= var2 等价于 var1 = var1 % var2，var1 被赋予 var1 与 var2 相除所得的余数</td></tr>
<tr><td>&=</td><td>二元</td><td>var1 &= var2 等价于 var1 = var1 & var2，var1 被赋予 var1 与 var2 进行“与”操作的结果</td></tr>
<tr><td>|=</td><td>二元</td><td>var1 |= var2 等价于 var1 = var1 | var2，var1 被赋予 var1 与 var2 进行“或”操作的结果</td></tr>
<tr><td>^=</td><td>二元</td><td>var1 ^= var2 等价于 var1 = var1 ^ var2，var1 被赋予 var1 与 var2 进行“异或”操作的结果</td></tr>
<tr><td>>>=</td><td>一元</td><td>var1 >>= var2 等价于 var1 = var1 >> var2，把 var1 的二进制值向右移动 var2 位，就得到 var1 的值</td></tr>
<tr><td><<=</td><td>一元</td><td>var1 <<= var2 等价于 var1 = var1 << var2，把 var1 的二进制值向左移动 var2 位，就得到 var1 的值</td></tr>
</table>

2.3.3　关系运算符

关系运算符表示了对操作数的比较运算，由关系运算符组成的表达式就是关系表达式。关系表达式的结果只可能有两种，即 true 或 false。常用的关系运算符有 6 种，如表 2-4 所示。

表 2-4　关系运算符

关系运算符	类　别	描　述
>	二元	大于关系比较，例如 100 > 1 的结果为 true，1 > 100 的结果为 false
<	二元	小于关系比较，例如 100 < 1 的结果为 false，1 < 100 的结果为 true
==	二元	等于关系比较，例如 100 == 1 的结果为 false， int a = 100; 100 == a; 的结果为 true
>=	二元	大于等于关系比较，例如 100 >= 1 的结果为 true，1 >= 100 的结果为 false
<=	二元	小于等于关系比较，例如 100 <= 1 的结果为 false，1 <= 100 的结果为 true
!=	二元	不等于关系比较，例如 100 != 1 的结果为 true， int a = 100;　100 != a; 的结果为 false

2.3.4　逻辑运算符

逻辑运算符主要用于逻辑判断，主要包括逻辑与、逻辑或和逻辑非。其中，逻辑与和逻辑或属于二元运算符，它要求运算符两边有两个操作数，这两个操作数的值必须为逻辑值。逻辑非运算符是一元运算符，它只要求有一个操作数，操作数的值也必须为逻辑值。由逻辑运算符组成的表达式是逻辑表达式，其值只可能有两种，即 true 或 false。表 2-5 所示的是关于逻辑运算符的说明。

表 2-5　逻辑运算符

逻辑运算符	类　别	描　述
&&	二元	逻辑与运算时，如果有任何一个运算元为假，则运算结果也为假，只有两个运算元都为真时运算结果才为真
||	二元	逻辑或运算同“逻辑与”运算正好相反，如果有任何一个运算元为真，则运算结果也为真，只有两个运算元都为假时运算结果才为假
!	一元	逻辑非运算是对操作数的逻辑值取反，即如果操作数的逻辑值为真，则运算结果为假；反之，如果操作数的逻辑值为假，则运算结果为真

下面通过程序清单 2.17 来说明如何使用逻辑运算符。

程序清单 2.17　逻辑运算符

```
int a = 10;
int b = 100;
bool c = (a>0) && (b>0);
bool d = (a>10) && (b>10);
bool e = (a<0) || (b<0);
bool f = (a<=10) || (b<10);
bool g = !(100>0);
```

程序说明：上面的代码中，c 的值为 true，因为 a>0 的值为 true 并且 b>0 的值也为 true。d 的值为 false，因为 a>10 的值为 false，只要有一个值为 false，最后的结果也就是 false。e 的值为 false，因为 a<0 的值为 false 并且 b<0 的值也为 false。f 的值为 true，因为 a<=10 的值为 true，只要有一个值为 true，最后的结果也就是 true。g 的值为 false，因为 100>0 为 true，对它取反后得到的值为 false。

2.3.5　条件运算符

C#中唯一的一个三元操作符就是条件运算符(?:)，由条件运算符组成的表达式就是条件表达式。条件表达式的一般格式为：

操作数 1?操作数 2:操作数 3

其中，“操作数 1”的值必须为逻辑值，否则将出现编译错误。进行条件运算时，首先判断问号前面的“操作数 1”的逻辑值是真还是假，如果逻辑值为真，则条件运算表达式的值等于“操作数 2”的执行结果值；如果为假，则条件运算表达式的值等于“操作数 3”的执行结果值。例如程序清单 2.18 的条件运算表达式，c 的值最后为-10，因为 a>b 的值为 false。

程序清单 2.18　条件运算表达式

```
int a = 3;
int b = 5;
int c = a>b?100:-10;
```

注意：

条件表达式具有“右结合性”，意思是操作从右向左组合。例如，a? b: c? d: e 形式表达式的计算与 a? b: (c? d: e)相同。

条件表达式的类型由“操作数 2”和“操作数 3”控制，如果“操作数 2”和“操作数 3”是同一类型，那么这一类型就是条件表达式的类型。否则，如果存在“操作数 2”到“操作数 3”(而不是“操作数 3”到“操作数 2”)的隐式转换，那么“操作数 3”的类型就是条件表达式的类型。反之，“操作数 2”的类型就是条件表达式的类型。

2.3.6　运算符的优先级

前面已经介绍了很多的运算符了，那么把这些运算符放在一起执行时，应该先执行哪个后执行哪个呢？下面将介绍这些运算符的优先级。

在 C#中为这些运算符定义了不同的优先级，相同优先级的运算符，除了赋值运算符按照从右至左的顺序执行之外，其余运算符按照从左至右的顺序执行。括号是优先级中最高的，可以任意地改变符号的计算顺序。在 C#中运算符的优先级定义如表 2-6 所示，其中 1 级表示最高优先级，12 级表示最低优先级。

表 2-6　运算符的优先级

级　别	符　号	说　明
1	++	在操作符前面
	--	在操作符后面
	+	正号
	-	负号
	!	逻辑非
	~	按位取反

(续表)

级　别	符　号	说　明
2	*	算术乘号
	/	算术除号
	%	算术求余
3	+	算术加法
	–	算术减法
4	<<	左移
	>>	右移
5	>	大于
	<	小于
	<=	小于等于
	>=	大于等于
6	==	关系等于
	!=	关系不等于
7	&	按位与
8	^	按位异或
9	|	按位或
10	&&	逻辑与
11	||	逻辑或
12	=	赋值等于
	*=，/=，%=，+=，–=，<<=，>>=，&=，^=，|=	复合赋值运算符

2.4　流 程 控 制

一般来说，程序代码除了按顺序执行之外，对于复杂的工作，为了达到预期的执行结果，还需要使用流程控制结构来控制程序的执行。

流程控制语句是使用条件表达式来进行判断，以便执行不同的程序代码段，或重复执行指定的程序代码段。

2.4.1　条件语句

分支是控制下一步要执行哪些代码的过程，C#中的分支语句主要有 if 语句和 switch 语句，三元运算符(?:)也有分支的功能。三元运算符前面已经介绍过，下面介绍 if 语句和 switch 语句。

1. if 语句

if 语句是最常用的分支语句，使用该语句可以有条件地执行其他语句。if 语句的最基本使用格式为：

```
if (测试条件)
    测试条件为 true 时的代码或者代码块
```

程序执行时首先检测“测试条件”的值(其计算结果必须是一个布尔值，否则会有编译错误)，如果“测试条件”的值是 true，就执行 if 语句中的代码，代码执行完毕后，将继续执行 if 语句下面的代码。如果“测试条件”的值是 false，则直接跳转到 if 语句后面的代码执行。如果 if 语句中为代码块(多于 1 行代码)，则需要使用{}把代码包括起来。当只有一行代码时可以省略大括号{}。

if 语句可以和 else 语句合并执行，使用格式如下：

```
if (测试条件)
    测试条件为 true 时的代码或者代码块
else
    测试条件为 false 时的代码或者代码块
```

下面创建一个 C#控制台程序，来演示如何使用 if 语句。由于是第一次创建 C#程序，这里给出详尽的创建过程，在以后的程序讲解中将不会再出现具体创建 C#程序的步骤了。

(1) 打开 Visual Studio 2012，执行“文件”|“新建”|“项目”命令，打开“新建项目”对话框，如图 2-2 所示。

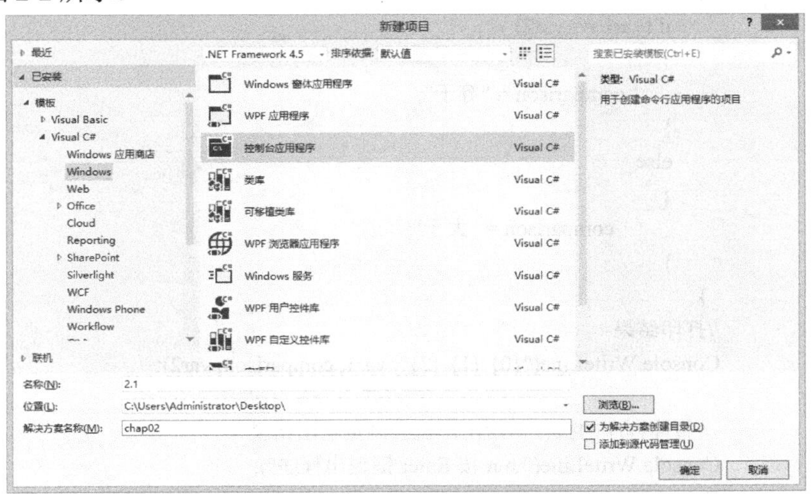

图 2-2　“新建项目”对话框

(2) 在“名称”文本框中输入项目的名称为“2-1”，在“解决方案名称”文本框中输入解决方案的名称为“chap02”，选中“为解决方案创建目录”复选框，在“位置”文本框中输入项目创建的位置。选中“Visual C#”项目节点中的“控制台应用程序”图标，然后单击“确定”按钮，即可创建一个默认的控制台应用程序。

(3) 在代码编辑器中输入如程序清单 2.19 所示的代码。

程序清单 2.19　演练 if 语句

```
1.  using System;
2.  using System.Collections.Generic;
3.  using System.Text;

4.  namespace __1
5.  {
6.      class Program
7.      {
8.          static void Main(string[] args)
9.          {
10.             Console.WriteLine("请输入第一个数：");
11.             double var1 = Convert.ToDouble(Console.ReadLine());
12.             Console.WriteLine("请输入第二个数：");
13.             double var2 = Convert.ToDouble(Console.ReadLine());

14.             string comparison;
15.             //进行判断，根据 var1 和 var2 的值设置 comparison
16.             if (var1 < var2)
17.             {
18.                 comparison = "小于";
19.           }
20.           else
21.           {
22.               if (var1 == var2)
23.               {
24.                   comparison = "等于";
25.               }
26.               else
27.               {
28.                   comparison = "大于";
29.               }
30.           }
31.          //打印结果
32.          Console.WriteLine("{0} {1} {2}", var1, comparison, var2);

33.           //暂停程序的执行，给用户机会浏览输出结果
34.          Console.WriteLine("\n\n 按 Enter 键退出程序");
35.          Console.ReadLine();
36.      }
37.  }
38. }
```

程序说明： 第 10 行和第 12 行中，Console.WriteLine 用于在控制台上打印输出信息，Console.WriteLine 可以灵活地控制输出格式和内容，{0}表示第一个参数，如果使用了{}

指定参数就必须在逗号后面给出参数的值。第 11 行和第 13 行中，Convert.ToDouble 用于把输入的字符串转换为 double 类型。Console.ReadLine()用于从标准控制台读取一行字符，在控制台上输入完毕后要按 Enter 键结束本行的输入。第 32 行中，Console.WriteLine 使用了 3 个参数，因此在逗号后面给出了 3 个值(尽管它们的类型不都一样)。第 35 行通过 Console.ReadLine()使得用户在按下 Enter 键后才退出程序，否则程序运行完成后会立即关闭控制台，用户可能根本看不清楚最后的输出结果。

(4) 执行“调试”|“启动”命令运行程序，程序的运行界面如图 2-3 所示。

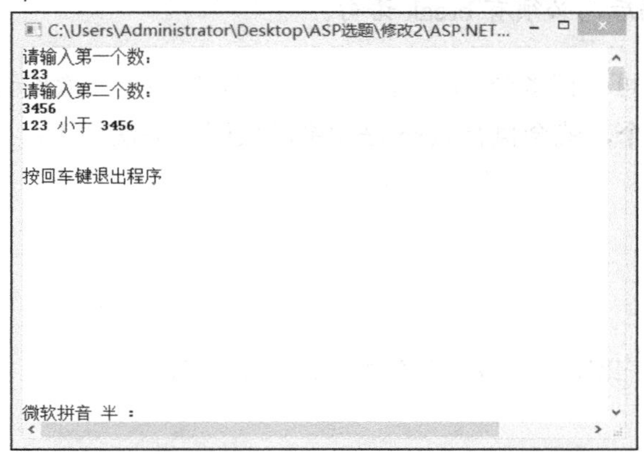

图 2-3　if 演示程序的运行界面

2. switch 语句

switch 语句非常类似于 if 语句，它也是根据测试的值来有条件地执行代码，实际上 switch 语句完全可以使用 if 语句代替。一般情况下，如果只有简单的几个分支就需要使用 if 语句，否则建议使用 switch 语句，这样可以使代码的执行效率更高。switch 语句的基本语法定义如下：

```
switch (测试值)
{
    case 比较值 1:
        当测试值等于比较值 1 时要执行的代码
        break;
    case 比较值 2:
        当测试值等于比较值 2 时要执行的代码
        break;
    ...
    case 比较值 n:
        当测试值等于比较值 n 时要执行的代码
        break;
    default:
        当测试值不等于以上各个比较值时要执行的代码
        break;
}
```

在 switch 语句的开始处首先检测“测试值”，如果检测值符合某个 case 语句中定义的“比较值”就跳转到该 case 语句执行，当“测试值”没有任何匹配的“比较值”时就执行 default 块中的代码。执行完代码块后退出 switch 语句，继续执行下面的代码。

注意：

在 C++中，在运行完一个 case 语句后，可以运行另一个 case 语句，因此 break 语句可以省略。在 C#中执行完一个 case 块后，再执行第二个 case 语句是非法的，因此执行完一个 case 部分中的代码后，必须有 break 语句。

在 switch 语句中可以把多个 case 语句放在一起，相当于一次检查多个条件。如果满足这些条件中的任何一个，就会执行 case 语句中的代码。语法如下：

```
switch (测试值)
{
    case 比较值 1:
    case 比较值 2:
        当测试值等于比较值 1 或者比较值 2 时要执行的代码
        break;
    case 比较值 3:
        当测试值等于比较值 3 时要执行的代码
        break;
    ...
    case 比较值 n:
        当测试值等于比较值 n 时要执行的代码
        break;
    default:
        当测试值不等于以上各个比较值时要执行的代码
        break;
}
```

程序清单 2.20 中通过 switch 语句实现了对用户输入的星期数的判断，根据用户的输入打印输出相应的星期数。

程序清单 2.20　switch 语句的使用

```
using System;
using System.Collections.Generic;
using System.Text;

namespace __2
{
    class Program
    {
        static void Main(string[] args)
        {
```

```
10.             Console.WriteLine("本系统使用 1～7 代表一周的每一天，请输入其中一个
11.                         数字，系统将返回该数字代表的星期数。");
12.             int var = Convert.ToInt32(Console.ReadLine());

13.             switch (var)
14.             {
15.                 case 1:
16.                     Console.WriteLine("您选择的是星期一");
17.                     break;
18.                 case 2:
19.                     Console.WriteLine("您选择的是星期二");
20.                     break;
21.                 case 3:
22.                     Console.WriteLine("您选择的是星期三");
23.                     break;
24.                 case 4:
25.                     Console.WriteLine("您选择的是星期四");
26.                     break;
27.                 case 5:
28.                     Console.WriteLine("您选择的是星期五");
29.                     break;
30.                 case 6:
31.                     Console.WriteLine("您选择的是星期六");
32.                     break;
33.                 case 7:
34.                     Console.WriteLine("您选择的是星期日");
35.                     break;
36.                 default:
37.                     Console.WriteLine("您输入的数字有误，请重新输入");
38.                     break;
39.             }

40.             Console.WriteLine("\n 按 Enter 键退出程序");
41.             Console.ReadLine();
42.         }
43.     }
44. }
```

程序说明：第 10 行提示用户输入一个整数，第 12 行接收用户输入的数值。第 13～39 行进行判断，根据输入的数字找到对应的星期数，其中第 36～38 行是错误处理，当用户输入的数字不是 1～7 时，打印“无效的星期数”，提示用户输入错误。第 41 行等待用户的输入，在这里的主要作用是暂停程序的执行，让用户浏览输出结果。

程序的运行界面如图 2-4 所示。

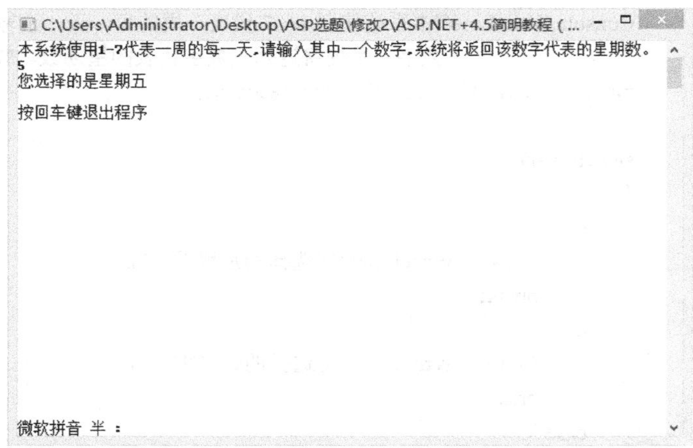

图 2-4　switch 演示程序的运行界面

2.4.2　循环语句

当需要反复执行某些相似的语句时，就可以使用循环语句了，这对于大量的重复操作(上千次，甚至百万次)尤其有意义。C#中的循环语句有 4 种：do-while 循环、while 循环、for 循环和 foreach 循环，下面分别进行介绍。

1. do-while 循环

do-while 语句根据其布尔表达式的值有条件地执行它的嵌套语句一次或者多次，其语法定义如下：

```
do
    循环代码
while (布尔表达式);
```

do-while 循环以下述方式执行：程序会首先执行一次循环代码，然后判断布尔表达式的值，如果值为 true 就从 do 语句位置开始重新执行循环代码，一直到布尔表达式的值为 false。所以，无论布尔表达式的值是 true 还是 false，循环代码会至少执行一次。程序清单 2.21 所示的代码是使用 do-while 语句在标准输出设备上打印输出 1～10。

程序清单 2.21　do-while 语句举例

```
int i = 1;
do
{
    Console.WriteLine("{0}", i++);
} while (i <= 10);
```

注意：

while 语句后面的分号是必须有的，如果没有它，会产生编译错误。这一点是初学者非常容易犯的错误。

2. while 循环

while 循环非常类似于 do 循环，其语法定义如下：

```
while (布尔表达式)
    循环代码
```

while 语句和 do-while 语句有一个重要的区别：while 循环中的布尔测试是在循环开始时进行的，而 do-while 循环是在最后检测。如果测试布尔表达式的结果为 false 就不会执行循环代码，程序直接跳转到 while 循环后面的代码执行，而 do-while 语句则会至少执行一次循环代码。程序清单 2.22 所示的代码为通过 while 语句实现在标准输出设备上打印输出 1～10。

程序清单 2.22　while 语句举例

```
int i = 1;
while (i <= 10)
{
    Console.WriteLine("{0}", i++);
}
```

3. for 循环

for 循环是最常用的一种循环语句，这类循环可以执行指定的次数，并维护它自己的计数器。for 语句首先计算一系列初始表达式的值，接下来当条件成立时，执行其嵌套语句，之后重复计算表达式的值并根据其值决定下一步的操作。for 循环的语法定义如下：

```
for (循环变量初始化; 循环条件; 循环操作)
    循环代码
```

循环变量初始化可以存在也可以不存在，如果该部分存在，则可能为一个局部变量声明和初始化的语句(循环计数变量)或者一系列用逗号分隔的表达式。此局部变量的有效区间从它被声明开始到嵌套语句结束为止。有效区间包括 for 语句执行条件部分和 for 语句重复条件部分。

循环条件部分可以存在也可以不存在，如果没有循环停止条件，则循环可能为死循环(除非 for 循环语句中有其他的跳出语句)。循环条件部分用于检测循环的执行条件，如果符合条件就执行循环代码，否则就执行 for 循环后面的代码。

循环操作部分也是可以存在或者不存在的，在每一个循环结束或执行循环操作部分，因此通常会在这个部分修改循环计数器的值，使之最终逼近循环结束的条件。当然这并不是必需的，读者也完全可以在循环代码中修改循环计数器的值。

程序清单 2.23 所示的代码是通过 for 循环在标准输出设备上打印输出 1～10。

程序清单 2.23　for 循环举例

```
1. for (int i = 1; i <= 10; i++)
2. {
3.     Console.WriteLine("{0}", i);
4. }
```

程序说明：第 1 行代码中，程序首先执行 int i=1，声明并初始化了循环计数器。然后执行 i <= 10，判断 i 的值是否小于等于 10。这里 i 的值为 1，满足循环条件，因此会执行循环代码在标准输出设备上打印输出 1。最后执行 i++语句，使得循环计数器的值变为 2。

第一个循环完毕后开始执行第二个循环，首先检测 i 的值是否符合循环条件，如果满足就继续执行循环代码，并在最后更新 i 的值。如此循环一直到 i 的值变为 11 后，循环条件不再满足了，此时跳转到 for 循环的下一条语句执行。

4. foreach 循环

foreach 语句列举出一个集合(collection)中的所有元素，并执行关于集合中每个元素的嵌套语句。foreach 语句的语法定义如下：

```
foreach (类型  标识符  in  表达式)
   循环代码
```

foreach 语句括号中的类型和标识符用来声明该语句的循环变量，循环变量相当于一个只读的局部变量，它的有效区间为整个嵌套语句。在 foreach 语句执行过程中，重复变量代表着当前操作针对的集合中的相关元素。如果在循环代码中对循环变量赋值或者把循环变量当作 ref 或者 out 参数传递，都会产生编译错误。程序清单 2.24 所示的代码是通过 foreach 语句打印字符串数组中的全部内容。

程序清单 2.24　foreach 语句举例

```
string[] weekSet= {
    "Monday",
    "Tuesday",
    "Wednesday",
    "Thursday",
    "Friday",
    "Saturday",
    "Sunday"
};
foreach (string weekday in weekSet)
{
    Console.WriteLine(weekday);
}
```

程序说明：第 1～9 行定义了一个字符串数组，这个数组保存星期一到星期天的名称，第 10～13 行在一个循环中打印出这些名称。

2.4.3　跳转语句

跳转语句进行无条件跳转，C#为此提供了如下 5 个语句。

- break 语句：终止并跳出循环。
- continue 语句：终止当前的循环，重新开始一个新的循环。
- goto 语句：跳转到指定的位置。
- return 语句：跳出循环及其包含的函数。
- throw 语句：抛出一个异常。

在函数中会使用到 return 语句，用于退出函数(当然也就退出循环了)，如果需要抛出一个异常则需要使用 throw 语句。goto 语句并不常用，建议不要使用 goto 语句，因为该语句可能会破坏程序的结构性。

break 语句用于跳出包含它的 switch、while、do、for 或者 foreach 语句。break 语句的目标地址为包含它的 switch、while、do、for 或 foreach 语句的结尾。假如 break 不是在 switch、while、do、for 或者 foreach 语句的块中，将会发生编译错误。

程序清单 2.25 所示的代码用于在数组中查询符合条件的元素，如果查找成功就打印当前元素在数组中的位置，然后退出循环，不再执行查找。

程序清单 2.25　break 语句举例

```
string[] colorSet = {
    "Red",
    "Orange",
    "Yellow",
    "Green",
    "Blue",
    "Indigo",
    "Purple"
};
int i=1;
foreach (string color in colorSet)
{
    if (color== "Blue")
    {
        Console.WriteLine("Blue 是数组的第{0}个元素", i);
        break;
    }
    i++;
}
```

注意:

当有 switch、while、do、for 或 foreach 语句相互嵌套的时候，break 语句只是跳出直接包含它的那个语句块。如果要在多处嵌套语句中完成转移，必须使用 return 或者 goto 语句。

程序说明：第 1～第 9 行定义了一个字符串数组，用于保存七色光的名称。第 10 行定义了一个变量 i，这个变量的主要作用是记录循环执行的次数，如果大于等于 7，则说明没有找到符合要求的颜色。第 11～19 行遍历数组，查找颜色为 Blue 的元素，一旦找到，就把它打印出来。

continue 语句用于终止当前的循环，并重新开始新一次包含它的 while、do、for 或者 foreach 语句的执行。假如 continue 语句不被 while、do、for 或者 foreach 语句包含，将产生编译错误。

程序清单 2.26 所示的代码用于打印 100 以内的奇数。

程序清单 2.26　continue 语句举例

```
1. for (int i = 1; i <= 100; i++)
2. {
3.     if ((i % 2) == 0)
4.         continue;
5.     Console.WriteLine(i);
6. }
```

程序说明：这段代码进行了 100 次循环，第 3 行判断当前值是否能够被 2 整除，如果可以，则该数字为偶数，执行 continue 语句立刻开始下一个循环，否则打印出该数字。

2.5　类和对象

面向对象的程序设计(Object-Oriented Programming，OOP)是一种基于结构分析的、以数据为中心的程序设计方法。其主要思想是将数据及处理这些数据的操作都封装(Encapsulation)到一个称为类(Class)的数据结构中，使用这个类时，只需要定义一个类的变量即可，这个变量称为对象(Object)。

2.5.1　类

类中包含数据成员(常数、域和事件)、功能成员(方法、属性、索引、操作符、构造函数和析构函数)及嵌套类型。类类型支持继承，派生的类可以对基类进行扩展和特殊化。面向对象的编程方法是程序设计的一次大的进步，程序员跳出了结构化程序设计的传统方法，在程序设计过程中更多地考虑了事务的处理和现实世界的自然描述。与传统的面向过程的设计方法相比，采用面向对象的设计方法设计的程序可维护性较好，源程序易于阅读、理解和修改，降低了复杂度。类的可继承特性，使得程序代码可以复用，子类中可以继承祖先类中的部分代码。由于类封装了数据和操作，从类外面看，只能看到公开的数据和操作，而这些操作都在类设计时进行了安全性考虑，因而外界操作不会对类造成破坏。

C#中提供了很多标准的类，用户在开发过程中可以使用这些类，这样大大节省了程序的开发时间。C#中也可以自己定义类。类的定义方法为：

```
[类修饰符] class 类名[:父类名]
{
    [成员修饰符] 类的成员变量或者成员函数;
};
```

其中，“类名”是自定义类的名字，该名字要符合标识符的要求。“:父类名”表示从哪个类继承。“:父类名”可以省略，如果没有父类名，则默认从 Object 类继承而来。Object 类是每个类的祖先类，C#中所有的类都是从 Object 类派生出来的。“类修饰符”用于对类进行修饰，说明类的特性。表 2-7 中给出了类修饰符的定义和使用方法。

表 2-7　类修饰符的定义和使用方法

类修饰符	含　义	说　明
new	新建的类	当 new 用于修饰类时，new 修饰符只允许出现在嵌套类中，它指定了一个类通过相同的名称隐藏了一个继承的成员
public	公有的类	外界可以不受限制地访问
protected	受保护的类	当用 protected 修饰类时，表示可以访问该类或从该类派生的类型
internal	内部类	对整个应用程序是公有的，其他应用程序不可以访问该类
private	私有类	表明只有包含该类的类型才能访问它
abstract	抽象类	说明该类是一个不完整的类，只有声明而没有具体的实现。一般只能用来做其他类的基类，而不能单独使用
sealed	密封类	说明该类不能作为其他类的基类，不能再派生新的类

注意：

在一个类声明中，同一类修饰符不能多次出现，否则会出错。不同的类修饰符可以组合使用，如 protected internal、public sealed 等。有些修饰符不能放在一起使用，如 public、private、protected、internal 等。当一个类成员声明不包括任何访问修饰符时，默认的声明的访问能力为 private。

关于 C#中类的成员的分类，下一节再进行介绍，这里来介绍类的成员的访问修饰符。类的每个成员都需要设定访问修饰符，不同的修饰符会造成对成员的访问能力不一样。如果没有显式地指定类成员访问修饰符，则默认类型为私有类型修饰符。C#中类成员修饰符的定义和使用方法如表 2-8 所示。

表 2-8　成员修饰符的定义和使用方法

成员修饰符	含　义	说　明
new	新建的类或者类成员	当 new 用于修饰类成员时，new 修饰符用来指出派生成员要隐藏的基成员。对于一个类，可以用与继承成员相同的名称或签名来声明一个成员。当其发生时，派生类成员被称作隐藏了的基类成员。隐藏一个继承成员并不被认为是错误的，但是会造成编译器给出警告。为了禁止这个警告，派生类成员的声明可以包括一个 new 修饰符
public	公有的	公有(Public)成员对于任何人都是可见的，外界可以不受限制地访问。这是限制最少的一种访问方式，它的优点是使用灵活，缺点是外界可能会破坏对象成员值的合理性
protected	受保护的	当用 protected 修饰类成员时，表示该成员对于外界是隐藏的，但对于这个类的派生类则可以访问
internal	内部成员	表示该成员是内部成员，只有本程序成员才能访问
private	私有成员	私有(Private)成员是隐藏的，外界不能直接访问该成员变量或成员函数。对该成员变量或成员函数的访问只能由该类中其他函数访问，其派生类也不能访问
abstract	抽象函数	使用 abstract 修饰符可以定义抽象函数
const	常量	const 修饰符用于修饰常量，如果是常量表达式，则在编译时被求值
virtual	虚函数	virtual 用于修饰虚函数。对于虚函数，它的执行方式可以被派生类改变，这种改变是通过重载实现的
event	事件	event 修饰符用来定义一个事件
extern	外部实现	extern 修饰符告诉编译器函数将在外部实现
override	重载	override 修饰符用于修饰重载基类中的虚函数的函数
readonly	只读成员	修饰类的只读成员。一个使用 readonly 修饰符的域成员只能在它的声明或者在构造函数中被更改
static	静态成员	声明为 static 的成员属于类，而不属于类的实例，所有此类的实例都共用一个成员。访问静态成员时也是通过类名访问的

2.5.2　属性和方法

在 C#中，按照类的成员是否为函数可将其分为两大类，其中一种是不以函数形式体现的，称为成员变量，主要有以下几个类型。

- 常量：代表与类相关的常量值。
- 变量：类中的变量。
- 事件：由类产生的通知，用于说明发生了什么事情。
- 类型：属于类的局部类型。

另一种是以函数形式体现的，一般包含可执行代码，执行时完成一定的操作，被称为成员函数，主要有以下几个类型。

- 方法：完成类中各种计算或功能的操作，不能和类同名，也不能在前面加“~”(波浪线)符号。方法名不能和类中其他成员同名，既包括其他非方法成员，又包括其他方法成员。
- 属性：定义类的值，并对它们提供读、写操作。
- 索引指示器：允许编程人员在访问数组时，通过索引指示器访问类的多个实例，又称下标指示器。
- 运算符：定义类对象能使用的操作符。
- 构造函数：在类被实例化时首先执行的函数，主要是完成对象初始化操作。构造函数必须和类名相同。
- 析构函数：在类被删除之前最后执行的函数，主要是完成对象结束时的收尾操作。构造函数必须和类名相同，并在前面加一个“~”(波浪线)符号。

2.5.3　对象的创建和回收

C#中有两个特殊的函数：构造函数和析构函数，分别用于对象的创建和回收。构造函数是当类被实例化时首先执行的函数，就是 new 关键字后面的函数。析构函数是当实例对象从内存中被删除前最后执行的函数。在一个对象的声明周期中，都会执行构造函数和析构函数。下面分别介绍构造函数和析构函数的定义和使用方法。

1. 构造函数

当创建一个对象时，系统首先给对象分配合适的内存空间，随后系统就自动调用对象的构造函数。因此构造函数是对象执行的入口函数，非常重要。在定义类时，可以定义构造函数也可以不定义构造函数。如果类中没有构造函数，系统会默认执行 System.Object 提供的构造函数。如果要定义构造函数，那么构造函数的函数名必须和类名一样。构造函数的类型修饰符总是公有类型 public 的，如果是私有类型 private 的，表示这个类不能被实例化，这通常用于只含有静态成员的类中。构造函数由于不需要显式调用，因而不用声明返回类型。构造函数可以带参数也可以不带参数。具体实例化时，对于带参数的构造函数，需要实例化的对象也带参数，并且参数个数要相等，类型要一一对应。如果是不带参数的构造函数，在实例化时对象不具有参数。

提示：

由于系统在对象实例化的同时自动调用构造函数，因此可以在构造函数中为需要赋初始值的变量赋初值。

程序清单 2.27 所示的代码创建了一个对象并为该对象添加了两个构造函数，其中第一个构造函数没有参数，在构造函数中对成员变量进行了初始化。第二个构造函数有参数，在创建对象的时候用户可以根据自己的需要设定成员变量的值。

程序清单 2.27　构造函数定义

```
1.  public class Shape
2.  {
3.      protected string type;
4.      protected double x, y;
5.      public Shape()
6.      {
7.          x = 0;
8.          y = 0;
9.          type = "形状";
10.     }
11.     public Shape(double x, double y)
12.     {
13.         this.x = x;
14.         this.y = y;
15.         type = "形状";
16.     }

17.     public virtual double GetArea()
18.     {
19.         return x * y;
20.     }

21.     public string GetShapeType()
22.     {
23.         return type;
24.     }
25. }
```

程序说明：第 5～10 行定义了该基类的一个构造函数，第 11～16 行定义了该基类的另一个构造函数。在使用 Shape 类时，可以使用任何一个构造函数创建实例对象。第 17～20 行定义了一个虚函数，该函数用于获得形状的面积，可以被派生类重写。第 21～24 行定义了一个函数，用于获得形状的类型。

程序清单 2.28 所示的代码创建了两个 Shape 的实例对象，并打印输出它的面积。

程序清单 2.28　构造函数使用

```
static void Main(string[] args)
{
    Shape shape1, shape2;
    shape1 = new Shape();
    shape2 = new Shape(3, 7);
```

```
6.         Console.WriteLine("{0}", shape1.GetArea());
7.         Console.WriteLine("{0}", shape2.GetArea());
8.         Console.ReadLine();
9.   }
```

程序说明：第 4 行和第 5 行创建了两个 Shape 对象，因为构造函数不同，这两个对象的面积也不相同，shape1 的面积为 0，而 shape2 的面积为 21。

在构造函数主体的第一个语句之前，所有构造函数(除了类 object 的构造函数)隐含地都有一个对另外的构造函数的直接调用。构造函数可以有自己的初始化函数，在初始化函数中可以定义这种隐式的调用。其规则如下：

(1) 一个形式为 base(...)的构造函数引导程序调用直接基类中的构造函数。

(2) 一个形式为 this(...)的构造函数引导程序调用类定义的内部构造函数。

如果构造函数没有初始化函数，就会隐含地提供一个形式为 base()的初始化函数。因此，程序清单 2.29 所示的构造函数，就等同于程序清单 2.30。

程序清单 2.29　构造函数 1

```
public Shape()
{
    x = 0;
    y = 0;
    type = "形状";
}
```

程序清单 2.30　构造函数 2

```
public Shape():base()
{
    x = 0;
    y = 0;
    type = "形状";
}
```

this 关键字用于表示本类的其他构造函数，另外 this 关键字还可以出现在类的方法中。当出现在类的方法中时，this 关键字表示对当前对象的引用。

2. 析构函数

析构函数是一个实现破坏一个类的实例的行为的成员。与构造函数不同，析构函数在类撤销时运行，常用来处理类用完后的收尾工作。如果对象在运行过程中动态申请了内存控件，就需要在析构函数中进行回收工作。析构函数不能带有参数，也不能被继承，不能拥有访问修饰符，并且不能显式地被调用(在该对象被撤销时自动被调用)。

一个析构函数声明的标识符必须为声明析构函数的类命名，并且要在前面加一个“~”符号，如果指定了任何其他名称，就会发生一个错误。程序清单 2.31 所示的代码是一个析构函数的定义。

程序清单 2.31　析构函数定义

```
class MyClass
{
    ~MyClass()
    {
        //收尾工作
    }
}
```

2.5.4　继承和多态

为了提高代码复用性，C#支持从父类中派生子类，同时，为了区分父类和子类的同名操作，C#引入了“多态”的概念。

1. 继承

继承性是面向对象的一个重要特性，C#中支持类的单继承，即只能从一个类继承。继承是传递的，如果 C 继承了 B，并且 B 继承了 A，那么若 C 继承了在 B 中声明的 public 和 protected 成员的同时也继承了在 A 中声明的 public 和 protected 成员。继承性使得软件模块可以最大限度地复用，并且编程人员还可以对前人或自己以前编写的模块进行扩充，而不需要修改原来的源代码，大大提高了软件的开发效率。

在定义类的时候可以指定要继承的类，语法如下：

```
[类修饰符] class  类名[:父类名]
{
    [成员修饰符] 类的成员变量或者成员函数;
};
```

派生类是对基类的扩展，派生类可以增加自己新的成员，但不能对已继承的成员进行删除，只能不予使用。基类可以定义自身成员的访问方式，从而决定派生类的访问权限，且能通过定义虚方法、虚属性，使它的派生类可以重载这些成员，从而实现类的多态性。

注意：

构造函数和析构函数不能被继承。

下面通过一个实例来演示类的继承特性。前面曾经创建了一个 Shape 类，现在来创建一个 Circle 类和一个 Rectangle 类，使它们成为 Shape 类的子类。如程序清单 2.32 所示。

程序清单 2.32　继承类

```
using System;
using System.Collections.Generic;
using System.Text;
namespace __4
{
    class Program
    {
        public class Shape
        {
            protected string type;
            protected double x, y;
            public Shape()
            {
                x = 0;
                y = 0;
                type = "形状";
            }
            public Shape(double x, double y)
            {
                this.x = x;
                this.y = y;
                type = "形状";
            }
            public double GetArea()
            {
                return x * y;
            }
            public string GetShapeType()
            {
                return type;
            }
        }
        public class Circle : Shape
        {
            public const double pi = Math.PI;
            public Circle(double r)
                : base(r, 0)
            {
                type = "圆形";
            }
            public double GetArea()
            {
                return pi * x * x;
```

```
44.             }
45.         }
46.         class Rectangle : Shape
47.         {
48.             public Rectangle()
49.                 : base()
50.             {
51.                 type = "矩形";
52.             }
53.             public Rectangle(double x, double y)
54.                 : base(x, y)
55.             {
56.                 type = "矩形";
57.             }
58.         }
59.         static void Main(string[] args)
60.         {
61.             Rectangle rect1 = new Rectangle (20, 10);
62.             Circle circle1 = new Circle(5);
63.             Console.WriteLine("{0}", rect1.GetArea());
64.             Console.WriteLine("{0}", circle1.GetArea());
65.             Console.ReadLine();
66.         }
67.     }
68. }
```

程序说明：在上面的代码中，第 9～32 行定义了 Shape 类，该类中定义了 3 个 protected 类型的成员变量，即 type、x、y，分别表示该几何形状的类型、宽、高。2 个 public 类型的成员函数 GetArea 和 GetShapeType 分别用来获取该几何形状的面积和类型。

第 33～45 行定义了 Circle 类，该类继承自 Shape 类，同时也继承了 Animal 类的成员变量 type、x、y，以及成员函数 GetArea 和 GetShapeType。但是由于在该类中重写了 GetArea 函数，因此基类中的 GetArea 函数在 Circle 中被隐藏。

第 46～58 行定义了 Rectangle 类，该类继承自 Shape 类，同时也继承了 Animal 类的成员变量 type、x、y，以及成员函数 GetArea 和 GetShapeType。这样在 Rectangle 类中只需要定义其构造函数即可，代码复用率很高。

在使用时，创建了一个 Rectangle 对象和一个 Circle 对象，并分别调用了 GetArea 函数。由于两个类中构造函数的实现不同，最终两个类显示的结果也有所不同。执行结果如图 2-5 所示。

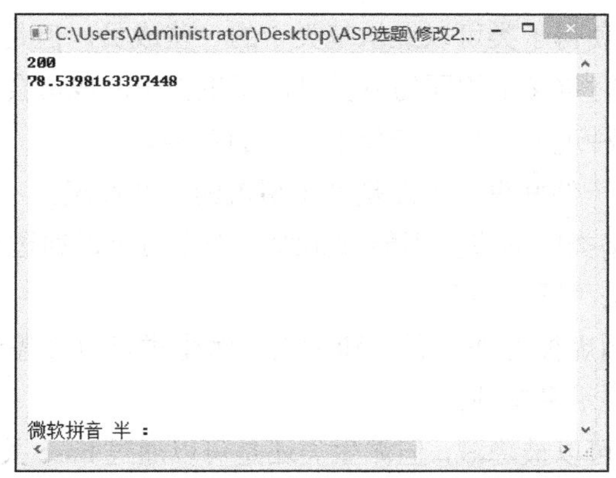

图 2-5　继承类

2. 多态

类的另外一个特性是多态性，所谓多态性是指同一操作作用于不同类的实例，对这些类进行不同的解释，从而产生不同的执行结果。例如，假设矩形 Rectangle、正方形 Square、圆形 Circle 等类中都定义了一个叫作 ShowArea 的成员函数用于显示其面积，显然当调用不同的对象实例时，会产生不同的结果。

在 C#中有两种多态性，一种是编译时的多态性，这种多态性是通过函数的重载实现的，由于重载函数的参数或者是数量不同，又或者是类型不同，所以编译系统在编译期间就可以确定用户所调用的函数是哪一个重载函数。另外一种是运行时的多态性，这种多态性是通过虚成员方式实现的。运行时的多态性是指系统在编译时不确定选用哪个重载函数，而是直到系统运行时，才根据实际情况决定采用哪个重载函数。下面介绍类的重载实现方法。

所谓重载就是一个函数名，有多种实现的方法，它们之间的函数名相同，但参数的个数不同或参数的类型不同。实现时系统会自动选择合适的类型与调用的函数相匹配。例如前面多次使用到的 Console 类的 WriteLine 函数，就是一个重载函数。

除了成员函数可以重载，运算符也可以重载。运算符是 C#类的一个成员，系统对大部分运算符都给出了常规定义，这些定义大部分和现实生活中这些运算符的意义相同。在 C#中，操作符重载总是在类中进行声明，并且通过调用类的成员方法来实现。操作符重载声明的格式如下所示。

```
返回类型 operator 重载的操作符(操作符参数列表)
{
    操作符重载的实现部分
};
```

其中，返回类型和成员函数的返回类型一样，operator 是操作符的关键字。在 C#中，可以重载的操作符主要有+、-、!、~、++、--、true、false、*、/、%、&、|、^、<<、>>、==、!=、<、>、<=、>=等，不能重载的操作符有=、&&、||、?:、new、typeof、sizeof、is 等。

面向对象的继承性使得子类可以继承基类中的一些成员，但是也可能带来一个问题，即当派生类和基类中同时定义了相同的成员时，派生类中的成员会覆盖基类中的成员。在程序开发中应当注意这种现象，尽量避免不必要的覆盖。

但是有时覆盖也是一件好事。下面是使用覆盖的一些情况：

- 前面提到过，基类中的成员不能被删除，程序员可以通过这个方法把基类中不希望被执行的方法“屏蔽掉”。
- 一个类可以声明虚拟方法、属性和索引，派生类可以覆盖这些功能成员的执行，这使得类可以展示多态性。

尽管基类中的成员可以被隐藏，但派生类还是可以通过 base 关键字来访问它。这样做的好处是，既利用了基类的功能，又在派生类中添加了自己的代码，最大限度地进行了代码复用。

在定义类成员时，可以使用 virtual 关键字，virtual 关键字用于修改方法或属性的声明。被 virtual 关键字修饰的方法或属性被称作虚拟成员，虚拟成员的实现可由派生类中的重写成员更改。不能将 virtual 修饰符与 static、abstract、override 等修饰符一起使用，此外在静态属性上使用 virtual 修饰符是错误的。通过包括使用 override 修饰符的属性声明，可在派生类中重写虚拟继承属性。由重写声明重写的方法称为重写基方法。C#中关于 override 重写的要求如下：

- 不能重写非虚方法或静态方法。重写基方法必须是虚拟的、抽象的或重写的。
- 重写基方法必须与重写方法具有相同的名字。
- 重写声明不能更改虚方法的可访问性，重写方法和虚方法必须具有相同的访问级修饰符。
- 不能使用 new、static、virtual、abstract 等修饰符修改重写方法。
- 返回值类型必须与基类中的虚拟方法一致。
- 参数列表中的参数顺序、数量和类型必须一致。

下面修改程序清单 2.32 中的代码，把 Shape 类的 GetArea 修改为：

```
1.  //虚函数，获得形状的面积，可以被基类重写
2.   public virtual double GetArea()
3.   {
4.          return x * y;
5.   }
```

程序说明：这个函数和程序清单 2.32 中对应的函数基本相同，只是在第 2 行，函数声明时增加了一个关键字 virtual，说明这是一个虚函数，以便被派生类重写。

把 Circle 类的 GetArea 方法改写为：

```
public override double GetArea()
{
      return pi * x * x;
}
```

程序说明：与程序清单 2.32 中对应的函数相比，在第 1 行函数声明的地方增加了一个关键字 override，如果没有这个关键字，编译器会给出如下提示：

警告 CS0114: “__5.Program.Circle.GetArea()”将隐藏继承的成员“__5.Program.Shape.GetArea()”。若要使当前成员重写该实现，应添加关键字 override。否则，添加关键字 new。

注意：

对于重写虚函数，C#和 C++中不同。在 C++中，如果在基类中定义了虚函数，则在它的派生类中该函数默认就是虚函数，重写时不需要再次声明。

在 Main 函数中增加如程序清单 2.33 所示的代码。

程序清单 2.33　在 Mian 函数中增加的代码

```
1.  static void Main(string[] args)
2.  {
3.      Shape[] shapes = new Shape[3];
4.      shapes[0] = new Shape(2.5, 3.2);
5.      shapes[1] = new Circle(2.5);
6.      shapes[2] = new Rectangle(2.4, 4.5);

7.      //对于不同的形状，调用该形状的虚函数
8.      foreach (Shape s in shapes)
9.      {
10.         if (s.GetShapeType() != "形状")
11.             Console.WriteLine("这个几何形状的类型是{0}，面积为{1}", s.GetShapeType(),
                    s.GetArea());
12.     }

13.      //在 debug 版本中，防止程序自动退出
14.      Console.ReadLine();

15. }
```

程序说明：第 3 行中创建了有 3 个 Shape 对象的数组，在第 4～6 行对这 3 个对象进行实例化，分别创建为 Shape 对象、Circle 对象和 Rectangle 对象。在循环中依次输出这些对象的类型和面积。因为 GetArea 为虚函数，它会根据对象的不同而调用相应类的 GetArea 方法。

程序的运行结果如图 2-6 所示。

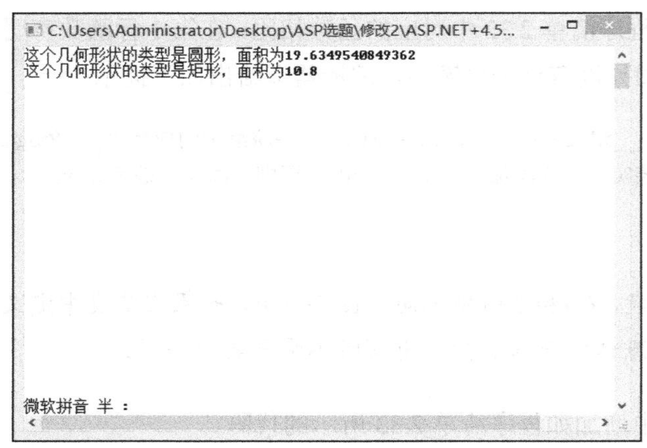

图 2-6　演示多态性

2.6　委托与事件

2.6.1　委托与事件的概述

委托，又称为代理，它是一种安全地封装方法的类型，与 C 和 C++中的函数指针类似。但与它们不同的是，委托是面向对象的、类型安全的和保险的。委托的类型由委托的名称定义。下面的示例声明了一个名为 Del 的委托，该委托可以封装一个采用字符串作为参数并返回 void 的方法。

```
public delegate void Del(string message);
```

委托具有以下特点：

- 委托类似于 C++的函数指针，但它是类型安全的。
- 委托允许将方法作为参数进行传递。
- 委托可用于定义回调方法。
- 委托可以链接在一起。例如，可以对一个事件调用多个方法。
- 方法不需要与委托签名精确匹配。
- 匿名方法允许将代码块作为参数传递，以代替单独定义的方法。

事件是类在发生其关注的事情时用来提供通知的一种方式。例如，封装用户界面控件的类可以定义一个在用户单击该控件时发生的事件。控件类不关心单击按钮时发生了什么，但它需要告知派生类单击事件已发生。然后，派生类可选择如何响应。

事件使用委托来为触发时将要调用的方法提供类型安全的封装。委托可以封装命名方法和匿名方法。

事件具有以下特点：

- 事件是类用来通知对象需要执行某种操作的方式。
- 尽管事件在其他时候(如信号状态更改)也很有用，但事件通常还是用在图形用户界面中。
- 事件通常使用委托事件来处理程序进行声明。
- 事件可以调用匿名方法来替代委托。

2.6.2　使用委托进行回调

下面来介绍如何借助委托实现回调。代码如程序清单 2.34 所示。

程序清单 2.34　回调

```
1.  using System;
2.  using System.Collections.Generic;
3.  using System.Text;

4.  namespace CallbackDel
5.  {
6.      class Program
7.      {
8.          public delegate void Del(string message);

9.          public static void DelegateMethod(string message)
10.         {
11.             System.Console.WriteLine(message);
12.         }
13.         public static void MethodWithCallback(int param1, int param2, Del callback)
14.         {
15.             callback("最终得数值为：" + (param1 + param2).ToString());
16.         }
17.         static void Main(string[] args)
18.         {
19.             Del handler = DelegateMethod;
20.             MethodWithCallback(1, 2, handler);
21.             System.Console.ReadLine();
22.         }
23.     }
24. }
```

程序说明：第 8 行代码声明了一个名为 Del 的委托，该委托可以封装一个采用字符串作为参数并返回 void 的方法。第 9～12 行定义了一个方法，以便实例化委托。第 19 行使用该方法实例化委托。

委托类型派生自.NET Framework 中的 Delegate 类。委托类型是密封的，不能从 Delegate 中派生委托类型，也不可能从中派生自定义类。由于实例化委托是一个对象，所以可以将其作为参数进行传递，也可以将其赋值给属性。这样，类的方法便可以将一个委托作为参数来接受，并且以后可以调用该委托，这称为异步回调，是在较长的进程完成后用来通知调用方的常用方法。以这种方式使用委托时，使用委托的代码无须了解所用方法是如何实现的。上面代码中第 13～16 行定义了方法 MethodWithCallback，该方法把委托作为第三个参数，然后在该方法的内部调用委托。

程序的运行效果如图 2-7 所示。

图 2-7　使用委托进行回调

2.6.3　动态注册和移除事件

在程序清单 2.35 所示的示例中，类 TestButton 包含了事件 OnClick。派生自 TestButton 的类可以选择响应 OnClick 事件，并且定义了处理事件要调用的方法。可以以委托和匿名方法的形式指定多个处理程序。

程序清单 2.35　委托示例

```
using System;
using System.Collections.Generic;
using System.Text;
namespace RegisterEvent
{
    class Program
    {
        public delegate void ButtonEventHandler();
        class TestButton
        {
            public event ButtonEventHandler OnClick;
            public void TestHandler()
            {
                System.Console.WriteLine("TestHandler 事件被注册");
            }
            public void Click()
            {
```

```
18.                     OnClick();
19.                 }
20.             }
21.             static void Main(string[] args)
22.             {
23.                 TestButton mb = new TestButton();
24.                 mb.OnClick += new ButtonEventHandler(mb.TestHandler);
25.                 mb.OnClick += delegate { System.Console.WriteLine("匿名事件被注册"); };
26.                 mb.Click();
27.                 Console.WriteLine("移除 TestHandler 事件");
28.                 mb.OnClick -= new ButtonEventHandler(mb.TestHandler);
29.                 mb.Click();
30.                 Console.ReadLine();
31.             }
32.         }
33.     }
```

程序说明：第 8 行通过委托类型来定义事件的签名，第 9～20 行定义了一个 TestButton 类，该类中声明一个 ButtonEventHandler 类型的事件，创建一个准备被注册的方法 TestHandler 和一个用于触发事件的方法 Click。

注意：

.NET Framework 事件的签名中，通常第一个参数为引用事件源的对象，第二个参数为一个传送与事件相关的数据的类。但是，在 C#语言中并不强制使用这种形式；只要事件签名返回 void，其他方面可以与任何有效的委托签名一样。

第 24 行和第 25 行使用了加法赋值运算符(+=)将方法注册到事件中，然后在第 26 行调用 Click 触发该事件，该事件处理完毕后，在第 28 行使用减法赋值运算符(- =)从事件中移除事件处理程序的委托。在第 29 行再次调用 Click 方法触发该事件。

程序的运行结果如图 2-8 所示。

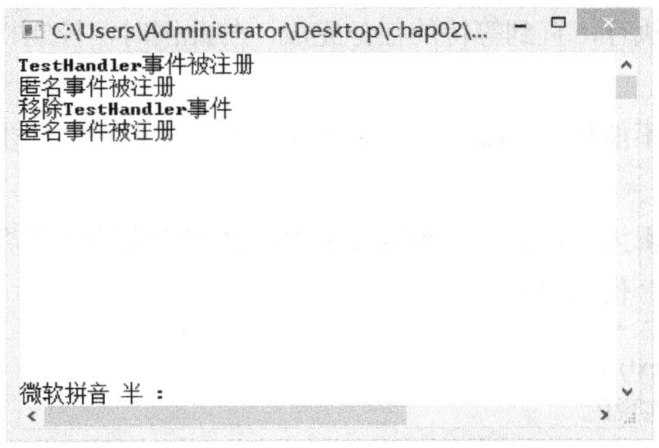

图 2-8　动态注册和移除事件

2.7　C# 5.0 的新特性

C#中提出的每个新特性都是建立在原来特性的基础上的，并且是对原来特性的一个改进，做这么多的改进主要是为了方便开发人员更好地使用 C#来编写程序，使我们写更少的代码来实现程序，把一些额外的工作交给编译器去做，C# 5.0 同样也是如此。

2.7.1　全新的异步编程模型

对于同步的代码，大家肯定都不陌生，因为我们平常写的代码大部分都是同步的，然而同步的代码却存在一个很严重的问题。例如，我们向一个 Web 服务器发出一个请求时，如果发出请求的代码是同步实现的话，这时候的应用程序就会处于等待状态，直到收回一个响应信息为止，然而在这个等待的状态中，用户不能操作任何的 UI 界面也没有任何的消息，如果我们试图去操作界面时，我们就会看到“应用程序为响应”的信息(在应用程序的窗口旁)，相信大家在平常使用桌面软件或者访问 Web 的时候，肯定都遇到过这样类似的情况。对于这个情况，大家肯定会觉得看上去非常不舒服。引起这个情况的原因正是因为代码的实现是同步实现的，所以在没有得到一个响应消息之前，界面就成了一个“卡死(阻塞)”状态了，这对于用户来说肯定是不可接受的，因为如果我们要从服务器上下载一个很大的文件时，此时我们甚至不能对窗体进行关闭的操作。

为了解决类似的问题，.NET Framework 很早就提供了对异步编程的支持，但是其代码编写的过程非常的繁琐。现在，.NET 4.5 中推出新的方式来解决同步代码的问题，它们分别为基于事件的异步模式、基于任务的异步模式和提供“async”和“await”关键字来对异步编程支持，使用这两个关键字，可以使用.NET Framework 或 Windows Runtime 的资源创建一个异步方法如同你创建一个同步的方法一样容易。

全新的异步编程模型使用“async”和“await”关键字来编写异步方法。“async”用来标识一个方法、lambda 表达式或者一个匿名方法是异步的；“await”用来标识一个异步方法应该在此处挂起执行，直到等待的任务完成，与此同时，控制权会移交给异步方法的调用方。

异步方法的参数不能使用“ref”参数和“out”参数，但是在异步方法内部可以调用含有这些参数的方法。

以一个标准的逻辑为例，下载一个远程 URI，并将内容输出在界面上，假设我们已经有了显示内容的方法，代码如下：

```
void Display(string text) {
    // 不管是怎么实现的
}
```

如果用标准的同步式写法，下面的代码显得比较简单：

```
void ShowUriContent(string uri) {
    using (WebClient client = new WebClient()) {
        string text = client.DownloadString(uri);
        Display(text);
    }
}
```

但是用同步的方式会造成线程的阻塞，所以不得不使用下面的异步代码：

```
void DownloadUri(string uri) {
    using (WebClient client = new WebClient()) {
        client.DownloadStringCompleted += new
DownloadStringCompletedEventHandler(ShowContent);
        client.DownloadStringAsync(uri);
    }
}
void ShowContent(object sender, DownloadStringCompletedEventArgs e) {
        Display(e.Result);
}
```

上面的代码使用了异步方法，但无可避免地把一段逻辑拆成了两段。如果当更多的异步操作交叉在一起的时候，无论是代码的组织还是逻辑的梳理都会变得更加麻烦。

正因为如此，C# 5.0 从语法上对此进行了改进，当使用“async”和“await”两个关键字时，代码会变成如下所示：

```
void async ShowUriContent(string uri) {
    using (WebClient client = new WebClient()) {
        string text = await client.DownloadStringTaskAsync(uri);
        Display(text);
    }
}
```

上面的这段代码看上去就是一段典型的同步逻辑，唯一不同的就是在方法声明中加入了“async”关键字，在 DownloadStringTaskAsync 方法的调用时加入了“await”关键字，运行时就变成异步了。ShowUriContent 方法会在调用 DownloadStringTaskAsync 后退出，而下载过程会异步进行，当下载完成后，再进入 Display 方法的执行，期间不会阻塞线程，不会造成 UI 无响应的情况。

使用一个异步方法，要注意如下一些要点：

- “async”关键字必须加在函数声明处，如果不加“async”关键字，则函数内部不能使用“await”关键字。
- 异步方法的名称以“Async”后缀，必须按照规定关闭。
- “await”关键字只能用来等待一个 Task、Task<TResult>或者 void 进行异步执行返回；

  - Task<TResult>，当方法有返回值时，TResult 即为返回值的类型。
  - Task，如果方法没有返回语句或具有返回语句但不操作时，Task 即返回值的类型。
  - void，主要用于事件处理程序(不能被等待，无法捕获异常)。
- 方法通常包括至少一个 await 的表达式，这意味着该方法在遇到 await 时不能继续执行，直到等待异步操作完成。在此期间，该方法将被暂停，并且控制权返回到该方法的调用者。

2.7.2 调用方信息

在日志组件中，我们可能需要记录方法来调用信息，C# 5.0 中提供了很方便的支持这一功能的方法。使用调用方信息属性，可以获取关于调用方的信息要记录的方法。调用信息包括方法成员名称、源文件路径和行号这些对跟踪、调试和创建诊断工具非常有用的信息。

为了获取这些信息，我们只需要使用 System.Runtime.CompilerServices 命名空间下的 3 个非常有用的编译器特性即可。表 2-9 列出了 System.Runtime.CompilerServices 命名空间中定义的调用方信息属性。

表 2-9　调用方信息属性

属　性	说　明	类　型
CallerFilePath	包含调用方源文件的完整路径。这是文件路径在编译时的调用方信息属性	String
CallerLineNumber	调用方在源文件中的行号	Integer
CallerMemberName	方法或调用方的属性名称	String

在使用调用方信息的属性时，要注意以下几个方面：

- 必须为每个可选参数指定一个显式默认值。
- 不能将调用方信息属性应用于未指定为选项的参数。
- 调用方信息属性不会使用一个参数选项。相反，当参数省略时，它们会影响传递的默认值。

可以使用 CallerMemberName 属性来避免指定成员名称作为 String 参数传递到调用的方法。通过使用这种方法，可以避免重命名重构而不更改 String 值的问题。这个特性在进行以下一些任务时特别有用：

- 使用跟踪和诊断实例。
- 在绑定数据时，实现 INotifyPropertyChanged 接口。此接口允许对象的属性通知一个绑定控件的属性已更改，所以该控件可显示最新信息。但 CallerMemberName 属性必须指定属性的名称为文本类型。

另外，在构造函数、析构函数、属性等特殊的地方调用 CallerMemberName 属性所标记的函数时，获取的值有所不同，其取值如表 2-10 所示。

表 2-10　返回的值

调用的地方	CallerMemberName 属性返回的结果
方法、属性或事件	返回调用的方法、属性，或者事件的名称
构造函数	返回字符串“.ctor”
静态构造函数	返回字符串“.cctor”
析构函数	返回字符串“Finalize”
用户定义的运算符或转换	生成的成员名称，例如“op_Addition”
特性构造函数	特性所应用的成员名称。如果属性是成员中的任何元素(如参数、返回值或泛型类型参数)，此结果是与组件关联的成员名称
不包含的成员(例如，程序集级别或特性应用于类型)	可选参数的默认值

本例演示如何使用调用方信息属性，在每次调用 TraceMessage 方法时，信息将替换为可选参数的调用方。用 Visual Studio 2012 编译调试，就能看见文件、行号和调用者方法名称，具体实现步骤如下：

(1) 启动 Visual Studio 2012，在解决方案资源管理器中单击程序目录下的“Program.cs”文件，在该文件中编写如下逻辑代码：

```
using System;
using System.Text;
using System.Runtime.CompilerServices;
using System.Diagnostics;
namespace
  class Program{
      public static void TraceMessage(string message,
                      [CallerMemberName] string memberName = "",
                      [CallerFilePath] string sourceFilePath = "",
                      [CallerLineNumber] int sourceLineNumber = 0){
          Trace.WriteLine("信息内容: " + message);
          Trace.WriteLine("调用方名称: " + memberName);
          Trace.WriteLine("调用方源文件路径: " + sourceFilePath);
          Trace.WriteLine("调用方在源文件的行号: " + sourceLineNumber);
      }
      static void Main(string[] args){
          TraceMessage("获得调用方信息。");
          }
      }
}
```

上面的代码中第 3 行和第 4 行使用 using 关键字引入相关的命名空间。第 7～15 行定义了一个静态的方法 TraceMessage，其中第 8～10 行在该方法参数列表的后 3 个命名参数中使用了 3 个调用方信息属性，并赋了默认值，第 11～14 行调用 Trace 类的 WriteLine 方法将调用方信息写入跟踪侦听器。第 16 行定义了一个 Main 函数，第 17 行在该函数中调用了上面定义的 TraceMessage。

(2) 按 F5 快捷键启动调试，编译后在输出窗口中显示如图 2-9 所示的调用方的信息。

图 2-9　显示调用方信息

2.8　习　　题

2.8.1　填空题

1. 相同优先级的运算符，除了________按照从右至左的顺序执行之外，其余运算符按照从左至右的顺序执行。________是优先级最高的，可以任意地改变符号的计算顺序。

2. 数值类型主要包括________、________和________。其中整数类型可以分为________、________和________。

3. 装箱和取消装箱使_____能够被视为对象。对值类型装箱将把该类型打包到_____引用类型的一个实例中。这使得值类型可以存储于垃圾回收堆中。取消装箱将从________中提取值类型，取消装箱又经常被称作________。

4. 委托是一种安全地________的类型，它与 C 和 C++中的________类似。与 C 中的函数指针不同，委托是________、________和保险的。

5. 事件使用________来为触发时将调用的方法提供类型安全的封装。委托可以封装________方法和________方法。

2.8.2　选择题

1. 下列选项中，________选项没有分支功能。

A. if　　B. switch　　C. ? :　　D. class

2. 下列关键词中，________不能用于循环结构。

A. for　　　　B. foreach　　　　C. while　　　　D. object

3. 类的成员变量的类型包括________。

A. 变量　　　　B. 常量　　　　C. 事件　　　　D. 类型

4. 类的方法可以将一个委托作为参数来接受，并且以后可以调用该委托。这称为________，是在较长的进程完成后用来通知调用方的常用方法。

A. 异步回调　　　　B. 触发事件　　　　C. 继承性　　　　D. 多态性

5. 使用__________将方法注册到事件中，使用__________从事件中移除事件处理程序的委托。

A. 加法赋值运算符(+=)　　　　B. 减法赋值运算符(-=)

C. 连接符　　　　D. new

2.8.3　问答题

1. 简述类和对象的定义。
2. 简述装箱和取消装箱操作。
3. 简述如何注册和移除事件。
4. 简述隐形局部变量与强类型的区别，以及如何声明隐形局部变量。

2.8.4　上机操作题

1. 编写一个程序，根据用户输入的数字，显示是七色光中的哪一种颜色(1～7 分别代表从红到紫的 7 种颜色)。程序的运行结果如图 2-10 所示。

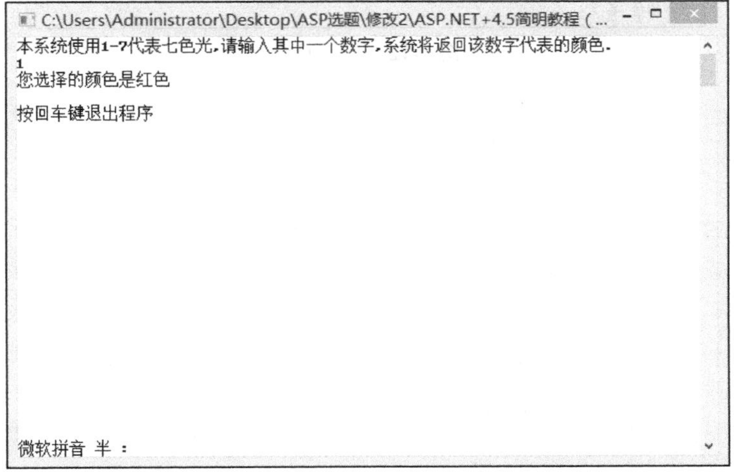

图 2-10　颜色的表示查询

2. 编写一个类，输入矩形的长和宽，计算矩形的面积，如图 2-11 所示。

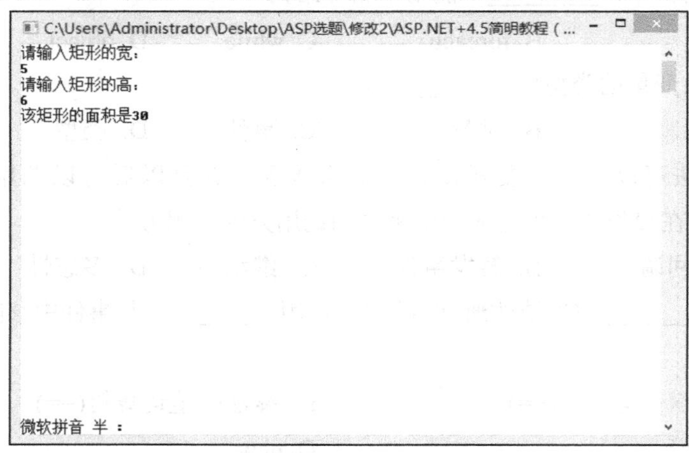

图 2-11　计算矩形面积

3. 使用迭代器来显示月份集合中所有的月份，把显示的结果存储在字符串中，在控制台中打印出来，如图 2-12 所示。

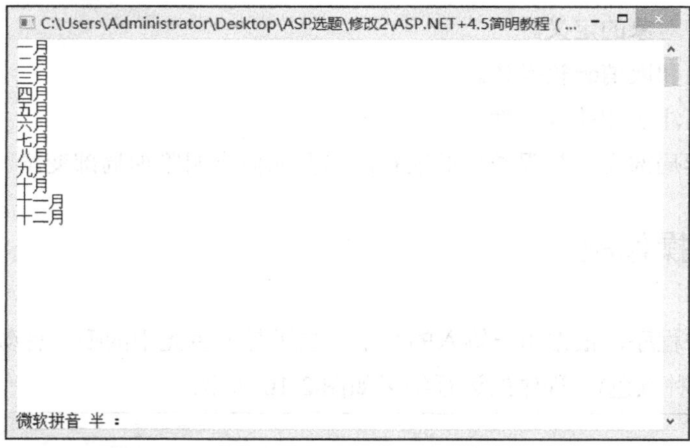

图 2-12　显示月份

第3章　Web 控 件

ASP.NET 把几乎所有的 HTML 控件都转化成了服务器控件，然而这些控件的功能有限，而 ASP.NET 提供的 Web 控件则提供了丰富的功能，可以使程序的开发变得更加简单和丰富。Web 控件包括传统的表单控件(如 TextBox 和 Button)和其他更高抽象级别的控件(如 Calendar 和 DataGrid 控件)。本章将详细介绍其中的基本控件、列表控件、表控件、验证控件、Calendar 控件和 AdRotator 控件。

本章重点：

- 基本的 Web 控件
- Web 控件的类和事件
- 列表控件与表控件
- 验证控件
- Rich 控件

3.1　基本的 Web 控件

ASP.NET 提供了与 HTML 元素相对应的基本的 Web 控件，诸如 Label、TextBox 控件等。表 3-1 列举了 ASP.NET 提供的基本的 Web 控件。

表 3-1　基本的 Web 控件

基本的 Web 控件	对应的 HTML 元素	功　能
Label	<span>	标签
Button	<input type="submit">或者<input type="Button">	按钮
TextBox	<input type="text">，<input type="password">，<textarea>	文本框
CheckBox	<input type="checkbox">	多选按钮
RadioButton	<input type="radio">	单选按钮
HyperLink	<a>	超链接
LinkButton	在标记<a>和</a>之间包含一个<img>标记	超链接
ImageButton	<input type="image">	图形按钮
DropDownList	<select>	下拉列表
CheckBoxList	多个<input type="checkbox">标记	多选列表
RadioButtonList	多个<input type="radio">标记	单选列表
BulletedList	<ol>的有序清单或<ul>的无序清单	显示列表

(续表)

基本的 Web 控件	对应的 HTML 元素	功　能
Panel	<div>	面板
Table、TableRow、TableCell	<table>、<tr>和<td>或<th>	表控件

表 3-1 列举了与 HTML 元素相对应的基本的 Web 控件，ASP.NET 还包含一些用于显示数据、导航、安全和门户网站的控件，在后面几节中将会详细介绍这些控件的用法。

在 ASP.NET 中，Web 控件是使用相应的标记来编写控件的。Web 控件的标记有特定的格式：以“<asp:”开始，后面跟相应控件的类型名，最后以“/>”结束，在其间可以设置各种属性。例如定义了一个 TextBox 控件，代码如下：

```
<asp:TextBox ID= "text1" runat="Server">
```

当客户端请求该控件所在的.aspx 页面时，服务器就会把下面的代码送到客户端：

```
<input type="text" ID="text1" name="text1">
```

使用 Web 控件，使得程序员不用详细了解 HTML 元素就可以设计页面。在 Visual Studio 2012 中，程序员可以把 Web 控件拖曳到页面上来设计页面。总之，基于 Web 控件开发设计页面使得这个过程变得轻松简单很多。

下面通过一个例子来介绍如何使用 Web 控件。

例 3-1　小学生平均消费调查表

这个例子通过实现小学生平均消费调查表来展示如何使用 Web 控件。创建步骤如下：

(1) 打开 Visual Studio 2012，创建一个 ASP.NET 项目 chap03，在其中添加一个应用程序项目 3-1。

(2) 打开自动生成的页面文件 Default.aspx，切换到“设计”视图，向里面输入“小学生平均消费调查表”，并把其设置为 1 号标题且居中，然后从工具箱中拖入一系列控件来组成调查页面。

切换到“源”视图，可以看到组成页面的代码如程序清单 3.1 所示。

程序清单 3.1　文件 Default.aspx 的代码

```
<%@ Page Language="C#" AutoEventWireup="true" CodeBehind="WebForm1.aspx.cs"
    Inherits="_3_1.WebForm1" %>
<!DOCTYPE html >
<html xmlns="http://www.w3.org/1999/xhtml">
<head runat="server">
  <title>无标题页</title>
</head>
<body>
   <form id="form1" runat="server">
   <div align="center">
```

```
    <table width="80%">
        <tr>
            <td align="center">
                <h1>
                    小学生平均消费调查表</h1>
            </td>
        </tr>
        <tr>
            <td>
                <table width="100%">
                    <tr>
                        <td>
                            姓名
                        </td>
                        <td>
                            <asp:TextBox ID="TextBox1" runat="server"></asp:TextBox>
                        </td>
                        <td>
                            年龄
                        </td>
                        <td>
                            <asp:TextBox ID="TextBox2" runat="server"></asp:TextBox>
                        </td>
                        <td>
                            年级
                        </td>
                        <td>
                            <asp:TextBox ID="TextBox3" runat="server"></asp:TextBox>
                        </td>
                        <td>
                            性别
                        </td>
                        <td>
                            <asp:DropDownList ID="DropDownList1" runat="server">
                                <asp:ListItem>男</asp:ListItem>
                                <asp:ListItem>女</asp:ListItem>
                            </asp:DropDownList>
                        </td>
                    </tr>
                </table>
```

```
50.                 </td>
51.             </tr>
52.             <tr>
53.                 <td align="left">
54.                     在即将过去的一年中，你的月平均消费金额为：
55.                 </td>
56.             </tr>
57.             <tr>
58.                 <td align="left">
59.                     <asp:RadioButton ID="RadioButton1" runat="server" Text="0～50 元"
                        GroupName="GroupName1" />
60.                     <span lang="zh-cn">  </span>
61.                     <asp:RadioButton ID="RadioButton2" runat="server" Text="50～100 元"
                        GroupName="GroupName1" />
62.                     <span lang="zh-cn">  </span>
63.                     <asp:RadioButton ID="RadioButton3" runat="server" Text="100～200 元"
                        GroupName="GroupName1" />
64.                     <span lang="zh-cn">  </span>
65.                     <asp:RadioButton ID="RadioButton4" runat="server" Text="200 元以上"
                        GroupName="GroupName1" />
66.                 </td>
67.             </tr>
68.             <tr>
69.                 <td align="center">
70.                     <asp:Button ID="Button1" runat="server" Text="提  交" />
71.                 </td>
72.             </tr>
73.         </table>
74.     </div>
75.     </form>
76. </body>
77. </html>
```

程序说明：第 25 行定义了一个接收用户输入的姓名的 TextBox 控件；第 31 行定义了一个接收用户输入的年龄的 TextBox 控件；第 37 行定义了一个接收用户输入的年级的 TextBox 控件；第 43～46 行定义了一个 DropDownList 控件，通过该控件用户可以选择性别；第 59～65 行定义了一组单选按钮，提供可供用户选择的选项；第 70 行定义了 Button 控件，该控件用来把用户输入的数据提交到服务器。

可在浏览器中查看页面文件 Default.aspx，运行效果如图 3-1 所示。

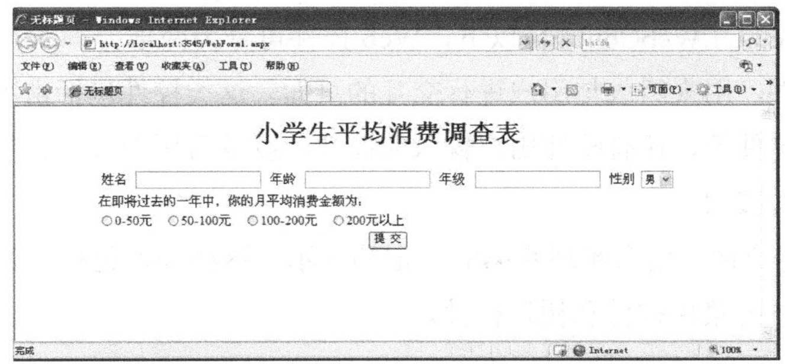

图 3-1 “小学生平均消费调查表”运行效果

3.2 Web 控 件 类

Web 控件类都被放置在 System.Web.UI.WebControls 命名空间的下面。

图 3-2 展示了 Web 控件类的结构。在 ASP.NET 中，所有的控件都是基于对象 Object，而所有的 Web 控件则包含在 System.Web.UI.WebControls 下面。

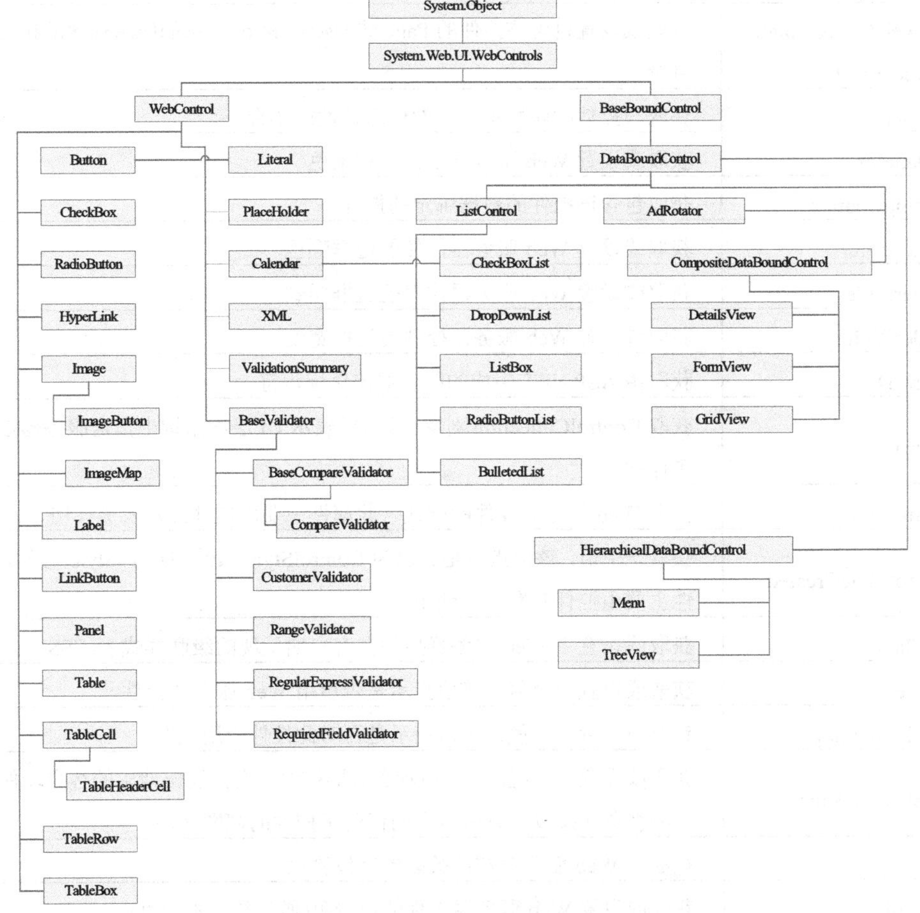

图 3-2 Web 控件类的结构图

在 System.Web.UI.WebControls 以下，Web 控件可分为两部分：

(1) Web 控件，用来组成与用户进行交互的页面。这类控件包括常用的按钮控件、文本框控件、标签控件等，还有验证用户输入的控件，以及日历控件等。使用这些控件可以组成与用户交互的接口。

(2) 数据绑定控件，用来实现数据的绑定和显示。这类控件包括广告控件、表格控件等，还有用于导航的菜单控件和树形控件。

3.2.1　Web 控件的基本属性

Web 控件的基类 WebControl 定义了一些可以应用于几乎所有的 Web 控件的基本属性，如表 3-2 所示。

表 3-2　Web 控件的基本属性

属　性	说　明
AccessKey	获取或设置使用户得以快速导航到 Web 服务器控件的访问键
AppRelativeTemplate-SourceDirectory	获取或设置包含该控件的 Page 或 UserControl 对象的应用程序的相对虚拟目录
Attributes	获取与控件的属性不对应的任意特性的集合
BackColor	获取或设置 Web 服务器控件的背景色
BindingContainer	获取包含该控件的数据绑定的控件
BorderColor	获取或设置 Web 服务器控件的边框颜色
BorderStyle	获取或设置 Web 服务器控件的边框样式
BorderWidth	获取或设置 Web 服务器控件的边框宽度
ClientID	获取由 ASP.NET 生成的服务器控件标识符
Controls	获取 ControlCollection 对象，该对象表示 UI 层次结构中指定服务器控件的子控件
ControlStyle	获取 Web 服务器控件的样式。此属性主要由控件开发人员使用
ControlStyleCreated	获取一个值，该值指示是否已为 ControlStyle 属性创建了 Style 对象。此属性主要由控件开发人员使用
CssClass	获取或设置由 Web 服务器控件在客户端呈现的级联样式表(CSS)类
Enabled	获取或设置一个值，该值指示是否启用 Web 服务器控件
EnableTheming	获取或设置一个值，该值指示是否对此控件应用主题
EnableViewState	获取或设置一个值，该值指示服务器控件是否向发出请求的客户端保持自己的视图状态以及它所包含的任何子控件的视图状态
Font	获取与 Web 服务器控件关联的字体属性
ForeColor	获取或设置 Web 服务器控件的前景色(通常是文本颜色)

(续表)

属　　性	说　　明
HasAttributes	获取一个值，该值指示控件是否具有属性集
Height	获取或设置 Web 服务器控件的高度
ID	获取或设置分配给服务器控件的编程标识符
NamingContainer	获取对服务器控件的命名容器的引用，此引用创建唯一的命名空间，以区分具有相同 Control.ID 属性值的服务器控件
Page	获取对包含服务器控件的 Page 实例的引用
Parent	获取对页 UI 层次结构中服务器控件的父控件的引用
Site	获取容器信息，该容器在呈现于设计图页面上时承载当前控件
SkinID	获取或设置要应用于控件的外观
Style	获取将在 Web 服务器控件的外部标记上呈现为样式属性的文本属性的集合
TabIndex	获取或设置 Web 服务器控件的选项卡索引
TemplateControl	获取或设置对包含该控件的模板的引用
TemplateSourceDirectory	获取包含当前服务器控件的 Page 或 UserControl 的虚拟目录
ToolTip	获取或设置当鼠标指针悬停在 Web 服务器控件上时显示的文本
UniqueID	获取服务器控件的唯一的、以分层形式限定的标识符
Visible	获取或设置一个值，该值指示服务器控件是否作为 UI 呈现在页上
Width	获取或设置 Web 服务器控件的宽度

下面介绍这些属性中常用属性的用法。

3.2.2 单位

Web 控件提供了诸如 BorderWidth、Width 和 Hight 属性来控制控件显示的大小，可以使用一个数值加一个度量单位设置这些属性，这些度量单位包括像素(pixels)、百分比等。在设置这些属性时，必须添加单位符号 px(像素)或%(百分比)以指明使用的单位类型。

例如定义一个 TextBox 控件，并设置属性 BorderWidth、Hight 和 Width 的值来定义 TextBox 控件的边框大小、高度和宽度。代码如下：

```
<asp:TextBox ID="TextBox1" runat="server" BorderWidth="1px" Width="300px"
            Height="20px"></asp:TextBox>
```

程序说明： 这段代码设置了 TextBox1 控件的属性 BorderWidth 为 1px，表示边框的宽度为 1px；Hight 为 20px，表示高度为 20px；Width 为 300px，表示宽度为 300px。

3.2.3　枚举

Web 控件的一些属性的值是只能为类库提供的枚举值，例如，设置一个控件的 BackColor 的属性，可以从颜色的枚举值中选取一个值。例如设置文本框控件 textBox1 的背景色为红色，代码如下：

```
textBox1.BackColor = Color.Red;
```

而在.aspx 文件中，则可以按照如下的代码形式来设置枚举属性，而且在 Visual Studio 2012 中编辑这个属性时，可以选用的枚举值会自动列举出来。例如：

```
<asp:TextBox ID= "text1" runat="Server" BackColor="red">
```

3.2.4　颜色

在.NET 框架中，命名空间 System.Drawing 提供了一个 Color 对象，使用该对象可以设置控件的颜色属性。

创建颜色对象的方式有如下几种。

(1) 使用 ARGB(alpha，red，green，blue)颜色值：可以为每个值指定一个从 0 到 255 的整数。其中 alpha 表示颜色的透明度，当 alpha 的值为 255 时表明完全不透明；red 表示红色，当 red 的值为 255 时表示颜色为纯红色；green 表示绿色，当 green 的值为 255 时表示颜色为纯绿色；blue 表示蓝色，当 blue 的值为 255 时表示颜色为纯蓝色。

(2) 使用颜色的枚举值，可供挑选的颜色名有 140 个。

(3) 使用 HTML 颜色名，可以使用类 ColorTranslator 把字符串转换成颜色值。

例如设置控件 textBox1 的颜色属性，如程序清单 3.2 所示。

程序清单 3.2　设置控件 textBox1 的颜色属性

```
1.  int alpha = 255,red = 0;green = 255,blue = 0;
2.  textBox1.BackColor = Color.FromArgb(alpha,red,green,blue);
3.  textBox1.BackColor = Color.Red;
4.  textBox1.BackColor = ColorTranslator.FromHtml("Blue");
```

程序说明：第 1 行和第 2 行的代码利用 ARGB 值设置了控件 textBox1 的背景色，第 3 行使用颜色枚举值设置了控件 textBox1 的背景色，第 4 行使用 HTML 颜色名创建颜色来设置控件 textBox1 的背景色。

3.2.5　字体

控件的字体属性依赖于定义在命名空间 System.Web.UI.WebControls 中的对象 FontInfo。

FontInfo 提供的属性如表 3-3 所示。

表 3-3　FontInfo 对象的属性

属　性	说　明
Name	指明字体的名称(如 Arial)
Names	指明一系列字体，浏览器会首先选用第一个匹配用户安装的字体
Size	字体的大小，可以设置相对值或者真实值
Bold、Italic、Strikeout、Underline 和 Overline	布尔属性，用来设定是否应用给定的样式特性

例如设置按钮 Button1 的字体属性，如程序清单 3.3 所示。

程序清单 3.3　设置按钮 Button1 的字体属性

```
1.  //设置按钮 Button1 的字体属性
2.  Button1.Font.Name = "Verdana";//设置字体为 Verdana
3.  Button1.Font.Bold = true;//加粗
4.  Button1.Font.Size = FontUnit.Small;//设置字体的相对大小
5.  Button1.Font.Size = FontUnit.Point(14);//设置字体的实际大小为 14 像素
```

程序说明：第 2 行设置字体为 Verdana，第 3 行对字体进行加粗，第 4 行设置字体的相对大小，第 5 行设置字体的实际大小。

在.aspx 文件中，可以使用诸如 Font-Name、Font-Size 等这样的标记来设置字体属性。例如：

```
<asp:Button id="Button1" Font-Name="Verdana" Font-Size="Small" Text="按钮" runat= "server" />
```

程序说明：这段代码设置了 Button1 控件的属性 Font-Name 为 Verdana，表示字体名称为 Verdana；Font-Size 为 Small，表示字体大小为小号。

3.3　Web 控件的事件

在 ASP.NET 页面中，用户与服务器的交互是通过 Web 控件的事件来完成的。例如，当单击一个按钮控件时，就会触发该按钮的单击事件，如果程序员在该按钮的单击事件处理函数中编写相应的代码，服务器就会按照这些代码来对用户的单击行为做出响应。

3.3.1　Web 控件的事件模型

Web 控件中事件的工作方式与传统的 HTML 标记的客户端事件的工作方式有所不同，这是因为 HTML 标记的客户端事件是在客户端引发和处理的，而 ASP.NET 页面中的 Web

控件的事件是在客户端引发，但在服务器端处理的。

Web 控件的事件模型是客户端捕捉到事件信息后通过 HTTP POST 将事件信息传输到服务器，而且页框架必须解释该 POST 以确定所发生的事件，然后在要处理该事件的服务器上调用代码中的相应方法。图 3-3 所示为描述了 Web 控件的事件模型。

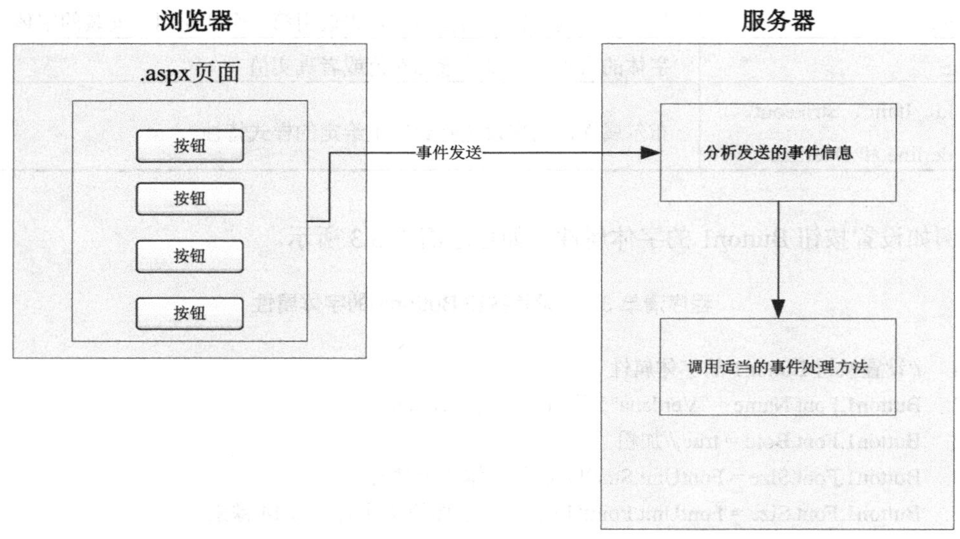

图 3-3　Web 控件的事件模型

基于以上的事件模型，Web 控件事件可能会影响到页面的性能，因此，Web 控件仅仅提供有限的一组事件，如表 3-4 所示。

表 3-4　Web 控件事件

事　件	支持的控件
Click	Button、ImageButton
TextChanged	TextBox
CheckedChanged	DropDownList、ListBox、CheckBoxList、RadioButtonList

Web 控件通常不支持经常发生的事件，如 OnMouseOver 事件等，因为这些事件如果在服务器端处理，就会浪费大量的资源。但 Web 控件仍然可以为这些事件调用客户端处理程序。此外，控件和页面本身在每个处理步骤都会引发生命周期事件，如 Init、Load 和 PreRender 事件，在应用程序中可以利用这些生命周期事件。

所有的 Web 事件处理函数都包括两个参数：第一个参数表示引发事件的对象，以及包含任何事件特定信息的事件对象；第二个参数是 EventArgs 类型，或 EventArgs 类型的继承类型。

3.3.2　Web 控件事件的绑定

在处理 Web 控件时，需要把事件绑定到方法(事件处理程序)。

一个事件就是一条信息，例如“某按钮被单击”。在应用程序中，必须将信息转换成代码中的方法调用，事件消息与特定方法之间的绑定是通过事件委托来实现的。在 ASP.NET 页面中，如果控件是以声明的方式在页中创建的，则就不需要显示地对委托进行编码。

例如把一个 Button 控件的 Click 事件绑定到名为 ButtonClick 的方法，代码如下：

```
<asp:button id="Button1" runat="server" text="按钮" onclick=" ButtonClick"/>
```

如果控件是被动态创建的，则就需要使用代码动态地绑定事件到方法，如程序清单 3.4 所示。

程序清单 3.4　动态绑定控件的事件

```
1.  Button b = new Button;
2.  b.Text = "按钮";
3.  b.Click += new System.EventHandler(ButtonClick);
```

程序说明：这段代码声明了一个按钮控件，并把名为 ButtonClick 的方法绑定到该控件的 Click 事件。其中，第 1 行定义了一个按钮控件，第 3 行为该控件添加了一个名为 ButtonClick 的单击事件处理程序。

3.4　列 表 控 件

列表控件主要包括 ListBox、DropDownList、CheckBoxList 和 RadioButtonList 等。这些控件具有相同的工作方式，但在浏览器中的构建方式不尽相同。例如，ListBox 是一个显示几个实体的矩形框；DropDownList 则只显示被选中项目；CheckBoxList 和 RadioButtonList 显示方式同 ListBox 相似。

3.4.1　ListBox 控件

ListBox 控件用于创建多选的下拉列表，而可选项是通过 ListItem 元素来定义的。

ListBox 控件常用的属性如表 3-5 所示。

表 3-5　ListBox 控件常用的属性

属　　性	说　　明
Count	表示列表框中条目的总数
Items	表示列表框中的所有项，而每一项的类型都是 ListItem
Rows	表示列表框中显示的行数
Selected	表示某个条目是否被选中
SelectedIndex	列表框中被选择项的索引值
SelectedItem	获得列表框中被选择的条目，返回的类型是 ListItem
SelectionMode	条目的选择类型，可以是多选(Multiple)或单选(Single)
SelectedValue	获得列表框中被选中的值

ListBox 控件常用的方法如表 3-6 所示。

表 3-6　ListBox 控件常用的方法

方　　法	说　　明
BeginUpdate	当向 ListBox 中一次添加一项时，通过该方法防止该控件绘图来维护性能，直到调用 EndUpdate 方法为止
ClearSelected	取消选择 ListBox 中的所有项
EndUpdate	在 BeginUpdate 方法挂起绘制后，使用该方法恢复绘制 ListBox 控件
GetItemHeight	获得 ListBox 中某项的高度
GetItemRectangle	获得 ListBox 中某项的边框
GetSelected	返回一个值，该值指示是否选定了指定的项
Sort	对 ListBox 中的项排序

下面通过一个例子来介绍 ListBox 控件的使用。

例 3-2　ListBox 控件的使用

这个例子用来展示 ListBox 控件的使用。创建步骤如下：

(1) 打开 Visual Studio 2012，并打开 ASP.NET 项目 chap03，在其中添加一个应用程序项目 3-2。

(2) 打开自动生成的页面文件 Default.aspx，切换到“设计”视图，向里面输入“学生列表”，然后从工具箱中拖入一个 ListBox 控件。

切换到“源”视图，可以看到新添加的 ListBox 控件的定义代码。代码如下：

```
<asp:ListBox ID="ListBox1" runat="server"></asp:ListBox>
```

可以在以上代码里面添加定义该控件的属性代码，如程序清单 3.5 所示。

程序清单 3.5　设置 ListBox1 的属性

```
<asp:ListBox ID="ListBox1" runat="server" Height="200px" Width="200px"
                  Font-Size="Small"></asp:ListBox>
```

程序说明：以上代码中添加了 Height 属性表示该控件的高度为 200px，Width 属性表示该控件的宽度为 200px，Font-Size 属性表示该控件的字体为小字体。

(3) 打开文件 Default.aspx.cs，在页面加载事件 Page_Load 中添加为该控件绑定数据项的代码，如程序清单 3.6 所示。

程序清单 3.6　向 ListBox1 控件绑定数据

```
1. protected void Page_Load(object sender, EventArgs e)
2.     {
3.         if (!Page.IsPostBack)
4.         {
5.             //数据生成
6.             DataSet ds = new DataSet();
7.             ds.Tables.Add("stu");
8.             ds.Tables["stu"].Columns.Add("stuNo", typeof(int));
9.             ds.Tables["stu"].Columns.Add("stuName", typeof(string));
10.            ds.Tables["stu"].Columns.Add("stuScore", typeof(int));
11.            ds.Tables["stu"].Rows.Add(new object[] { 1, "张一", 100 });
12.            ds.Tables["stu"].Rows.Add(new object[] { 2, "王二", 100 });
13.            ds.Tables["stu"].Rows.Add(new object[] { 3, "李三", 100 });
14.            ds.Tables["stu"].Rows.Add(new object[] { 4, "赵四", 100 });
15.            ds.Tables["stu"].Rows.Add(new object[] { 5, "周五", 100 });
16.            //绑定数据到 ListBox 控件
17.            this.ListBox1.DataSource = ds.Tables["stu"];
18.            this.ListBox1.DataValueField = "stuNo";
19.            this.ListBox1.DataTextField = "stuName";
20.            this.ListBox1.DataBind();
21.        }
22.    }
```

程序说明：以上代码实现了数据集生成和数据绑定功能，其中，第 6～15 行用来生成要填充到 ListBox 控件中的数据，存储在 DataSet 数据集中；第 17～20 行把数据源绑定到 ListBox 控件。

(4) 打开页面文件 Default.aspx，切换到“设计”视图，选定 ListBox1 控件，在属性窗口中为该控件添加 SelectedIndexChanged 事件。

(5) 从工具箱中拖入一个 Label 控件，该控件用来根据用户选择显示相关内容。

(6) 打开文件 Default.aspx.cs，在新添加的事件函数 ListBox1_SelectedIndexChanged 中添加代码，如程序清单 3.7 所示。

程序清单 3.7　事件函数 ListBox1_SelectedIndexChanged

```
protected void ListBox1_SelectedIndexChanged(object sender, EventArgs e)
    {
```

```
3.            this.Label1.Text = "你选择的学生是：学号 " + this.ListBox1.SelectedValue.ToString() +
                  " 姓名 " + this.ListBox1.SelectedItem.Text.ToString();
4.        }
```

程序说明：当用户选择 ListBox1 中某一学生时，这个事件函数被执行，第 3 行代码将根据用户的选择把选择的学生的详细信息显示在 Label1 中。

运行以上代码，效果如图 3-4 所示。

图 3-4　ListBox 的条目被选择的运行效果

在图 3-4 中，当用户选中其中一项时，在下面就会显示被选中的学生信息。

3.4.2　DropDownList 控件

DropDownList 控件提供可为用户单选的下拉列表框，该控件类似于 ListBox 控件，只不过它只在框中显示选定项和下拉按钮，而当用户单击下拉按钮时将显示可选项的列表。

DropDownList 控件常用的属性如表 3-7 所示。

表 3-7　DropDownList 控件常用的属性

属　　性	说　　明
Items	获取列表控件项的集合，而每一项的类型都是 ListItem
Selected	表示某个条目是否被选中
SelectedIndex	获取或设置列表框中被选择项的索引值
SelectedItem	获得列表框中索引最小的选定项，返回类型为 ListItem
SelectedValue	获得列表框中被选中的值

DropDownList 控件常用的方法如表 3-8 所示。

表 3-8　DropDownList 控件常用的方法

方　　法	说　　明
ClearSelection	清除列表选择并将所有项的 Selected 属性设置为 false

下面通过一个例子来介绍 DropDownList 控件的使用。

例 3-3　DropDownList 控件的使用

这个例子用来展示 DropDownList 控件的使用。创建步骤如下：

(1) 打开 Visual Studio 2012，并打开 ASP.NET 项目 chap03，在其中添加一个应用程序项目 3-3。

(2) 打开自动生成的页面文件 Default.aspx，切换到“设计”视图，从工具箱中拖入一个 DropDownList 控件。

切换到“源”视图，可以看到新添加的 DropDownList 控件的定义代码，如程序清单 3.8 所示。

程序清单 3.8　DropDownList 控件的定义

```
<asp:DropDownList ID="DropDownList1" runat="server" AutoPostBack="True"
        Width="146px">
</asp:DropDownList>
```

程序说明：这段代码定义了一个 DropDownList 控件，宽度为 146px。

(3) 打开文件 Default.aspx.cs，在页面加载事件 Page_Load 中添加为该控件绑定数据项的代码，如程序清单 3.9 所示。

程序清单 3.9　向 DropDownList1 控件绑定数据

```
1. if (!Page.IsPostBack)
2.             {
3.                 //数据生成
4.                 DataSet ds = new DataSet();
5.                 ds.Tables.Add("stu");
6.                 ds.Tables["stu"].Columns.Add("stuNo", typeof(int));
7.                 ds.Tables["stu"].Columns.Add("stuName", typeof(string));
8.                 ds.Tables["stu"].Columns.Add("stuScore", typeof(int));
9.                 ds.Tables["stu"].Rows.Add(new object[] { 1, "张一", 100 });
10.                ds.Tables["stu"].Rows.Add(new object[] { 2, "王二", 100 });
11.                ds.Tables["stu"].Rows.Add(new object[] { 3, "李三", 100 });
12.                ds.Tables["stu"].Rows.Add(new object[] { 4, "赵四", 100 });
13.                ds.Tables["stu"].Rows.Add(new object[] { 5, "周五", 100 });
14.                //绑定数据到 DropDownList 控件
15.                this.DropDownList1.DataSource = ds.Tables["stu"];
16.                this.DropDownList1.DataValueField = "stuNo";
17.                this.DropDownList1.DataTextField = "stuName";
18.                this.DropDownList1.DataBind();
19.            }
```

程序说明：以上代码实现了数据集生成和数据绑定功能，其中，第 4～13 行用来生成要填充到 DropDownList 控件中的数据，存储在 DataSet 数据集中；第 15～18 行把数据源绑定到 DropDownList 控件中。

运行以上代码，效果如图 3-5 所示。

图 3-5　DropDownList 控件的运行效果

3.4.3　CheckBoxList 控件

CheckBoxList 控件用来创建多项选择复选框组，该复选框组可以通过将控件绑定到数据源动态创建。

CheckBoxList 控件常用的属性如表 3-9 所示。

表 3-9　CheckBoxList 控件常用的属性

属　　性	说　　明
RepeatColumns	获取或设置要在 CheckBoxList 控件中显示的列数
RepeatDirection	获取或设置一个值，该值指示控件是垂直显示还是水平显示
RepeatLayout	获取或设置复选框的布局
SelectedIndex	获取或设置列表框中被选择项的索引值
SelectedItem	获得列表框中索引最小的选定项，返回类型为 ListItem
SelectedValue	获得列表框中被选中的值

CheckBoxList 控件常用的方法如表 3-10 所示。

表 3-10　CheckBoxList 控件常用的方法

方　　法	说　　明
ClearSelection	清除列表选择并将所有项的 Selected 属性设置为 false

下面通过一个例子来介绍 CheckBoxList 控件的使用。

例 3-4　CheckBoxList 控件的使用

这个例子用来展示 CheckBoxList 控件的使用。创建步骤如下：

(1) 打开 Visual Studio 2012，并打开 ASP.NET 项目 chap03，在其中添加一个应用程序

项目 3-4。

(2) 打开自动生成的页面文件 Default.aspx，切换到“设计”视图，从工具箱中拖入一个 CheckBoxList 控件。

切换到“源”视图，可以看到新添加的 CheckBoxList 控件的定义代码，如程序清单 3.10 所示。

程序清单 3.10　CheckBoxList 控件的定义

```
<asp:CheckBoxList ID="CheckBoxList1" runat="server" AutoPostBack="True"
        Width="180px">
</asp:CheckBoxList>
```

程序说明：这段代码定义了一个 CheckBoxList 控件，宽度为 180px。

(3) 打开文件 Default.aspx.cs，在页面加载事件 Page_Load 中添加为该控件绑定数据项的代码，如程序清单 3.11 所示。

程序清单 3.11　向 CheckBoxList1 控件绑定数据

```
1. if (!Page.IsPostBack)
2.          {
3.              //数据生成
4.              DataSet ds = new DataSet();
5.               ds.Tables.Add("stu");
6.               ds.Tables["stu"].Columns.Add("stuNo", typeof(int));
7.               ds.Tables["stu"].Columns.Add("stuName", typeof(string));
8.               ds.Tables["stu"].Columns.Add("stuScore", typeof(int));
9.               ds.Tables["stu"].Rows.Add(new object[] { 1, "苹果", 100 });
10.              ds.Tables["stu"].Rows.Add(new object[] { 2, "香蕉", 100 });
11.              ds.Tables["stu"].Rows.Add(new object[] { 3, "梨", 100 });
12.              ds.Tables["stu"].Rows.Add(new object[] { 4, "哈密瓜", 100 });
13.              ds.Tables["stu"].Rows.Add(new object[] { 5, "仙人果", 100 });
14.              //绑定数据到 CheckBoxList 控件
15.              this.CheckBoxList1.DataSource = ds.Tables["stu"];
16.              this.CheckBoxList1.DataValueField = "stuNo";
17.              this.CheckBoxList1.DataTextField = "stuName";
18.              this.CheckBoxList1.DataBind();
19.         }
```

程序说明：以上代码实现了数据集生成和数据绑定功能，其中，第 4～13 行用来生成要填充到 CheckBoxList 控件中的数据，存储在 DataSet 数据集中；第 15～18 行把数据源绑定到 CheckBoxList 控件。

运行以上代码，效果如图 3-6 所示。

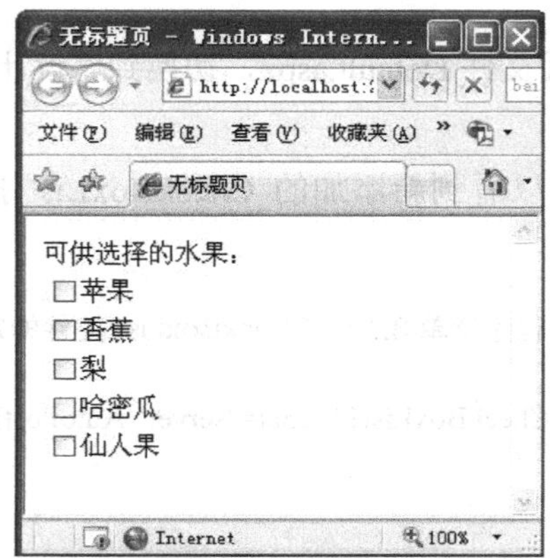

图 3-6　CheckBoxList 控件的运行效果图

3.4.4　RadioButtonList 控件

RadioButtonList 控件为网页开发人员提供了一组单选按钮，这些按钮可以通过绑定动态生成。

RadioButtonList 控件常用的属性如表 3-11 所示。

表 3-11　RadioButtonList 控件常用的属性

属　性	说　明
RepeatColumns	获取或设置要在 CheckBoxList 控件中显示的列数
RepeatDirection	获取或设置一个值，该值指示控件是垂直显示还是水平显示
RepeatLayout	获取或设置单选按钮的布局
SelectedIndex	获取或设置列表框中被选择项的索引值
SelectedItem	获得列表框中索引最小的选定项，返回类型为 ListItem
SelectedValue	获得列表框中被选中的值

RadioButtonList 控件常用的方法如表 3-12 所示。

表 3-12　RadioButtonList 控件常用的方法

方　法	说　明
ClearSelection	清除列表选择并将所有项的 Selected 属性设置为 false

下面通过一个例子来介绍 RadioButtonList 控件的使用。

例 3-5　RadioButtonList 控件的使用

这个例子用来展示 RadioButtonList 控件的使用。创建步骤如下：

(1) 打开 Visual Studio 2012，并打开 ASP.NET 项目 chap03，在其中添加一个应用程序

项目 3-5。

(2) 打开自动生成的页面文件 Default.aspx，切换到“设计”视图，从工具箱中拖入一个 RadioButtonList 控件。

切换到“源”视图，可以看到新添加的 RadioButtonList 控件的定义代码，如程序清单 3.12 所示。

程序清单 3.12　RadioButtonList 控件的定义

```
<asp:RadioButtonList ID="RadioButtonList1" runat="server" Width="180px">
</asp:RadioButtonList>
```

程序说明：这段代码定义了一个 RadioButtonList 控件，宽度为 180px。

(3) 打开文件 Default.aspx.cs，在页面加载事件 Page_Load 中添加为该控件绑定数据项的代码，如程序清单 3.13 所示。

程序清单 3.13　向 RadioButtonList 控件绑定数据

```
1. if (!Page.IsPostBack)
2.         {
3.             //数据生成
4.             DataSet ds = new DataSet();
5.              ds.Tables.Add("stu");
6.              ds.Tables["stu"].Columns.Add("stuNo", typeof(int));
7.              ds.Tables["stu"].Columns.Add("stuName", typeof(string));
8.              ds.Tables["stu"].Columns.Add("stuScore", typeof(int));
9.              ds.Tables["stu"].Rows.Add(new object[] { 1, "乒乓球", 100 });
10.             ds.Tables["stu"].Rows.Add(new object[] { 2, "篮球", 100 });
11.             ds.Tables["stu"].Rows.Add(new object[] { 3, "排球", 100 });
12.             ds.Tables["stu"].Rows.Add(new object[] { 4, "羽毛球", 100 });
13.             ds.Tables["stu"].Rows.Add(new object[] { 5, "足球", 100 });
14.             //绑定数据到 RadioButtonList 控件
15.             this.RadioButtonList1.DataSource = ds.Tables["stu"];
16.             this.RadioButtonList1.DataValueField = "stuNo";
17.             this.RadioButtonList1.DataTextField = "stuName";
18.             this.RadioButtonList1.DataBind();
19.         }
```

程序说明：以上代码实现了数据集生成和数据绑定功能，其中，第 4～13 行用来生成要填充到 RadioButtonList 控件中的数据，存储在 DataSet 数据集中；第 15～18 行把数据源绑定到 RadioButtonList 控件。

运行以上代码，效果如图 3-7 所示。

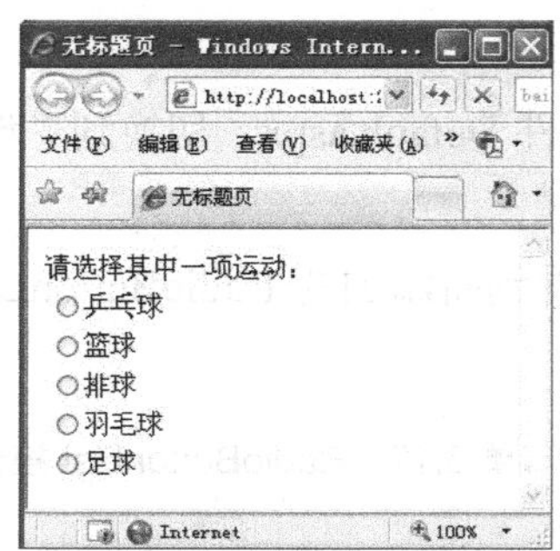

图 3-7　RadioButtonList 控件的运行效果图

3.5 表 控 件

表控件可以用来创建类似于 HTML 标记 table 的表，但 Table 控件是可以创建可编程的表，而 TableRow 和 TableCell 则为 Table 控件提供了一种显示实际内容的方法。

其实在页面上创建表的方式有很多，常用的有如下 3 种方式：

(1) HTML 表，使用标记<table>来创建，这种方式创建的表是静态的表。

(2) HtmlTable 控件，这个控件其实就是由标记<table>加上 runat=server 属性转换而来的，允许程序员在服务器代码中对该控件进行编程。

(3) 表控件，作为一种 Web 控件，它具有和其他 Web 控件一致的对象模型，这样可以使用服务器代码很方便地创建和操作表。

可见使用表控件创建表格的优势在于程序员可以使用服务器代码很方便地创建和操作表，使得表的创建更具有动态性，有利于程序员对表格的控制。

3.5.1 表控件对象模型

表控件提供了 3 个类——Table 类、TableRow 类和 TableCell 类。Table 类定义的 Table 控件作为表控件的父控件，Table 类提供一个名为 Row 的属性，意为表的行，对应于 TableRow 类，TableRow 类提供名为 Cell 的属性，意为表的列，对应于 TableCell 类。在表控件中，其对象的层次是这样的：首先是表对象(Table)，表对象包含行对象(TableRow)，行对象包含列对象(TableCell)。其中，表要显示的内容则包含在 TableCell 对象中。

1. Table 类

Table 类用来在页面上显示表。

Table 类提供了如表 3-13 所示的属性来方便程序员对表的操作。

表 3-13　Table 类的常用属性

属　　性	说　　明
Caption	获取或设置要在 Table 控件内的 HTML 标题元素中呈现的文本
CaptionAlign	获取或设置 Table 控件中的 HTML 标题元素的水平和垂直位置
CellPadding	获取或设置单元格的内容和单元格的边框之间的空间量
CellSpacing	获取或设置单元格间的空间量
GridLines	获取或设置 Table 控件中显示的网格线型
HorizontalAlign	获取或设置 Table 控件在页面上的水平对齐方式
Rows	获取 Table 控件中行的集合

2. TableRow 类

TableRow 类表示表控件中的行。

TableRow 类提供了如表 3-14 所示的属性来方便程序员对表的操作。

表 3-14　TableRow 类的常用属性

属　　性	说　　明
Cells	获取 TableCell 对象的集合
HorizontalAlign	获取或设置行内容在页面上的水平对齐方式
TableSection	获取或设置 Table 控件中 TableRow 对象的位置
VerticalAlign	获取或设置行内容的垂直对齐方式

3. TableCell 类

TableCell 类表示表控件中的单元格。

TableCell 类提供了如表 3-15 所示的属性来方便程序员对表的操作。

表 3-15　TableCell 类的常用属性

属　　性	说　　明
AssociatedHeaderCellID	获取或设置与 TableCell 控件关联的表标题单元列表
ColumnSpan	获取或设置 Table 控件中单元格跨越的列数
HorizontalAlign	获取或设置单元格内容在页面上的水平对齐方式
RowSpan	获取或设置 Table 控件中单元格跨越的行数
Text	获取或设置单元格的文本内容
VerticalAlign	获取或设置单元格内容的垂直对齐方式
Wrap	获取或设置一个值，该值指示单元格内容是否换行

3.5.2　向页面中添加表控件

向页面中添加表控件可分为两个步骤：

(1) 添加表。

(2) 添加行和单元格。

下面通过一个例子来介绍向页面中添加表控件的步骤。

具体操作如下：

(1) 从工具箱中把 Table 控件拖放到页面上。Table 控件在页面上最初只显示一个不包含行或列的简单文本框控件，如图 3-8 所示。

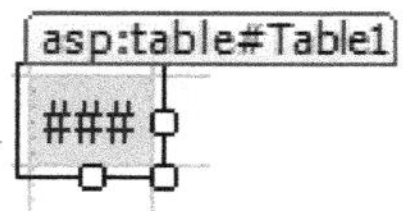

图 3-8　Table 控件最初的状态

(2) 选择上面添加的表控件，在“属性”窗口中找到 Rows 属性，单击其后的省略号按钮，如图 3-9 所示，这样会打开“TableRow 集合编辑器”对话框，如图 3-10 所示。

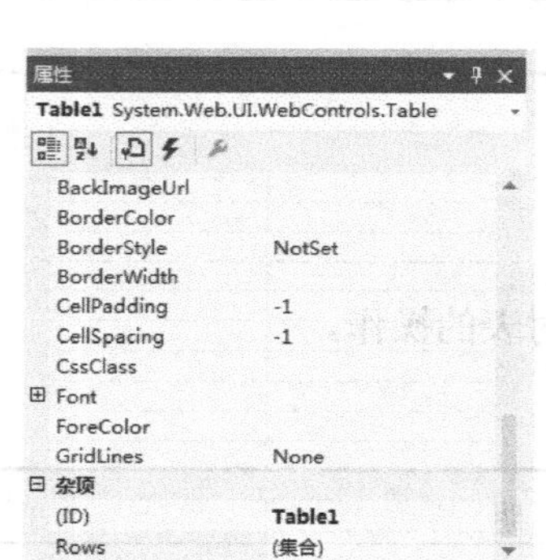

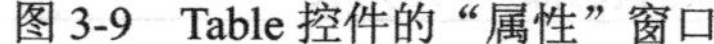

图 3-9　Table 控件的“属性”窗口

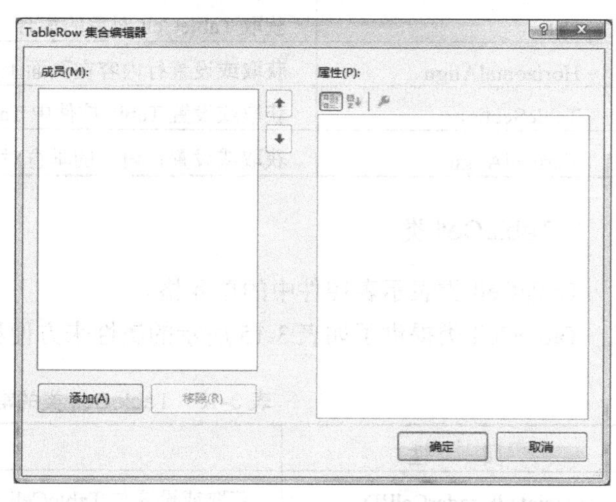

图 3-10　“TableRow 集合编辑器”对话框

(3) 在图 3-10 中单击“添加”按钮，则可以添加一个新行，如图 3-11 所示。

(4) 在图 3-11 中，可以通过窗口右边的 TableRow 属性窗口部分为新添加的行设置相关属性，例如可以设置新行的字体以及显示颜色等显示属性。

(5) 向行内添加单元格，则单击 Cells 属性后面对应的省略号按钮，这样就会出现“TableCell 集合编辑器”对话框，如图 3-12 所示。

图 3-11　添加新行

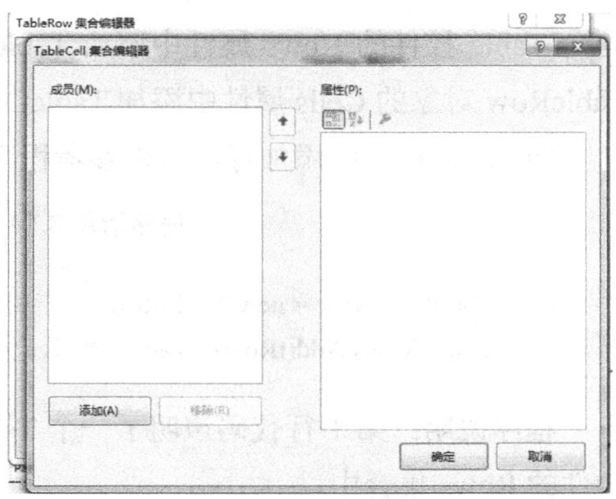

图 3-12　“TableCell 集合编辑器”对话框

(6) 在图 3-12 中，单击“添加”按钮，可以为行添加单元格，如图 3-13 所示。在右边的属性窗口中可以设置单元格的相关属性，并可以通过 Text 属性指定单元格包含的内容。

(7) 添加完行以及对应的单元格后，单击“确定”按钮即可。

经过以上步骤，可以做出如图 3-14 所示的静态表。

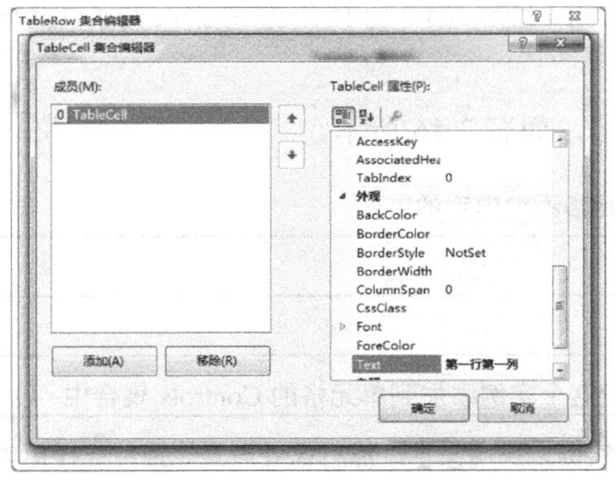

图 3-13　添加单元格

图 3-14　Table 表控件运行示例

以上步骤所添加的表为静态表，其内容是固定的，在 3.5.3 节将介绍如何通过程序来对表控件进行操作。

3.5.3　动态操作表控件

在 3.5.2 节介绍了如何通过 Visual Studio 2012 提供的工具来制作表，但这样制作的表是静态表，其内容在运行过程中是固定的。在 ASP.NET 中，表控件最大的特点就是具有可编程性，根据.NET 框架提供的类可以通过编程来操作表控件。

前面已经介绍过在.NET 框架中，为表控件提供支持的有三个类：Table 类、TableRow 类和 TableCell 类。其中，Table 控件是 Table 类的对象，Table 控件的行是 TableRow 类的对象，而 Table 控件的行的单元格是 TableCell 类的对象。这样若要向 Table 控件中插入行，则向 Table 控件的 Rows 属性中添加 TableRow 类的对象即可，而若要添加单元格，则向 TableRow 对象的 Cells 属性中添加 TableCell 对象即可。

向 Table 控件中添加行，可以参考程序清单 3.14。

程序清单 3.14　向 Table 控件中添加行

```
1.  TableRow tRow = new TableRow();//声明一个 TableRow 对象
2.  Table1.Rows.Add(tRow);//Table1 表示一个 Table 控件
```

程序说明：第 1 行代码声明了一个 TableRow 对象，第 2 行代码把它加入到了 Table1 控件的 Rows 集合中。

向 Table 控件中添加单元格式，可以参考程序清单 3.15。

程序清单 3.15　向 Table 控件中添加单元格式

```
1.  TableCell tCell = new TableCell();
2.  tRow.Cells.Add(tCell);
```

程序说明：第 1 行代码声明了一个 TableCell 对象，第 2 行代码把它加入到了 TableRow 的对象 tRow 中。

此外，向新的单元格添加内容有多种方法，如表 3-16 所示。

表 3-16　向新的单元格添加内容的方法

要添加的内容类型	方　法
静态文本	设置单元格的 Text 属性
控件	声明一个控件实例，把这个实例添加到单元格的 Controls 集合中
文本和控件共存	通过创建 Literal 类的实例来声明文本，然后像处理其他控件一样把该实例添加到单元格的 Controls 集合中

3.6　验 证 控 件

为了更好地创建交互式 Web 应用程序，加强应用程序安全性(例如，防止脚本入侵等)，程序开发人员应该对用户输入的内容进行验证。ASP.NET 提供了验证控件来帮助程序开发人员实现输入验证功能。ASP.NET 共包含了 5 个验证控件：RequiredFieldValidator、CompareValidator、RangeValidator、RegularExpressionValidator 和 CustomValidator，这些控件直接或者间接派生自 System.Web.UI.WebControls.BaseValidator。每个验证控件执行特定类型的验证，并且当验证失败时显示自定义消息。此外还有一个名为 ValidationSummary 的控件，该控件不具有验证功能，是用来搜集页面上每个验证控件的自定义消息并统一显示的。

3.6.1 RequiredFieldValidator 控件

RequiredFieldValidator控件的功能是指定用户必须为某个在ASP.NET网页上的特定控件提供信息。例如在登录一个网站时，用户名不能为空，此时就可以利用RequiredFieldValidator 控件绑定到用户名文本框，当用户名为空时 RequiredFieldValidator 控件就会弹出“用户名为空”的提示信息。

对于 RequiredFieldValidator 控件的使用一般是通过对其属性设置来完成的，该控件常用的属性如表 3-17 所示。

表 3-17　RequiredFieldValidator 控件的常用属性

属　性	说　明
ControlToValidate	通过设置该属性为某控件的 ID 来把验证控件绑定到需要验证的控件
ErrorMessage	通过该属性来设置当验证控件无效时需要显示的信息
ValidationGroup	绑定到验证程序所属的组
Text	当验证控件无效时显示的验证程序的文本
Display	通过该属性来设置验证控件的显示模式。该属性有 3 个值： ● None：表示验证控件无效时不显示信息 ● Static：表示验证控件在页面上占位是静态的，不能为其他空间所占 ● Dynamic：表示验证控件在页面上占位是动态的，可以为其他空间所占，当验证失效时验证控件才占据页面位置

下面通过一个例子来介绍 RequiredFieldValidator 控件的使用。

例 3-6　RequiredFieldValidator 控件的使用

当登录一个网站时，用户名一般不能为空，这里通过 RequiredFieldValidator 控件来控制用户名不能为空。代码如程序清单 3.16 所示。

程序清单 3.16　RequiredFieldValidator 控件

```
1.  <form id="form1" runat="server">
2.      <div>
3.             用户名
4.          <asp:TextBox ID="TextBox1" runat="server"></asp:TextBox>
5.          <asp:RequiredFieldValidator ID="RequiredFieldValidator1" runat="server"
              Display="Dynamic" ControlToValidate="TextBox1"
             ErrorMessage="用户名不能为空！ "></asp:RequiredFieldValidator>
6.          <asp:Button ID="Button1" runat="server" Text="登 录" /></div>
7.      </form>
```

程序说明：第 4 行代码定义了一个用户名输入文本框 TextBox1。第 5 行代码定义了一个 RequiredFieldValidator 控件 RequiredFieldValidator1，并设置 RequiredFieldValidator1 的

属性 ControlToValidate 为 TextBox1，ErrorMessage 为“用户名不能为空！”，Display 为 Dynamic。第 6 行代码定义了 Button 控件。

当用户不输入用户名就直接单击“登录”按钮时，程序将终止执行并提示“用户名不能为空！”，运行效果如图 3-15 所示。

用户名 [　　　　] 用户名不能为空！ [登录]

图 3-15　RequiredFieldValidator 控件运行效果图

3.6.2　CompareValidator 控件

CompareValidator 控件的功能是验证某个输入控件中输入的信息是否满足事先设定的条件。例如当输入某种商品的价格时，希望用户输入的值大于 0(好像没有商品的价格是 0 或者负数的)，这样利用 CompareValidator 控件绑定到商品价格文本框，并设置适当条件来控制操作人员的误输入小于 0 的数值。

对于 CompareValidator 控件的使用一般也是通过对其属性设置来完成的，该控件常用的属性如表 3-18 所示。

表 3-18　CompareValidator 控件的常用属性

属　性	说　明
ControlToValidate	通过设置该属性为某控件的 ID 来把验证控件绑定到需要验证的控件
ErrorMessage	通过该属性来设置当验证控件无效时需要显示的信息
ValidationGroup	绑定到验证程序所属的组
Text	当验证控件无效时显示的验证程序的文本
Display	通过该属性来设置验证控件的显示模式，该属性有 3 个值： ● None：表示验证控件无效时不显示信息 ● Static：表示验证控件在页面上占位是静态的，不能为其他空间所占 ● Dynamic：表示验证控件在页面上占位是动态的，可以为其他空间所占，当验证失效时验证控件才占据页面位置
Operator	通过该属性来设置比较时所用到的运算符。运算符有以下几种： ● Equal：表示等于 ● NotEqual：表示不等于 ● GreaterThan：表示大于 ● GreaterThanEqual：表示大于等于 ● LessThan：表示小于 ● LessThanEqual：表示小于等于 ● DataTypeCheck：表示用于数据类型检测

(续表)

属　　性	说　　明
Type	通过该属性来设置按照哪种数据类型来进行比较。常用的数据类型包括： ● String：表示字符串 ● Integer：表示整数 ● Double：表示小数 ● Date：表示日期
ValueToCompare	设置用来做比较的数据
ControlToCompare	设置用来做比较的控件，有时需要让验证控件控制的控件和其他控件里的数据做比较就会用到这个属性

下面通过一个例子来介绍 CompareValidator 控件的使用。

例 3-7　CompareValidator 控件的使用

在一个超市的商品价格管理系统中，对于商品的价格输入会加以控制，以使小于 0 的价格不会被录入数据库中，这就可以利用 CompareValidator 控件来加以控制。代码如程序清单 3.17 所示。

程序清单 3.17　CompareValidator 控件

```
1.  <form id="form1" runat="server">
2.    <div>
3.            价格
4.        <asp:TextBox ID="TextBox1" runat="server"></asp:TextBox>
5.        
6.       <asp:CompareValidator ID="CompareValidator1" runat="server"
           ControlToValidate="TextBox1"   Display="Dynamic"
            ErrorMessage="输入大于 0 的数值" Operator="GreaterThan" Type="Double"
             ValueToCompare="0"></asp:CompareValidator>
7.       <asp:Button ID="Button1" runat="server" Text="提 交" /></div>
8.   </form>
```

程序说明：第 4 行代码定义了一个价格输入文本框 TextBox1。第 6 行代码定义了一个 CompareValidator 控件 CompareValidator1 并设置 CompareValidator1 的 ControlToValidate 为 TextBox1，ErrorMessage 为"输入大于 0 的数值"，Display 为 Dynamic，Operator 为 GreaterThan，Type 为 Double，ValueToCompare 为 0。第 7 行代码定义了一个 Button 控件。

当用户输入负数的价格时，单击"提交"按钮程序会被终止，并提示用户"输入大于 0 的数值"。运行效果如图 3-16 所示。

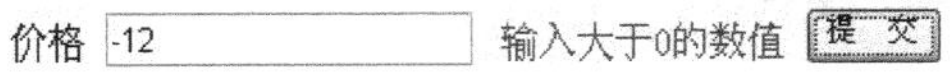

价格 -12　输入大于0的数值　提 交

图 3-16　CompareValidator 控件运行效果图

3.6.3　RangeValidator 控件

RangeValidator 控件的功能是验证用户对某个文本框的输入是否在某个范围之内，如输入的数值是否在某两个数值之间，输入的日期是否在某两个日期之间，等等。

对于 RangeValidator 控件的使用一般也是通过对其属性设置来完成的，该控件常用的属性如表 3-19 所示。

表 3-19　RangeValidator 控件的常用属性

属　性	说　明
ControlToValidate	通过设置该属性为某控件的 ID 来把验证控件绑定到需要验证的控件
ErrorMessage	通过该属性来设置当验证控件无效时需要显示的信息
ValidationGroup	绑定到验证程序所属的组
Text	当验证控件无效时显示的验证程序的文本
Display	通过该属性来设置验证控件的显示模式。该属性有 3 个值： ● None：表示验证控件无效时不显示信息 ● Static：表示验证控件在页面上占位是静态的，不能为其他空间所占 ● Dynamic：表示验证控件在页面上占位是动态的，可以为其他空间所占，当验证失效时验证控件才占据页面位置
Type	通过该属性来设置按照哪些数据类型来进行比较。常用的数据类型包括： ● String：表示字符串 ● Integer：表示整数 ● Double：表示小数 ● Date：表示日期
MaximumValue	设置用来做比较的数据范围上限
MinimumValue	设置用来做比较的数据范围下限

下面通过一个例子来介绍 RangeValidator 控件的使用。

例 3-8　RangeValidator 控件的使用

在一个商品报价管理系统中，公司需要对商品的报价范围进行控制，因此需要控制用户对商品价格文本框里输入的数据，这时可以利用 RangeValidator 控件加以控制。代码如程序清单 3.18 所示。

程序清单 3.18　RangeValidator 控件

```
<form id="form1" runat="server">
    <div>
            价格
        <asp:TextBox ID="TextBox1" runat="server"></asp:TextBox>
          <asp:RangeValidator ID="RangeValidator1" runat="server"
```

```
        ControlToValidate="TextBox1"
        ErrorMessage="输入在 10000 和 9000 之间的数值" Display="Dynamic"MaximumValue
        ="10000" Minimum Value="9000" Type="Double"></asp:RangeValidator> 
6.      <asp:Button ID="Button1" runat="server" Text="提交" /></div>
7.  </form>
```

程序说明：第 4 行代码定义了一个价格输入文本框 TextBox1。第 5 行代码定义了一个 RangeValidator 控件 RangeValidator1 并设置 RangeValidator1 的 ControlToValidate 为 TextBox1，ErrorMessage 为“输入在 10000 和 9000 之间的数值”，Display 为 Dynamic，MaximumValue 为 10000，MinimumValue 为 9000，Type 为 Double。第 6 行代码定义了 Button 控件。

当用户输入不在 10000 和 9000 范围内的价格时，单击“提交”按钮程序会被终止，并提示用户“输入在 10000 和 9000 之间的数值”。运行效果如图 3-17 所示。

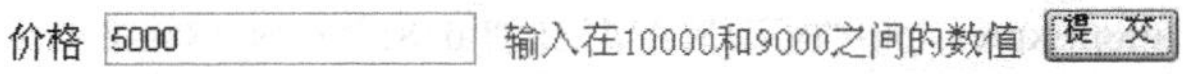

价格 5000 输入在10000和9000之间的数值 提 交

图 3-17　RangeValidator 控件运行效果图

3.6.4　RegularExpressionValidator 控件

RegularExpressionValidator 控件的功能是验证用户输入的数据是否符合规则表达式预定义的格式，如输入的数据是否符合电话号码、电子邮件等的格式。规则表达式一般都是利用正则表达式来描写，因此如果想要利用这个的话，需要了解一些有关正则表达式的知识。不过如果对正则表达式的知识没有一点基础也没有关系，因为很多常用格式的正则表达式都可以在网上查询到，如中国内地电话号码的格式是(\(\d{3}\)|\d{3}-)?\d{8}。

对于 RegularExpressionValidator 控件的使用一般也是通过对其属性设置来完成的，该控件常用的属性如表 3-20 所示。

表 3-20　RegularExpressionValidator 控件的常用属性

属　性	说　明
ControlToValidate	通过设置该属性为某控件的 ID 来把验证控件绑定到需要验证的控件
ErrorMessage	通过该属性来设置当验证控件无效时需要显示的信息
ValidationGroup	绑定到验证程序所属的组
Text	当验证控件无效时显示的验证程序的文本
Display	通过该属性来设置验证控件的显示模式。该属性有以下 3 个值： ● None：表示验证控件无效时不显示信息 ● Static：表示验证控件在页面上占位是静态的，不能为其他空间所占 ● Dynamic：表示验证控件在页面上占位是动态的，可以为其他空间所占，当验证失效时验证控件才占据页面位置
ValidationExpression	通过该属性来设置利用正则表达式描述的预定义格式

下面通过一个例子来介绍 RegularExpressionValidator 控件的使用。

例 3-9　RegularExpressionValidator 控件的使用

在用户填写注册信息时有时要求用户输入电话号码，为了保证用户输入的格式正确，就可以利用 RegularExpressionValidator 控件来进行控制。代码如程序清单 3.19 所示。

程序清单 3.19　RegularExpressionValidator 控件

```
1.  <form id="form1" runat="server">
2.    <div>
3.           电话号码
4.        <asp:TextBox ID="TextBox1" runat="server"></asp:TextBox>
5.            <asp:RegularExpressionValidator ID="RegularExpressionValidator1"
            runat="server" ControlToValidate="TextBox1" Display="Dynamic" ErrorMessage
              ="输入合格电话号码格式如 01082316833"
            ValidationExpression="(\(\d{3}\)|\d{3}-)?\d{8}"></asp:RegularExpressionValidator>
6.        <asp:Button ID="Button1" runat="server" Text="提 交" /></div>
7.    </form>
```

程序说明：第 4 行代码定义了一个电话号码输入文本框 TextBox1。第 5 行代码定义了一个 RegularExpressionValidator 控件 RegularExpressionValidator1 并设置 ControlToValidate 为 TextBox1，ErrorMessage 为“输入合格电话号码格式如 01082316833”，Display 为 Dynamic，ValidationExpression 为(\(\d{3}\)|\d{3}-)?\d{8}。第 6 行代码定义了一个 Button 控件。

当用户输入不符合电话号码格式的数值时，单击“提交”按钮程序会被终止，并提示用户“输入合格电话号码格式如 01082316833”。运行效果如图 3-18 所示。

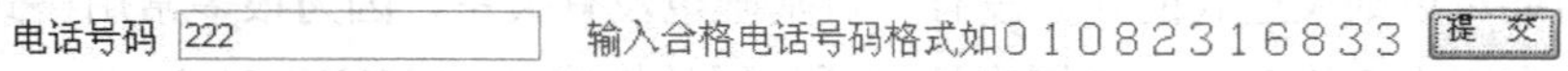

电话号码 222　　输入合格电话号码格式如01082316833 提交

图 3-18　RegularExpressionValidator 控件运行效果图

3.6.5　CustomValidator 控件

CustomValidator 控件的功能是能够调用程序员在服务器端编写的自定义验证函数。有时使用现有的验证控件可能满足不了程序员的需求，因此有时可能需要程序员自己来编写验证函数，而通过 CustomValidator 控件的服务器端事件可以将该验证函数绑定到相应的控件。

对于 CustomValidator 控件的使用一般也是通过对其属性设置来完成的，该控件常用的属性如表 3-21 所示。

表 3-21　CustomValidator 控件的常用属性

属　性	说　明
ControlToValidate	通过设置该属性为某控件的 ID 来把验证控件绑定到需要验证的控件
ErrorMessage	通过该属性来设置当验证控件无效时需要显示的信息

(续表)

属　　性	说　　明
ValidationGroup	绑定到验证程序所属的组
Text	当验证控件无效时显示的验证程序的文本
Display	通过该属性来设置验证控件的显示模式，该属性有以下 3 个值： ● None：表示验证控件无效时不显示信息 ● Static：表示验证控件在页面上占位是静态的，不能为其他空间所占 ● Dynamic：表示验证控件在页面上占位是动态的，可以为其他空间所占，当验证失效时验证控件才占据页面位置
ValidationEmptyText	通过该属性来判断绑定的控件为空时是否执行验证，该属性为 true 表示绑定的控件为空时执行验证，为 false 表示绑定的控件为空时不执行验证
IsValid	获取一个值来判断是否通过验证，true 表示通过验证，而 false 表示不通过验证

此外还需要启用该控件的 ServerValidate 事件才能把程序员自定义的函数绑定到相应的控件。

下面通过一个例子来介绍 CustomValidator 控件的使用。

例 3-10 CustomValidator 控件的使用

在用户登录时，执行身份验证过程其实也是一个验证控件可以做到的，这里利用 CustomValidator 控件自定义验证过程可以实现。这个例子包括一个用户名输入文本框 TextBox1、一个密码输入文本框 TextBox2、一个 CustomValidator 控件 CustomValidator1 和一个 Button 控件。设置 CustomValidator1 的 ControlToValidate 为 TextBox2，ErrorMessage 为“用户名或密码不正确”，Display 为 Dynamic，ValidationEmptyText 为 true。代码如程序清单 3.20 所示。

程序清单 3.20 CustomValidator 控件

.aspx 文件中的代码：

```
<form id="form1" runat="server">
    <table>
        <tr>
            <td style="width: 90px" align=right>
                用户名</td>
            <td style="width: 199px">
                <asp:TextBox ID="TextBox1" runat="server"></asp:TextBox></td>
        </tr>
        <tr>
            <td style="width: 90px" align=right>
                密码</td>
            <td style="width: 199px">
```

```
                    <asp:TextBox ID="TextBox2" runat="server"></asp:TextBox></td>
            </tr>
             <tr>
                <td style="width: 90px">
                    </td>
               <td style="width: 199px">
                    <asp:Button ID="Button1" runat="server" Text="提 交" /></td>
            </tr>
             <tr>
                <td style="width: 90px">
                    </td>
                <td style="width: 199px">
                    <asp:CustomValidator ID="CustomValidator1" runat="server"
                      Display ="Dynamic" ErrorMessage ="用户名或密码不正确"
                      ValidateEmptyText="True" ControlToValidate="TextBox2" OnServerValidate
                       ="CustomValidator1_ServerValidate"></asp:CustomValidator>
</td>
 </tr>
        </table>
 </form>
```

.aspx.cs 文件中的代码：

```
/// <summary>
/// 简单的用户身份验证函数
/// </summary>
/// <param name="userName"></param>
/// <param name="password"></param>
/// <returns></returns>
private bool IsPassed(string userName, string password)
 {
      if (userName == "zhang" && password == "123")
      {
           return true;
      }
      else
           return false;
 }
 /// <summary>
 /// ServerValidate 事件
 /// </summary>
 /// <param name="source"></param>
 /// <param name="args"></param>
 protected void CustomValidator1_ServerValidate(object source, ServerValidateEventArgs args)
{
```

```
52.         if (IsPassed(this.TextBox1.Text.Trim(), this.TextBox2.Text.Trim()))
53.         {
54.
55.             args.IsValid = true;//通过密码验证
56.         }
57.         else
58.         {
59.
60.             args.IsValid = false;//没有通过密码验证
61.         }
62.     }
```

程序说明： 第 25 行代码定义了一个 CustomValidator 控件，并把其属性 ControlToValidate 设置为 TextBox2。第 36～44 行代码定义了一个名为 IsPassed 的方法，该方法用来验证用户输入的姓名和密码是否正确。第 50～62 行代码定义了 CustomValidator1 控件的 ServerValidate 事件的处理函数。

当用户输入的用户名或密码不正确时，单击“提交”按钮程序会被终止，并提示用户“用户名或密码不正确”。运行效果如图 3-19 所示。

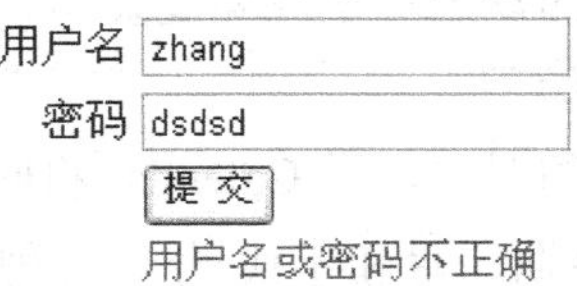

图 3-19　CustomValidator 控件运行效果图

3.7 Rich 控 件

ASP.NET 除了提供诸如 TextBox、Button 等控件外，还提供了很多复杂的控件，本书把这些控件统称为 Rich 控件，使用这些控件可以创建复杂的页面效果，并创建丰富的用户交互功能。本节将主要介绍两个控件，它们是 Calendar 控件和 AdRotator 控件。

3.7.1 Calendar 控件

Calendar 控件用来在 Web 页面中显示日历中的可选日期，并显示与特定日期关联的数据。使用 Calendar 控件可以执行完成如下的功能：

- 与用户交互，例如在用户选择一个日期或一个日期范围时显示相关的内容。
- 自定义日历的外观。
- 在日历中显示数据库中的信息。

Calendar 控件同所有的 Web 控件一样也是一个可编程的对象，它在页面中的定义代码如下：

```
<asp: Calendar id=" Calendar1" runat="server"/>
```

Calendar 控件在页面中显示的样式如图 3-20 所示。

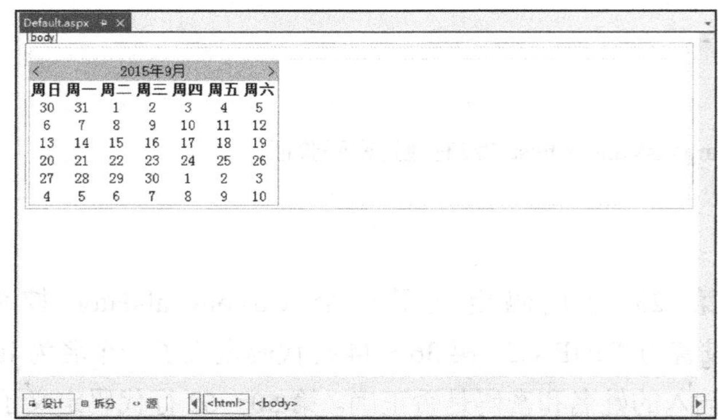

图 3-20　日历控件

日历控件在页面上显示一个月的日历视图，使用两端的箭头可以逐月浏览。当选择每一日期时，该日期就在一个灰色的盒子里呈高亮度显示，而且会引发页面回送。程序员可以利用这个特点对日历控件进行编程。

Calendar 控件是类 Calendar 的对象，类 Calendar 将时间分段来表示，例如分成星期、月和年，日历将按时间单位(如星期、月和年)划分，每种日历中分成的段数、段的长度和起始点均不同。使用特定日历可以将任何时刻都表示成一组数值。例如，2008 年的奥运开幕时间是 2008,8,8,8,8,8,0.0，即公元 2008 年 8 月 8 日 8:8:8:0.0。Calendar 的实现可以将特定日历范围内的任何日期映射到一个类似的数值集，并且 DateTime 可以使用 Calendar 和 DateTimeFormatInfo 中的信息将这些数值集映射为一种文本表示形式。文本表示形式可以是区分区域性的(例如，按照 en-US 区域性表示的 8:46 AM March 20th 1999 AD)，也可以是不区分区域性的(例如，以 ISO 8601 格式表示的 1999-03-20T08:46:00)。

类 Calendar 为 Calendar 控件提供了如表 3-22 所示的常用属性。

表 3-22　Calendar 控件的常用属性

属　　性	说　　明
Caption	获取或设置呈现为日历标题的文本值
CaptionAlign	获取或设置呈现为日历标题的文本的对齐方式
CellPadding	获取或设置单元格的内容和单元格的边框之间的空间量
CellSpacing	获取或设置单元格间的空间量
DayHeaderStyle	获取显示一周中某天的部分的样式属性
DayNameFormat	获取或设置一周中各天的名称格式
DayStyle	获取显示的月份中日期的样式属性
FirstDayOfWeek	获取或设置要在 Calendar 控件的第一天列中显示的一周中的某天

(续表)

属　　性	说　　明
NextMonthText	获取或设置为下一月导航控件显示的文本
NextPrevFormat	获取或设置 Calendar 控件的标题部分中下个月和上个月导航元素的格式
NextPrevStyle	获取下个月和上个月导航元素的样式属性
OtherMonthDayStyle	获取不在显示的月份中的 Calendar 控件上的日期的样式属性
PreMonthText	获取或设置为前一月导航控件显示的文本
SelectedDate	获取或设置选定的日期
SelectedDates	获取 System.DateTime 对象的集合，这些对象表示 Calendar 控件上的选定日期
SelectedDayStyle	获取选定日期的样式属性
SelectionMode	获取或设置 Calendar 控件上的日期选择模式，该模式指定用户可以选择单日、一周还是整月
SelectionMonthText	获取或设置为选择器列中月份选择元素显示的文本
SelectorStyle	获取周和月选择器列的样式属性
SelectWeekText	获取或设置为选择器列中周选择元素显示的文本
ShowDayHeader	获取或设置一个值，该值指示是否显示一周中各天的标头
ShowGridLines	获取或设置一个值，该值指示是否用网格线分割 Calendar 控件上的日期
ShowNextPrevMonth	获取或设置一个值，该值指示 Calendar 控件是否在标题部分显示下个月和上个月的导航元素
ShowTitle	获取或设置一个值，该值指示是否显示标题部分
TitleFormat	获取或设置标题部分的格式
TitleStyle	获取 Calendar 控件的标题标头的样式属性
TodayDayStyle	获取 Calendar 控件上今天日期的样式属性
TodaysDate	获取或设置今天的日期的值
UseAccessibleHeader	获取或设置一个值，该值指示是否为日标头呈现表标头<th>HTML 元素，而不是呈现表数据<td>HTML 元素
VisibleDate	获取或设置指定要在 Calendar 控件上显示的月份的日期
WeekendDayStyle	获取 Calendar 控件上周末日期的样式属性

类 Calendar 为 Calendar 控件提供了如表 3-23 所示的常用方法。

表 3-23　Calendar 控件的常用方法

方　　法	说　　明
AddDays	返回与指定的 DateTime 相距指定天数的 DateTime
AddHours	返回与指定 DateTime 相距指定小时数的 DateTime
AddMilliseconds	返回与指定 DateTime 相距指定毫秒数的 DateTime

(续表)

属　性	说　明
AddMinutes	返回与指定 DateTime 相距指定分钟数的 DateTime
AddMonths	返回与指定 DateTime 相距指定月数的 DateTime
AddSeconds	返回与指定 DateTime 相距指定秒数的 DateTime
AddWeeks	返回与指定 DateTime 相距指定周数的 DateTime
AddYears	返回与指定 DateTime 相距指定年数的 DateTime
GetDayOfMonth	返回指定 DateTime 中的日期是该月的几号
GetDayOfWeek	返回指定 DateTime 中的日期是星期几
GetDayOfYear	返回指定 DateTime 中的日期是该年中的第几天
GetDaysInMonth	返回指定月份中的天数
GetDaysInYear	返回指定年份中的天数
GetEra	返回指定的 DateTime 中的纪元
GetHour	返回指定的 DateTime 中的小时值
GetLeapMonth	计算指定年份或指定纪元年份的闰月
GetMilliseconds	返回指定的 DateTime 中的毫秒值
GetMinute	返回指定的 DateTime 中的分钟值
GetMonth	返回指定的 DateTime 中的月份
GetMonthsInYear	返回指定年份中的月数
GetSecond	返回指定的 DateTime 中的秒值
GetWeekOfYear	返回年中包括指定 DateTime 中日期的星期
GetYear	将返回指定的 DateTime 中的年份
IsLeapDay	确定某天是否为闰日
IsLeapMonth	确定某月是否为闰月
IsLeapYear	确定某年是否为闰年
ToDateTime	返回设置为指定日期和时间的 DateTime
ToFourDigitYear	使用 TwoDigitYearMax 属性将指定的年份转换为四位数年份，以确定相应的纪元

在默认情况下，Calendar 控件中的日显示为数字，而当启用日选择时，则数字将显示为链接，但还可以自定义个别日的外观和内容。可以通过执行如下操作来实现自定义个别日的外观和内容：

- 以编程方式突出显示某些日，例如，以不同的颜色显示假日。
- 以编程方式指定是否可以选定个别日。
- 向日期中添加信息，例如约会或事件信息。
- 自定义用户可以单击以选择某日的链接文本。

当 Calendar 控件创建要发送到浏览器的输出时，它将引发 DayRender 事件。控件在准备要显示的日时将为每个日引发该事件，然后可采用编程的方式检查正显示的是哪个日期，并对其进行适当的自定义。

DayRender 事件的方法提供两个参数，其一为对引发事件的控件的引用，另一个为 DayRenderEvenArgs 类型的对象，该对象提供两个可访问的对象：

- Cell 是一个 TableCell 对象，可用于设置个别日的外观。
- Day 可用于查询关于呈现日的信息，控制是否可选择该日，以及将内容添加到日中。Day 对象支持各种可用于了解有关日的信息的属性，还支持 Control 集合，可操作该集合以将内容添加到日中。

下面通过一个实例来展示如何实现以上 4 种情况的个别日自定义外观和内容。

例 3-11 自定义个别日的呈现

这个例子将演示如何使日历中的节假日呈现为黄色，而周末呈现为绿色；在节假日中填充假日的名称，并把假日呈现为链接状态；限制某日为可选，其他日则不可选。

创建步骤如下：

(1) 打开 Visual Studio 2012，并打开 ASP.NET 项目 chap03，在其中添加一个应用程序项目 3-12。

(2) 打开页面文件 Default.aspx，切换到“设计”视图，从工具箱中拖入一个日历控件。

(3) 选中该日历控件，打开“属性”窗口，选择“事件”选项卡，找到 DayRender 事件，在其后面的输入框中双击，则可以在文件 Default.aspx.cs 中生成 DayRender 事件的函数。

(4) 打开文件 Default.aspx.cs，在 DayRender 事件的函数 Calendar1_DayRender 中加入如程序清单 3.21 所示的代码。

程序清单 3.21 DayRender 事件的函数 Calendar1_DayRender

```
protected void Calendar1_DayRender(object sender, DayRenderEventArgs e)
    {
        //定义节假日的显示样式为黄色，而边框为紫色
        Style vacationStyle = new Style();
        vacationStyle.BackColor = System.Drawing.Color.Yellow;
        vacationStyle.BorderColor = System.Drawing.Color.Purple;
        vacationStyle.BorderWidth = 3;

        //定义周末的显示样式为绿色
         Style weekendStyle = new Style();
        weekendStyle.BackColor = System.Drawing.Color.Green;
         string aHoliday = "年假";//假日将要显示的内容
         if ((e.Day.Date >= new DateTime(20011, 10, 25)) &&
             (e.Day.Date <= new DateTime(2011, 10, 31)))
```

```
15.             {
16.                 //把假期的样式应用于节假日
17.                 e.Cell.ApplyStyle(vacationStyle);
18.                 //定义假日的显示内容，并为假日提供链接
19.                 Label aLabel = new Label();
20.                 //aLabel.Text = " <br>" + aHoliday;
21.                 aLabel.Text = " <br>" + "<a href=" + e.SelectUrl + ">" + aHoliday + "</a>";
22.                 e.Cell.Controls.Add(aLabel);
23.                 //e.Cell.Text = "<a href=" + e.SelectUrl + ">" + aHoliday + "</a>";
24.
25.             }
26.             else if (e.Day.IsWeekend)
27.             {
28.                 //把周末样式应用于周末
29.                 e.Cell.ApplyStyle(weekendStyle);
30.             }
31.
32.             //指定 2011-10-26 可选，其他的不可选
33.             DateTime myAppointment = new DateTime(2011, 10, 26);
34.             if (e.Day.Date == myAppointment)
35.             {
36.                 e.Day.IsSelectable = true;
37.             }
38.             else
39.             {
40.                 e.Day.IsSelectable = false;
41.             }
42.         }
```

程序说明：这段代码实现了自定义个别日的呈现。程序主要分为三个部分：第一部分为第 3～7 行的代码，用来定义节假日和周末的显示样式，并声明节假日要显示的内容。第二部分为第 9～30 行的代码，用来把节假日和周末的样式应用于节假日和周末，这里认为 2011-10-25 和 2011-10-31 日之间的日期为节假日，通过调用 Cell 对象的方法 ApplyStyle 把节假日和周末样式应用于节假日和周末，声明一个 Label 控件，把节假日名称和链接加入 Label 控件并通过 Cell 对象的 Controls 集合把 Label 控件加入该日的控件集合。第三部分为第 33～41 行的代码，用来把 2011-10-26 声明为可选，其他日不可选。这里就是把对象 Day 的属性 IsSelectable 设置为 true 或 false 来设置该日可选或不可选。

运行以上代码，效果如图 3-21 所示。

图 3-21　DayRender 事件的运行效果

3.7.2　AdRotator 控件

通常在页面中要显示一些广告，而 AdRotator 控件提供了一种在页面上显示广告的简便方法，该控件能够显示图形图像，当用户单击广告时，会将用户导向指定的 URL，并且该控件能够从数据源中自动读取广告信息。

AdRotator 控件显示广告的方式有如下 3 种：

- 随即显示广告。
- 对广告设置优先级别以使某些广告有更多的显示频率。
- 编写循环逻辑来显示广告。

AdRotator 控件可以从如下各种形式的数据源中读取数据：

- XML 文件。
- 数据库。
- 自定义逻辑，为 AdCreated 事件创建一个处理程序，并在该事件中选择一条广告。

AdRotator 控件是类 AdRotator 类的对象，AdRotator 类提供了如表 3-24 所示的属性。

表 3-24　AdRotator 控件的属性

属　　性	说　　明
AdvertisementFile	获取或设置包含广告信息的 XML 文件的路径
AlternateTextField	获取或设置一个自定义数据字段，使用它代替广告的 AlternateText 属性
Font	获取与广告横幅控件关联的字体属性
ImageUrlField	获取或设置一个自定义数据字段，使用它代替广告的 ImageUrl 属性
KeywordFilter	获取或设置类别关键字以筛选出 XML 公布文件中特定类型的公布
NavigateUrlField	获取或设置一个自定义数据字段，使用它代替广告的 NavigateUrl 属性
TagKey	获取 AdRotator 控件的 HTML 标记，该属性是受保护的

(续表)

属　性	说　明
Target	获取或设置当单击 AdRotator 控件时，显示所链接到的页面内容的浏览器窗口或框架的名称
UniqueID	获取 AdRotator 控件在层次结构中的唯一限定标识符

类 AdRotator 为 AdRotator 控件提供了如表 3-25 所示的常用方法。

表 3-25　AdRotator 控件的常用方法

方　法	说　明
OnAdCreated	为 AdRotator 控件引发 AdCreated 事件
OnInit	引发 Init 事件
OnPreRender	通过查找文件数据或调用用户事件获取要呈现的广告信息
PerformDataBinding	将指定数据源绑定到 AdRotator 控件
PerformSelect	将关联数据源检索广告数据
Render	在客户端上显示 AdRotator 控件

AdRotator 控件可以从 XML 文件中读取广告信息，也可以从数据库中读取广告信息。

AdRotator 控件通过自己的属性来定义一个广告体所需要的信息，但这些信息都是可选的，因此无论在 XML 文件中还是在数据库中定义广告体，可以选用如下属性来作为广告体的信息。

- ImageUrl：要显示的图像的 URL。
- NavigateUrl：单击 AdRotator 控件时要转到的页面的 URL。
- AlternateText：图像不可用时显示的文本。
- Keyword：可用于筛选特定广告的广告类别。
- Impressions：一个指示广告的可能显示频率的数值。
- Height：广告的高度。
- Width：广告的宽度。

下面通过一个例子来展示 AdRotator 控件如何从 XML 文件中读取广告信息。

例 3-12　从 XML 文件中读取广告信息

本实例演示 AdRotator 控件如何从 XML 文件中读取广告信息。创建步骤如下：

(1) 打开 ASP.NET 项目 chap03，在其中添加一个应用程序项目 3-13。

(2) 在 App_Data 文件夹中添加一个 XML 文件，为了安全，把该文件存储为除.xml 以外的扩展名格式，如.ads。

(3) 向文件中添加下列 XML 元素，代码如下：

```
<?xml version="1.0" encoding="utf-8" ?>
<Advertisements xmlns="http://schemas.microsoft.com/AspNet/AdRotator-Schedule-File">
```

```
</Advertisements>
```

在 XML 存储广告信息时，以<Advertisements>开始，</Advertisements>结束。

(4) 添加几条广告信息，代码如下：

```
<Ad>
    <ImageUrl>/images/beijixiong.jpg</ImageUrl>
    <NavigateUrl>
      http://www.dotnet101.com </NavigateUrl>
      <AlternateText>保护北极熊</AlternateText>
      <Keyword>Category1</Keyword>
      <Impressions>10</Impressions>
    </Ad>
  <Ad>
    <ImageUrl>/images/jiehebing.jpg</ImageUrl>
    <NavigateUrl>
      http://www.dotnet101.com </NavigateUrl>
      <AlternateText>防治结核病</AlternateText>
      <Keyword>Category1</Keyword>
      <Impressions>10</Impressions>
    </Ad>
  <Ad>
    <ImageUrl>/images/pad_right_05.gif</ImageUrl>
    <NavigateUrl>
      http://www.dotnet101.com </NavigateUrl>
      <AlternateText>迎奥运</AlternateText>
      <Keyword>Category2</Keyword>
      <Impressions>10</Impressions>
    </Ad>
  <Ad>
    <ImageUrl>/images/pad_right_06.gif</ImageUrl>
    <NavigateUrl>
      http://www.dotnet101.com
    </NavigateUrl>
    <AlternateText>迎世博</AlternateText>
    <Keyword>Category2</Keyword>
    <Impressions>10</Impressions>
  </Ad>
```

每条广告信息以<Ad>开始，</Ad>结束，并放在<Advertisements>和</Advertisements>之间。这里定义了四条广告信息。

(5) 打开页面文件 Default.aspx，切换到“设计”视图，从工具箱中拖入一个 AdRotator 控件，并把 AdRotator 控件的属性 AdvertisementFile 设置为“~/App_Data/Ad.ads”。

(6) 切换到“源”视图，可以看到 AdRotator 控件的定义代码，如程序清单 3.22 所示。

程序清单 3.22　AdRotator 控件的定义代码

```
1.  <%@ Page Language="C#" AutoEventWireup="true" CodeBehind="Default.aspx.cs" Inherits
      ="Sample8_4._Default" %>
2.  <!DOCTYPE html >
3.  <html xmlns="http://www.w3.org/1999/xhtml" >
4.  <head runat="server">
5.    <title>无标题页</title>
6.  </head>
7.  <body>
8.    <form id="form1" runat="server">
9.    <div>
10.
11.     </div>
12.     <asp:AdRotator ID="AdRotator1" runat="server"
          AdvertisementFile="~/App_Data/Ad.ads" />
13.     </form>
14.   </body>
15.   </html>
```

程序说明：第 12 行代码定义了一个 AdRotator 控件，并指定属性 AdvertisementFile 为存储广告信息的.ads 文件。

运行以上代码，效果如图 3-22 所示。

图 3-22　AdRotator 控件的运行效果

3.8　习　　题

3.8.1　填空题

1. Web 控件的标记有特定的格式：以________开始，后面跟相应控件的类型名，最后以________结束，在其间可以设置各种属性。

2. 在 ASP.NET 中，所有的控件都是基于对象________，而所有的 Web 控件则包含在命名空间________下面。

3. 默认情况下，Calendar 控件显示月中各天、周中各天的________、带有月份名和年份的________、用于选择月份中各天的________及用于移动到下个月和上个月的________。

4. 在表控件中，其对象的层次是这样的：首先是________，表对象包含________，行对象包含________。其中，表要显示的内容则包含在________中。

5. Web 控件的事件模型：________捕捉到事件信息，然后通过________将事件信息传输到________，而且页框架必须解释该________以确定所发生的事件，然后在要处理该事件的服务器上调用代码中的相应方法。

3.8.2　选择题

1. 下列选项中，不属于列表控件的是________。

   A. ListBox　B. DropDownList　C. TextBox　D. CheckBoxList

2. 用于创建颜色对象的方式有________。

   A. ARGB　B. 颜色的枚举值　C. HTML 颜色名　D. 以上都是

3. 单位的定义方式有________。

   A. 像素值　B. 百分值　C. Unit 对象　D. 以上都是

4. 以下________控件显示的数据是不可以被选择的。

   A. ListBox　B. CheckBoxList　C. RadioList　D. BulletedList

5. 用于在页面上创建表的方式有________。

   A. HTML 表　B. HtmlTable 控件　C. 表控件　D. 以上都是

3.8.3　问答题

1. 简述 Web 控件的事件模型。
2. 简述表控件的添加过程。

3.8.4　上机操作题

1. 编写一个用户注册程序，用户通过程序提供的界面输入注册信息，并且程序能够验证用户输入的信息的格式是否正确。该程序的运行结果如图 3-23 所示。

2. 编写一个程序，使用 CheckBoxList 来收集用户的兴趣爱好，并且由用户决定是否可以被他人看到。最后，单击“提交”按钮时，用户的选择显示在 Label 控件中。程序的界面如图 3-24 所示。

3. 利用表控件在页面上创建一个表，并在表中输入如图 3-25 所示的数据。

4. 使用 Calendar 控件，当用户选择某一日期时，在标签控件中显示出被选择的日期，效果如图 3-26 所示。

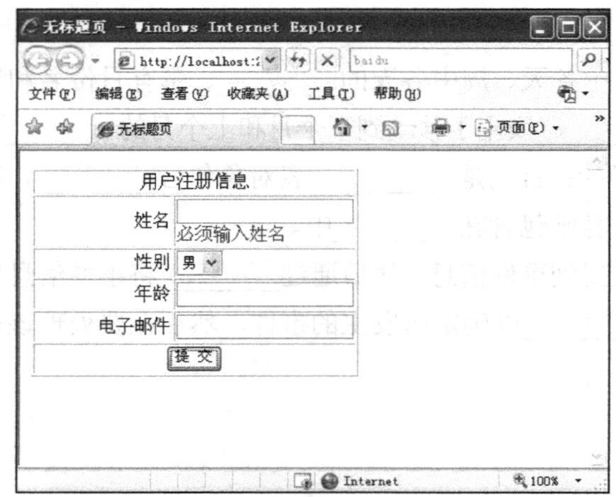

图 3-23　用户注册程序

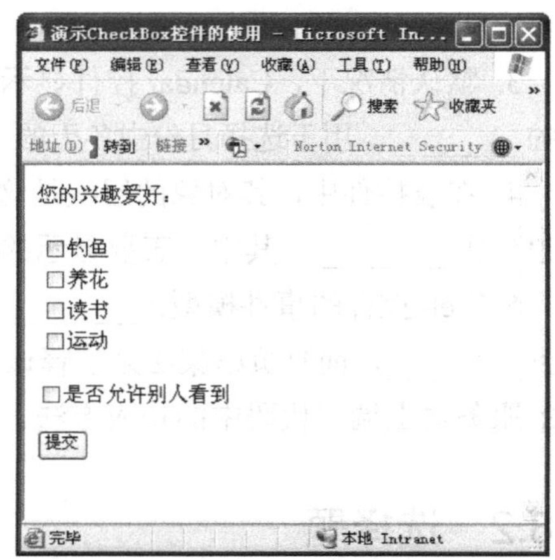

图 3-24　演示 CheckBox 和 CheckBoxList

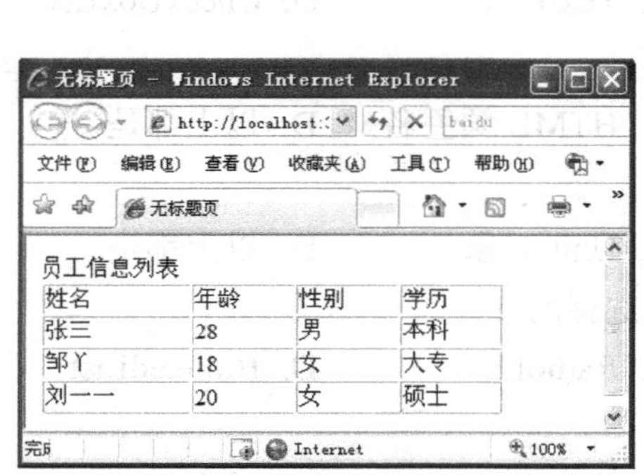

图 3-25　表控件

图 3-26　日期选择

5. 使用 AdRotator 控件跟踪某个广告的查看频率以及用户单击该广告的频率，运行效果如图 3-27 所示。

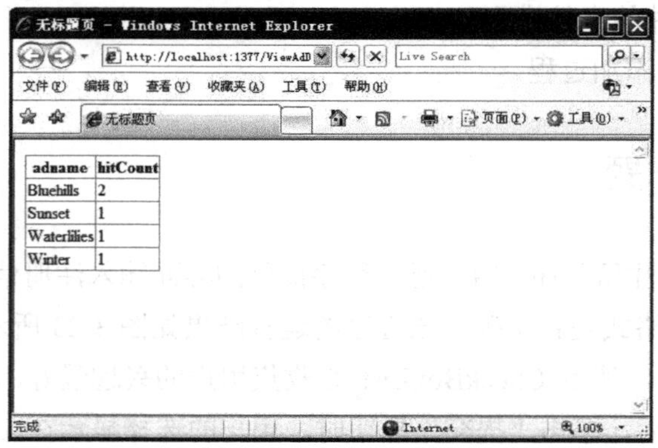

图 3-27　显示广告的查看频率

第4章 用 户 控 件

在开发网站的时候，程序员有时会发现某种具有同样功能的控件组合会经常出现在网站的页面中，如具有查询数据功能的控件，这时聪明的程序员可能会试图采用某种技术来编写一个可重复利用的控件，并且希望这种控件能够像 ASP.NET 系统提供的标准控件那样可以很方便地拖放到网页中，从而减少重复代码的编写工作，以提高开发效率。ASP.NET 提供了一种称为用户控件的技术可以让程序员根据自己的需要来开发出自定义的控件，并把这种开发出来的自定义控件称为用户控件。

本章重点：

- 用户控件的定义
- 创建用户控件
- 用户控件的使用
- 用户控件的事件

4.1 概 述

一个用户控件就是一个简单的 ASP.NET 页面，不过它可以被另外一个 ASP.NET 页面包含进去。用户控件存放在文件扩展名为.ascx 的文件中，典型的.ascx 文件中的代码形式如程序清单 4.1 所示。

程序清单 4.1 .ascx 文件

```
1.  <%@ Control Language="C#" AutoEventWireup="true" CodeFile="WebUserControl.ascx.cs"
      Inherits="WebUserControl" %>
2.  <asp:Label ID="Label1" runat="server" Text="名 称"></asp:Label>
3.  <asp:TextBox ID="TextBox1" runat="server"></asp:TextBox>
4.  <asp:Button ID="Button1" runat="server" Text="搜 索" />
```

程序说明：第 1 行代码与.aspx 文件中的一样，没有什么区别，只是把 Page 指令换成了 Control 指令，第 2 行和第 3 行定义了几个控件。

从以上的.ascx 文件代码中可以看出，用户控件代码格式和.aspx 文件中的代码格式非常相似，但是.ascx 文件中没有<html>标记，也没有<body>标记或<form>标记，因为用户控件是要被.aspx 文件所包含的，而这些标记在一个.aspx 文件中都只能包含一个。一般来说，用户控件和 ASP.NET 网页有如下区别：

- 用户控件的文件扩展名为.ascx。

- 用户控件中没有@ Page 指令，而是包含@ Control 指令，该指令对配置及其他属性进行定义。
- 用户控件不能作为独立文件运行。而必须像处理任何控件一样，将它们添加到 ASP.NET 页中。
- 用户控件中没有 html、body 或 form 元素。这些元素必须位于宿主页中。

用户控件提供了这样一种机制，它使得程序员可以建立能够非常容易地被 ASP.NET 页面使用或者重新利用的代码部件。在 ASP.NET 应用程序中使用用户控件的一个主要优点是用户控件支持一个完全面向对象的模式，使得程序员有能力去捕获事件。而且，用户控件支持程序员使用一种语言编写 ASP.NET 页面其中的一部分代码，而使用另外的一种语言编写 ASP.NET 页面的另外一部分代码，因为每一个用户控件都可以使用和主页面不同的语言来编写。

4.2　创建用户控件

在 Visual Studio 2012 中创建用户控件过程比较简单，主要包含以下几个步骤：

(1) 右击网站项目名称或者网站项目名称下某个文件夹名字，在弹出的快捷菜单中执行“添加”|“新建项”命令，打开“添加新项”对话框。

(2) 在“添加新项”对话框中提供了可供选择的文件模板，这里选择“Web 用户控件”模板，默认文件名为 WebUserControl.ascx，程序员可以根据需要自行修改。

(3) 单击“添加”按钮，关闭“添加新项”对话框并在网站项目目录下添加一个 WebUserControl.ascx 文件和一个 WebUserControl.ascx.cs 文件。

WebUserControl.ascx 文件初始代码如程序清单 4.2 所示。

程序清单 4.2　WebUserControl.ascx 文件初始代码

```
<%@ Control Language="C#" AutoEventWireup="true" CodeFile="WebUserControl.ascx.cs"
Inherits="WebUserControl" %>
```

程序说明：用户控件定义代码，表示这是一个用户控件定义文件。

WebUserControl.ascx.cs 文件初始代码如程序清单 4.3 所示。

程序清单 4.3　WebUserControl.ascx.cs 文件初始代码

```
using System;
using System.Data;
using System.Configuration;
using System.Collections;
using System.Web;
using System.Web.Security;
using System.Web.UI;
```

```
8.  using System.Web.UI.WebControls;
9.  using System.Web.UI.WebControls.WebParts;
10. using System.Web.UI.HtmlControls;
11. public partial class WebUserControl : System.Web.UI.UserControl
12. {
13.   protected void Page_Load(object sender, EventArgs e)
14.   {
15.   }
16. }
```

程序说明：第 1～10 行为命名控件的引用，第 11～16 行定义了一个名为 WebUserControl 的类，其中，第 13～15 行定义了 Page_Load 事件的处理函数，可以在该函数中添加用户控件初始化的代码。

在 WebUserControl.ascx.cs 文件中生成了一个名为 WebUserControl 的类，该类继承了 System.Web.UI.UserControl 类。System.Web.UI.UserControl 类是所有用户控件的基类，提供了一些开发用户控件所需要的属性、方法和事件，程序员自定义的用户控件类必须继承此类。

(4) 在添加了一个用户控件文件之后，程序员就可以根据自己的需要设计符合自己需求的文件，设计过程与设计普通的 ASP.NET 网页没有什么区别。

经过以上步骤，一个与标准 Web 控件一样好用的用户控件就建立成功了，程序员可以在自己的网页中引用该控件。然而要想设计出满足复杂需求的用户控件并没有读者想象的那么简单，下面通过一个例子来介绍一个具有搜索数据库中的数据表中数据的功能的用户控件的创建过程。

例 4-1　搜索数据控件

创建步骤如下：

(1) 创建一个网站项目 chap04，在其中添加一个名为 4-1 的应用程序。

(2) 添加一个名为 Search.ascx 的文件。

(3) 双击 Search.ascx 文件，打开该文件。

(4) 切换到“设计”视图，执行“表”|“插入表”命令，在设计页面中插入一个 1 行 3 列的表。

(5) 从工具箱中拖入一个 Label 控件，设置其属性 ID 为 ColumnName，Text 为“列名”，并把该 Label 控件放在新插入的表的最左边的列中。

(6) 从工具箱中拖入一个 TextBox 控件，设置其属性 ID 为 Condition，并把该控件放到表的中间的列中。

(7) 从工具箱中拖入一个 Button 控件，设置其属性 ID 为 Search，Text 为“搜索”，并把该空间放到表的最右边的列中。

(8) 切换到“源”视图，可以看到代码如程序清单 4.4 所示。

程序清单 4.4　搜索数据控件的界面定义代码

```
1.   <%@ Control Language="C#" AutoEventWireup="true" CodeFile="Search.ascx.cs"
       Inherits="WebControl_Search" %>
2.   <table>
3.     <tr>
4.         <td align=right>
5.             <asp:Label ID="ColumnName" runat="server" Text="列  名"></asp:Label></td>
6.         <td   align=left>
7.             <asp:TextBox ID="Condition" runat="server"></asp:TextBox></td>
8.         <td   align=left>
9.             <asp:Button ID="Search" runat="server" Text="搜  索" /></td>
10.      </tr>
11.  </table>
```

程序说明：第 5 行定义了一个 Label 控件，用来显示根据查询的字段；第 7 行定义了一个 TextBox 控件，用来接收输入的查询条件；第 9 行定义了一个 Button 控件，用来触发搜索功能。

(9) 切换到“设计”视图，双击空白处，打开 Search.ascx.cs 文件，可以看到自动生成的类 WebControl_Search。

(10) 定义该用户控件类的几个属性，如下：

- LabelText：显示给用户的搜索条件。
- ConnectiongString：连接到数据库的连接字符串。
- ResultGridView：要填充的 GridView 控件。
- TableName：要搜索的数据库中表的名称。
- ColumnCondition：根据哪一列搜索数据库中表的数据。

为了添加以上属性，在类 WebControl_Search 中加入程序清单 4.5。

程序清单 4.5　属性的定义

```
private string labelText;
private string connectionString;
private GridView resultGridView;
private string tableName;
private string columnCondition;
private string errorMessage;
 public string LabelText
{
    set
     {
         this.labelText = value;
     }
     get
```

```
        {
            return this.labelText;
        }
    }
    public string ConnectionString
    {
        set
        {
            this.connectionString = value;
        }
        get
        {
            return this.connectionString;
        }
    }
    public GridView ResultGridView
    {
        set
        {
            resultGridView = value;
        }
        get
        {
            return this.resultGridView;
        }
    }
    public string TableName
    {
        set
        {
            this.tableName = value;
        }
        get
        {
            return this.tableName;
        }
    }
    public string ColumnCondition
    {
        set
        {
            this.columnCondition = value;
        }
        get
```

```
58.         {
59.             return this.columnCondition;
60.         }
61.     }
```

程序说明：第 1 行定义了私有变量 labelText 用来提示用户要输入什么样的查询条件，第 2 行定义了私有变量 connectionString 表示连接数据库，第 3 行定义了私有变量 resultGridView 表示要绑定到 GridView 控件，第 4 行定义了私有变量 tableName 表示要查询的数据表，第 5 行定义了私有变量 columnCondition 表示根据哪一列进行查询，第 6 行定义了私有变量 errorMessage 表示错误信息，第 7～17 行定义了公开属性 LabelText 表示由程序员设置提示用户输入的文字，第 18～28 行定义了公开属性 ConnectionString 表示由程序员设置连接数据库的字符串，第 29～39 行定义了公开属性 ResultGridView 表示由程序员设置要填充的 GridView，第 40～50 行定义了公开属性 TableName 表示由程序员设置要访问的数据库中的数据表名，第 51～61 行定义了公开属性 ColumnCondition 表示由程序员设置根据哪一列进行查询。

(11) 定义一个函数 SearchResult()，该函数将会根据用户输入的查询条件查询到数据并把数据集返回，该函数要利用到数据访问的知识。该函数的代码如程序清单 4.6 所示。

程序清单 4.6　函数 SearchResult()

```
private DataTable SearchResult()
 {
     try
      {
      System.Data.OleDb.OleDbConnection conn = new OleDbConnection(connectionString);
      string sqlString = "select * from " + tableName + " where " + columnCondition + " like '%" +
         this.Condition.Text.ToString() + "%'";
      conn.Open();
      System.Data.OleDb.OleDbDataAdapter ada = new OleDbDataAdapter(sqlString, conn);
      System.Data.DataTable dataTable = new DataTable();
        ada.Fill(dataTable);

        conn.Close();
        return dataTable;
     }
   catch(Exception e)
   {
     //errorMessage = e.Message;
     errorMessage = "访问数据库失败，请检测数据库连接。";
     return null;
   }
 }
```

程序说明：第 5 行定义了数据库查询对象 OleDbConnection，第 6 行代码生成查询 SQL，第 7 行打开查询，第 8 行定义了 OleDbDataAdapter 对象，第 9 行定义了 DataTable 对象，第 10 行执行 Fill 方法查询出所需要的数据并填充到 dataTable 中，第 12 行关闭查询，第 13 行把查询结果返回。

以上代码是数据库查询的过程，关于这些知识可参考后面的有关数据访问章节的知识。

(12) 打开 Search.ascx 文件，双击 Search 按钮，则在 Search.ascx.cs 文件中自动生成该按钮的单击事件 Search_Click(object sender, EventArgs e)，在该事件体中添加代码以实现当用户单击 Search 按钮时程序把查询到的数据集填充到 GridView 控件中，代码如程序清单 4.7 所示。

程序清单 4.7　“搜索”按钮的单击事件处理程序

```
1.  protected void Search_Click(object sender, EventArgs e)
2.  {
3.          resultGridView.DataSource = SearchResult().DefaultView;
4.          resultGridView.DataBind();
5.  }
```

程序说明：第 3 行调用 SearchResult()把查询到的数据填充到 GridView 控件中，第 4 行执行数据绑定。

(13) 在 Page_Load 事件中加入初始化 ColumnName 标签的代码，如程序清单 4.8 所示。

程序清单 4.8　属性初始化

```
1.  protected void Page_Load(object sender, EventArgs e)
2.  {
3.          this.ColumnName.Text = this.labelText;
4.  }
```

程序说明：第 3 行代码设置了 Label 控件的显示文本，提示用户要输入的查询条件。

至此一个具有搜索数据库的相应数据表中数据功能的用户控件创建完成了，在下一节中将要讲述如何在 Web 页面使用该用户控件。

4.3　用户控件的使用

在上一节中讲述了如何创建用户控件，并介绍了一个具有搜索相应数据库的数据表中数据功能的用户控件的创建过程。本节将要讲述如何引用已创建的用户控件，并以引用上一节创建的用户控件为例来介绍用户控件的使用。

其实使用用户控件和使用 Web 控件并没有什么不同，用户控件本身也是一种 Web 控件，只需要把用户控件拖放到页面上，并设置相关属性，即可实现对该用户控件的引用。

下面以使用上一节创建的搜索控件为例来详细讲解一些引用步骤。使用该控件的步骤如下：

(1) 由于该控件具有搜索数据库中数据的功能，因此需要先建立一个数据库。打开 Access 数据库，建立一个 db1 数据库，并在该数据库里添加一个数据表 basic。该表的设计如表 4-1 所示。

表 4-1　basic 表的设计

字 段 名 称	字 段 类 型	说　　明	大　　小
id	自动编号	主键	8
name	文本	姓名	50
city	文本	城市	50
phone	文本	电话	50
carrier	文本	职业	50
position	文本	职位	50

(2) 把创建好的 db1 数据库放到项目 chap04 下的 App_Data 文件夹中。

(3) 打开项目 chap04 中的一个页面，这里打开的是 Default.aspx。切换到“设计”视图。

(4) 插入一个 2 行 1 列的表。

(5) 从右边的解决方案管理器中找到 Search.ascx 文件，也就是 Search 用户控件，选中该控件，按住右键把它拖放到 Default.aspx 页面中的表的第一行，这样就把一个用户控件添加到 Default.aspx 页面中了。但要使用它还需要设置相关属性，下面会一一讲解。

(6) 设置 Search 用户控件的属性 LabelText 为“城　市：”，表明这里要根据城市来查询数据。

(7) 从工具箱里拖入一个 GridView 控件放在表的第二行，默认 ID 为 GridView1，并设置相关属性。至此界面的设计工作基本完成，切换到“源”视图，可以看到的代码如程序清单 4.9 所示。

程序清单 4.9　Default.aspx 页面代码

```
<%@ Page Language="C#" AutoEventWireup="true"   CodeFile="Default.aspx.cs" Inherits="_Default" %>
<%@ Register Src="WebControl/Search.ascx" TagName="Search" TagPrefix="uc1" %>
<!DOCTYPE html >
<html xmlns="http://www.w3.org/1999/xhtml" >
<head runat="server">
    <title>无标题页</title>
</head>
<body>
```

```
9.   <form id="form1" runat="server">
10.    <div>
11.        <table>
12.            <tr>
13.                <td style="width: 614px" >
14.                    <uc1:Search ID="Search1" runat="server" LabelText="城  市：" />
15.                </td>
16.            </tr>
17.            <tr>
18.                <td style="width: 614px" >
19.                    <asp:GridView ID="GridView1" runat="server" AutoGenerateColumns
                        ="False" CellPadding="4" ForeColor="#333333" GridLines="None"
                         Width="488px">
20.                        <FooterStyle BackColor="#507CD1" Font-Bold="True" ForeColor="White" />
21.                        <Columns>
22.                            <asp:BoundField DataField="id" HeaderText="序号" />
23.                            <asp:BoundField DataField="name" HeaderText="姓名" />
24.                            <asp:BoundField DataField="city" HeaderText="城市" />
25.                            <asp:BoundField DataField="phone" HeaderText="电话" />
26.                            <asp:BoundField DataField="carrier" HeaderText="职业" />
27.                            <asp:BoundField DataField="position" HeaderText="职位" />
28.                        </Columns>
29.                        <RowStyle BackColor="#EFF3FB" />
30.                        <EditRowStyle BackColor="#2461BF" />
31.                        <SelectedRowStyle BackColor="#D1DDF1" Font-Bold="True"
                            ForeColor ="#333333" />
32.                        <PagerStyle BackColor="#2461BF" ForeColor="White"
                            HorizontalAlign ="Center" />
33.                        <HeaderStyle BackColor="#507CD1" Font-Bold="True"
34.                        ForeColor="White" /><AlternatingRowStyle BackColor="White" />
35.                    </asp:GridView>
36.                     
37.                </td>
38.            </tr>
39.        </table>
40.    </div>
41.          
42.    </form>
43.  </body>
44.  </html>
```

程序说明：第 2 行代码表示在页面上为用户控件进行注册，属性 Src 表示用户控件所在的地址，TagName 表示用户控件的类名，TagPrefix 表示用户控件标记，类似于 Web 控件中 ASP 标记；第 14 行代码定义了用户控件 Search，并将属性 LabelText 设置为“城市”，表示将以城市来搜索数据，其类似于标准 Web 控件的声明代码；第 19～36 行为定义 GridView 控件用来显示被搜索到的数据。

(8) 打开 Default.aspx.cs 文件，在 Page_Load 事件中设置用户控件的其他属性，代码如程序清单 4.10 所示。

程序清单 4.10　对用户控件 Search 进行初始化

```
1.  protected void Page_Load(object sender, EventArgs e)
2.  {
3.          Search1.ConnectionString = "Provider=Microsoft.Jet.OLEDB.4.0;Data
            Source =E:\\BookSample\\Sample3-4\\App_Data\\db1.mdb";
4.          Search1.ColumnCondition = "city";
5.          Search1.ResultGridView = this.GridView1;
6.          Search1.TableName = "basic";
7.  }
```

程序说明：第 3 行代码通过属性 ConnectionString 设置数据库连接字符串，第 4 行代码通过属性 ColumnCondition 设置查询的字段，第 5 行代码通过属性 ResultGridView 设置查询结果填充的 GridView 控件，第 6 行代码通过属性 TableName 设置查询的表。

经过以上步骤，用户控件已经可以使用了，现在来测试一下吧。运行刚才建立的程序，弹出的 Web 页面如图 4-1 所示。

图 4-1　Search 用户控件运行效果图

在文本框里输入“上海”，单击“搜索”按钮，查询结果如图 4-2 所示。

序号	姓名	城市	电话	职业	职位
1	张三	上海	02188674567		
2	李四	上海	02187456767		
3	王五	上海	02186456767		
4	赵六	上海	02185674675		
5	周七	上海	02184645677		
6	武八	上海	02188745676		
7	郑九	上海	02188676745		

图 4-2　Search 用户控件搜索功能运行效果图

可以看出，用户控件提供一个简便的方法来实现代码的可重用性，而省去了很多不必要的麻烦。将相关的控件和代码从一个 ASPX 文件移到一个 ASCX 文件中是一个恰当的做法，并且只需要正确设置用户控件的属性就可以使得代码正常地工作了。

4.4 用户控件的事件

ASP.NET 标准控件可以通过事件来与页面进行交互，同样用户控件也可以通过事件同页面进行交互。

要创建一个带有事件的用户控件，需要完成如下操作：

(1) 定义公开(public)的事件委托，如 ClickEventHandler。

(2) 在用户控件类中定义引发事件的方法，如 OnClick 方法。

(3) 在引发事件的方法中判断事件委托是否为空，若不为空，则引发事件。

下面通过一个例子来介绍如何创建带有事件的用户控件。

例 4-2 创建带有事件的用户控件

本例展示如何创建一个带有事件的用户控件。创建步骤如下：

(1) 在网站项目 chap04 中添加一个应用程序 4-2。

(2) 添加一个名为 LinkClick 的用户控件定义，相应的定义文件为 LinkClick.aspx。

(3) 打开文件 LinkClick.aspx，切换到“设计”视图，从工具箱中拖入 LinkButton 控件。

(4) 打开文件 LinkClick.aspx.cs，在其中加入单击事件委托定义代码。代码如下：

```
public event EventHandler ClickEventHandler;//定义事件委托
```

(5) 添加 LinkButton 控件的单击事件处理函数，并在函数中添加引发事件的代码，如程序清单 4.11 所示。

程序清单 4.11 事件函数 LinkButton1_Click

```
protected void LinkButton1_Click(object sender, EventArgs e)
    {
          //判断 ClickEventHandler 不为空
        if (ClickEventHandler != null)
        {
            //引发事件
            ClickEventHandler(this, EventArgs.Empty);
        }
    }
```

程序说明：在事件函数 LinkButton1_Click 中判断事件委托 ClickEventHandler 是否为空，不为空的就引发事件。

通过以上几步，一个带有单击事件的用户控件 LinkClick 定义完毕。下面介绍如何在页面中使用该事件。

(6) 打开页面文件 Default.aspx，切换到“设计”视图。

(7) 从右边的解决方案管理器中找到 LinkClick.ascx 文件，也就是 LinkClick 用户控件，选中该控件，按住右键把它拖放到 Default.aspx 页面中的表的第一行，这样就把一个用户控件添加到 Default.aspx 页面中了。

(8) 从工具箱中拖入一个 Label 控件。

(9) 由于在属性窗口中不显示用户控件的事件，因此必须在用户控件的定义代码中添加用户控件的事件句柄。切换页面 Default.aspx 到“源”视图，在 LinkClick 用户控件的代码中添加事件句柄。代码如程序清单 4.12 所示。

程序清单 4.12　LinkClick 用户控件的定义

```
<uc1:LinkClick ID="LinkClick1" runat="server" OnClickEventHandler="LinkClick1_OnClick" />
```

程序说明：这段代码中的 OnClickEventHandler="LinkClick1_OnClick"定义了用户控件的事件句柄。注意事件句柄的命名是用户控件类中声明的事件委托 ClickEventHandler 加 On，即为 OnClickEventHandler。

(10) 打开文件 Default.aspx.cs，在其中添加事件处理函数 LinkClick1_OnClick 的定义代码，如程序清单 4.13 所示。

程序清单 4.13　用户控件的单击事件

```
protected void LinkClick1_OnClick(object sender, EventArgs e)
    {
        this.Label1.Text = "单击我！";
}
```

程序说明：若用户单击控件 LinkClick，则引发该事件，在 Label 控件显示相应的文字。运行程序 4-2，效果如图 4-3 所示。

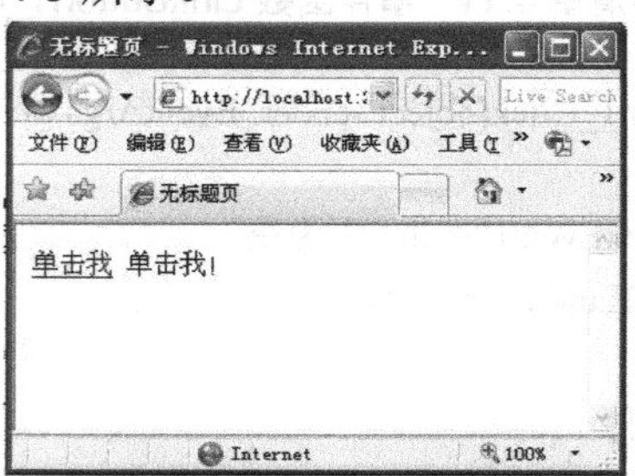

图 4-3　例 4-2 的运行效果

4.5 习　题

4.5.1 填空题

1. 一个用户控件就是一个简单的________，不过它可以被另外一个________包含进去。用户控件存放在文件扩展名为________的文件中。

2. 一个用户控件包含的指令是________。

3. 使用用户控件和使用 Web 控件并没有什么不同，用户控件本身也是一种________，只需要把用户控件拖放到_______上，并设置相关_______，即可实现对该用户控件的引用。

4.5.2　选择题

1. 下列选项中，_______选项可以是用户控件包含的元素。

   A. html　　B. form　　C. body　　D. div

2. 用户控件的优点有_______。

   A. 重用　　B. 面向对象　　C. 语言兼容　　D. 以上都是

4.5.3　问答题

1. 简述用户控件与 Web 页面的区别。
2. 简述用户控件的创建过程。

4.5.4　上机操作题

编写一个登录用户控件，该控件能够实现用户登录的功能，然后在一个页面中使用这个用户登录控件。效果如图 4-4 所示。

图 4-4　用户注册程序

第5章　主题和母版页

一个成功的网站通常会有成百上千个网页，这些网页的开发和维护工作将是非常庞大的，由于这些工作通常具有重复性，所以让一个 Web 程序员花费大量的时间去做这样的单调的工作(如设置或修改同种按钮的显示格式等)是一种资源浪费。因此，如果能够站在全局的角度设计和维护网站，就能够大大地节省资源。本章将要介绍的两个工具就能够整合页面到一个统一网站，它们是主题和母版页。使用主题和母版页，可以为一个网站统一定义一个标准的外观和布局，这样可以节省网站的开发和维护费用，并且可以让网站看起来更专业。

本章重点：

- 主题的使用
- 母版页的使用

5.1　主　　题

目前 Blog 非常热门，在使用 Blog 时，用户通常希望对页面的设置能够获得更多选择，以往的解决方案是通过选择不同的 CSS 来选择不同的皮肤，这对用户来说是很完美的一件事，但对程序员来说，却是一件很辛苦的事：Blog 是以 html 变量来实现的，而.text 是以 CSS 自定义来实现的，因此这项工作具有很大的工作量。但是在 ASP.NET 中可以很轻松地实现用户的需求。之所以能在 ASP.NET 中很容易地实现个性化皮肤的定制，是因为 ASP.NET 内置了主题皮肤机制。ASP.NET 在处理主题的问题时提供了清晰的目录结构，使得资源文件的层级关系非常清晰，在易于查找和管理的同时，提供了良好的扩展性。因此使用主题可以加快设计和维护网站的速度。

5.1.1　概述

主题是有关页面和控件的外观属性设置的集合，由一组元素组成，包括外观文件、级联样式表(CSS)、图像和其他资源。

主题至少包含外观文件(.skin 文件)，其是在网站或 Web 服务器上的特殊目录中定义的，一般把这个特殊目录称为专用目录，名字为 App_Themes。App_Themes 目录下可以包含多个主题目录，主题目录的命名由程序员自己决定，而外观文件等资源则放在主题目录下。这里给出一个主题的目录结构示例，如图 5-1 所示，专用目录 App_Themes 下包含 5 个主题目录，每个主题目录下包含一个外观文件。

图 5-1　主题目录的结构示例

下面介绍一下主题的组成元素。

1. 外观文件

外观文件又称皮肤文件，是具有文件扩展名.skin 的文件，在皮肤文件里，可以定义控件的外观属性。皮肤文件形式一般具有下面代码的形式。

```
<asp:Label   runat="server"   BackColor="Blue"></asp:Label>
```

上述代码和定义一个 Label 控件的代码几乎一样，除了不包含 ID、Text 等属性外。但这样简单的一行代码就定义了 Label 控件的一个皮肤，可以在网页引用该皮肤去设置 Label 控件的外观。

2. 级联样式表

级联样式表就是 Web 程序员常常提到的 CSS 文件，是具有文件扩展名.css 的文件，也是用来存放定义控件外观属性的代码的文件。在页面开发中，采用级联样式表，可以有效地对页面的布局、字体、颜色、背景和其他效果实现更加精确的控制，而且只要对相应的代码做一些简单的修改，就可以改变同一页面的不同部分外观属性，或者页数不同的网页的外观和格式。正是因为级联样式表具有这样的特性，所以在主题技术中综合了级联样式表的技术。

3. 图像和其他资源

图像就是图形文件，其他资源可能是声音文件、脚本文件等。有时候为了控件美观，只是靠颜色、大小和轮廓来定义并不能满足要求，这时候就会考虑把一些图片、声音等加到控件外观属性定义中去。例如，可以再为 Button 控件的单击加上特殊的音效，为 TreeView 控件的展开按钮和收起按钮定义不同的图片。

主题根据它的应用范围可以分为以下两种。

(1) 页面主题应用于单个 Web 应用程序，它是一个主题文件夹，其中包含控件外观、样式表、图形文件和其他资源，该文件夹是作为网站中的\App_Themes 文件夹的子文件夹创建的。每个主题都是\App_Themes 文件夹的一个不同的子文件夹。

(2) 全局主题可应用于服务器上的所有网站，全局主题与页面主题类似，因为它们都包括属性设置、样式表设置和图形。但是，全局主题存储在对 Web 服务器具有全局性质的名为 Themes 的文件夹中。服务器上的任何网站以及任何网站中的任何页面都可以引用全局主题。

5.1.2　主题的创建

创建主题的过程比较简单，步骤如下。

(1) 右击要为之创建主题的网站项目，在弹出的快捷菜单中执行“添加”|“添加 ASP.NET 文件夹”|“主题”命令，此时就会在该网站项目下添加一个名为 App_Themes 的文件夹，并在该文件夹中自动添加一个默认名为“主题 1”的文件夹，如图 5-2 所示。

(2) 右击“主题 1”文件夹，在弹出的快捷菜单中执行“添加”|“新建项”命令，此时会弹出“添加新项”对话框，如图 5-3 所示。该对话框提供了在“主题 1”文件夹中可以添加的文件的模板。

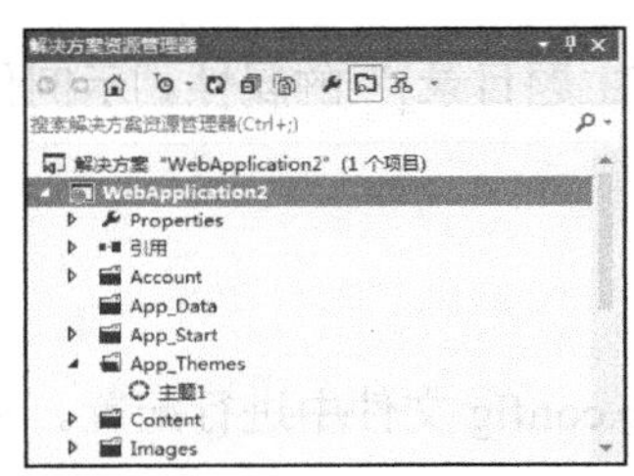

图 5-2　新建立的主题目录

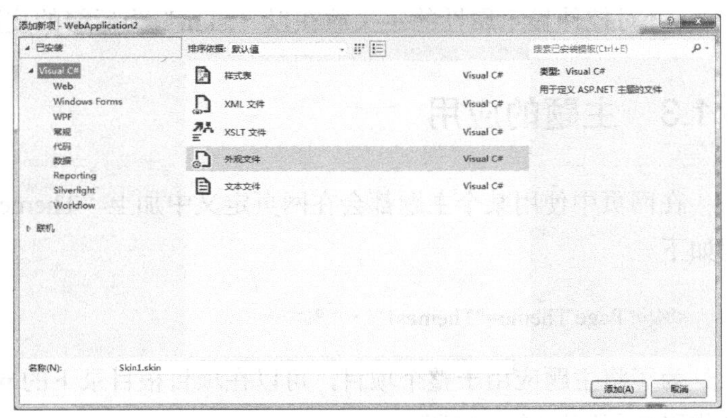

图 5-3　“添加新项”对话框

(3) 在“添加新项”对话框中选择“外观文件”，在“名称”文本框中会出现该文件的默认命名 Skin1.skin，这里更换为 LabelSkinFile.skin，表示该文件是为 Label 控件定义的外观文件。单击“添加”按钮，LabelSkinFile.skin 就会添加在“主题 1”目录下。

(4) 双击新建的 LabelSkinFile.skin 文件，打开该文件，在里面可以看到的代码如程序清单 5.1 所示。

程序清单 5.1　LabelSkinFile.skin 皮肤文件

```
<%--
默认的外观模板。以下外观仅作为示例提供。
1. 命名的控件外观。SkinId 的定义应唯一，因为在同一主题中不允许一个控件类型有重复的
   SkinId。
<asp:GridView runat="server" SkinId="gridviewSkin" BackColor="White" >
<AlternatingRowStyle BackColor="Blue" />
</asp:GridView>
2. 默认外观。未定义 SkinId。在同一主题中每个控件类型只允许有一个默认的控件外观。
<asp:Image runat="server" ImageUrl="~/images/image1.jpg" />
--%>
```

程序说明：上面代码是一段对外观文件编写的说明性文字，告诉程序员以何种格式来编写控件的外观属性定义。第 4 行和第 8 行提供了两个外观定义的示例。

按照说明格式，编写一个 Label 控件的外观属性定义。代码如下。

```
<asp:Label runat="server" BackColor="Blue"></asp:Label>
```

通过以上几步，可以应用于整个网站项目的主题就建立完成了。此外，在建立主题的时候需要注意以下几项。

- 主题目录放在专用目录 App_Themes 的下面。
- 专用目录下可以放多个主题目录。
- 皮肤文件放在“主题目录”下。
- 每个主题目录下面可以放多个皮肤文件，但系统会把多个皮肤文件合并在一起，把这些文件视为一个文件。
- 对控件显示属性的定义放在以“.skin”为后缀的皮肤文件中。

5.1.3 主题的应用

在网页中使用某个主题都会在网页定义中加上“Theme=[主题目录]”的属性。示例代码如下。

```
<%@ Page Theme="Themes1" … %>
```

为了将主题应用于整个项目，可以在项目根目录下的 web.config 文件中进行配置。示例代码如程序清单 5.2 所示。

程序清单 5.2　将主题应用于整个项目

```
1. <configuration>
2. <system.web>
3. <Pages Themes="Themes1"></Pages>
4. </system.web>
5. </configuration>
```

程序说明；第 3 行代码通过设置属性 Themes 为 Themes1 来把该主题应用于整个项目。只有遵守上述配置规则，在皮肤文件中定义的显示属性才能够起作用。

在设计阶段看不出来主题带来的控件显示方式的变化，只有运行起来才能看到它的效果。

此外，在 ASP.NET 中属性设置的作用策略是这样的：如果设置了页的主题属性，则主题和页中的控件设置将进行合并，以构成控件的最终属性设置。如果同时在控件和主题中定义了同样的属性，则主题中的控件属性设置将重写控件上的任何页设置。这种属性使用策略明显有这样一个好处：通过主题可以为页面上的控件定义统一的外观，同时如果修改了主题的定义，页面上的控件的属性也会跟着做统一的变化。

下面就通过一个例子来介绍如何使用主题。

例 5-1　主题的使用

这个例子是把在外观文件定义 TextBox、Label 和 Button 的属性的主题应用于网页设计中。步骤如下：

(1) 按照 5.1.2 节所讲述的步骤创建主题目录 Skin1。

(2) 在主题目录 Themes1 下添加外观文件，命名为 Skin1.skin。

(3) 在 SkinFile.skin 里添加代码如程序清单 5.3 所示。

程序清单 5.3　SkinFile.skin

```
1.    <asp:TextBox BackColor="#c4d4e0" ForeColor="#0b12c6" Runat="Server" />
2.    <asp:Label ForeColor="#0b12c6" Runat="Server" />
3.    <asp:Button BackColor="#c4d4e0" ForeColor="#0b12c6" Runat="Server" />
```

程序说明：第 1 行定义了 TextBox 控件的外观，这里设置了该控件的 BackColor 和 ForeColor 属性；第 2 行定义了 Label 控件的外观，这里设置了该控件的 ForeColor 属性；第 3 行定义了 Button 控件的外观，这里设置了该控件的 BackColor 和 ForeColor 属性。

(4) 双击 Default.aspx 文件，切换到“源”视图，加入代码如程序清单 5.4 所示。

程序清单 5.4　应用主题 Skin1

```
<%@ Page Language="C#" AutoEventWireup="true" Theme=" Skin1"    CodeFile="Default.aspx.cs"
Inherits="_Default" %>
```

程序说明：该行代码在 Page 指令中设置了属性 Theme 为 Skin1，表明把主题 Skin1 应用于该页面。

(5) 把 Default.aspx 文件切换到“设计”视图，从工具箱中拖入一个 Label 控件、一个 TextBox 控件和一个 Button 控件。运行效果如图 5-4 所示。

图 5-4　使用主题 Skin1 的效果图

5.1.4　SkinID 的应用

SkinID 是 ASP.NET 为 Web 控件提供的一个联系到皮肤的属性，用来标识控件使用哪种皮肤。有时需要同时为一种控件定义不同的显示风格，这时可以在皮肤文件中定义 SkinID 属性来区别不同的显示风格。例如，在 LabelSkinFile.skin 文件中对 Label 控件定义了 3 种显示风格的皮肤，代码如程序清单 5.5 所示。

程序清单 5.5　LabelSkinFile.skin 文件

```
1.  <asp:Label runat="server" CssClass="commonText"></asp:Label>
2.  <asp:Label runat="server" CssClass="MsgText" SkinID="MsgText"></asp:Label>
3.  <asp:Label runat="server" CssClass="PromptText" SkinID="PromptText"></asp:Label>
```

程序说明：第 1 行代码是默认定义，不包含 SkinID 属性，该定义作用于所有不声明 SkinID 属性的 Label 控件；第 2 行和第 3 行代码声明了 SkinID 属性，当使用其中一种样式定义时就需要在相应的 Label 控件中声明相应的 SkinID 属性。

添加一个名为 SkinIDApplication.aspx 的文件，添加代码如程序清单 5.6 所示。

程序清单 5.6　SkinIDApplication.aspx 文件

```
1.  <%@ Page Language="C#" AutoEventWireup="true" CodeBehind="SkinIDApplication.aspx.cs"
      Inherits="_5_2.SkinIDApplication" Theme="LabelSkinFile" %>
2.  <!DOCTYPE html>
3.  <html xmlns="http://www.w3.org/1999/xhtml" >
4.  <head runat="server">
5.    <title>无标题页</title>
6.  </head>
7.  <body>
8.  <form id="form1" runat="server">
9.  <div>
10. <asp:Label ID="Label1" runat="server" SkinID="PromptText">静夜思</asp:Label><br/>
11. <asp:Label ID="Label2" runat="server" SkinID="MsgText">李白</asp:Label><br/>
12. <asp:Label ID="Label3" runat="server">床前明月光，疑是地上霜。<br />举头望明月，
      低头思故乡。</asp:Label>
13.   </div>
14.   </form>
15.   </body>
16. </html>
```

程序说明：第 10 行代码设置属性 SkinID 为 PromptText，将应用名为 PromptText 的皮肤；第 11 行应用名为 MsgText 的皮肤；第 12 行代码没有设置属性 SkinID，将采用默认皮肤。

程序运行后，3 个 Label 控件分别使用不同的皮肤定义。运行效果如图 5-5 所示。

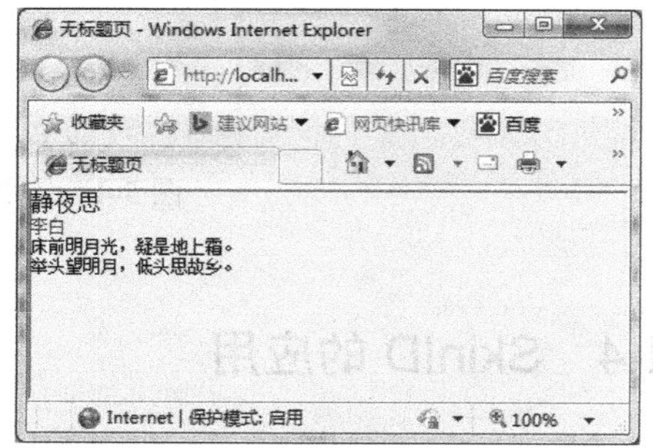

图 5-5　使用 SkinID 的例子

另外，当在一个页面中引用某个主题后，在定义控件的 SkinID 属性时就会自动弹出提示菜单以供选择，非常方便实用。

5.1.5　主题的禁用

主题将重写页和控件外观的本地设置，而当控件或页已经有预定义的外观，且又不希望主题重写它时，就可以利用禁用方法来忽略主题的作用。

禁用页的主题通过设置@Page 指令的 EnableTheming 属性为 false 来实现。例如：

```
<%@ Page EnableTheming="false" %>
```

禁用控件的主题通过将控件的 EnableTheming 属性设置为 false 来实现。例如：

```
<asp:Calendar id="Calendar1" runat="server" EnableTheming="false" />
```

5.2　母　版　页

母版页是 ASP.NET 提供的一种重用技术，使用母版页可以为应用程序中的页面创建一致的布局。单个母版页可以为应用程序中的所有页(或一组页)定义所需的外观和标准行为。然后可以创建包含要显示的内容的各个内容页。当用户请求内容页时，这些内容页与母版页合并以将母版页的布局与内容页的内容组合在一起输出。

5.2.1　概述

母版页为具有扩展名.master 的 ASP.NET 文件，它具有可以包括静态文本、HTML 元素和服务器控件的预定义布局。母版页由特殊的@Master 指令识别，该指令替换了用于普通.aspx 页的@Page 指令。该指令类看起来类似下面的代码。

```
<%@ Master Language="C#" %>
```

除在所有页上显示的静态文本和控件外，母版页还包括一个或多个 ContentPlaceHolder 控件。ContentPlaceHolder 控件称为占位符控件，这些占位符控件定义可替换内容出现的区域。

可替换内容是在内容页中定义的，所谓内容页就是绑定到特定母版页的 ASP.NET 页(.aspx 文件以及可选的代码隐藏文件)，通过创建各个内容页来定义母版页的占位符控件的内容，从而实现页面的内容设计。

在内容页的@Page 指令中通过使用 MasterPageFile 属性来指向要使用的母版页，从而建立内容页和母版页的绑定。例如，一个内容页可能包含@Page 指令，该指令将该内容页绑定到 Master1.master 页，在内容页中，通过添加 Content 控件并将这些控件映射到母版页上的 ContentPlaceHolder 控件来创建内容。示例代码如程序清单 5.7 所示。

程序清单 5.7　母版页的应用

```
1.  <%@Page Language="C#"
    MasterPageFile="~/Master.master"
    Title="内容页 1" %>
2.  <asp:Content ID="Content1" ContentPlaceHolderID="Main" Runat="Server">
3.  主要内容
4.  </asp:Content>
```

程序说明：第 1 行代码在 Page 指令中设置了属性 MasterPageFile 为 Master.master，表示该页面母版页为 Master.master；第 2～4 行定义了内容页。

母版页具有下面的优点。

- 使用母版页可以集中处理页的通用功能，以便可以只在一个位置上进行更新。
- 使用母版页可以方便地创建一组控件和代码，并将结果应用于一组页。例如，可以在母版页上使用控件来创建一个应用于所有页的菜单。
- 通过允许控制占位符控件的呈现方式，母版页使用户可以在细节上控制最终页的布局。
- 母版页提供一个对象模型，使用该对象模型可以从各个内容页自定义母版页。

在运行时，母版页是按照下面的步骤进行处理的。

(1) 用户通过输入内容页的 URL 来请求某页。

(2) 获取该页后，读取@Page 指令。如果该指令引用一个母版页，则也读取该母版页。如果是第一次请求这两个页，则两个页都要进行编译。

(3) 将包含更新的内容的母版页合并到内容页的控件树中。

(4) 将各个 Content 控件的内容合并到母版页中相应的 ContentPlaceHolder 控件中。

(5) 在浏览器中呈现得到的合并页。

5.2.2　创建母版页

母版页中包含的是页面公共部分，即网页模板。因此，在创建示例之前，必须判断哪些内容是页面公共部分，这就需要从分析页面结构开始。在下文中，假设页面名为 Index.aspx 的页面为某网站中的一页，该页面的结构如图 5-6 所示。

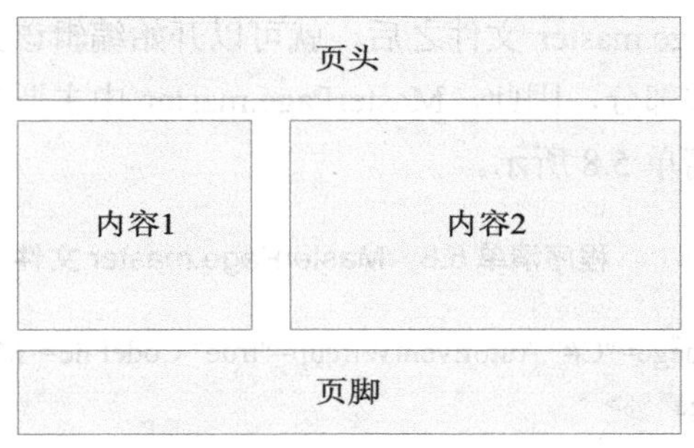

图 5-6　页面结构图

通过分析可知，页面 Index.aspx 由 4 个部分组成：页头、页脚、内容 1 和内容 2。其中页头和页脚是 Index.aspx 所在网站中页面的公共部分，网站中许多页面都包含相同的页头和页脚。内容 1 和内容 2 是页面的非公共部分，是 Index.aspx 页面所独有的。结合母版页和内容页的有关知识可知，如果使用母版页和内容页来创建页面 Index.aspx，那么必须创建一个母版页 MasterPage.master 和一个内容页 Index.aspx。其中母版页包含页头和页脚等内容，内容页中则包含内容 1 和内容 2。下面通过一个例子讲述母版页的创建过程。

例 5-2　母版页的创建

步骤如下。

(1) 使用 Visual Studio 2012 创建一个普通 Web 站点，名为 Sample5-3。然后，在站点根目录下创建一个名为 MasterPage.master 的母版页。由于这是一个添加新文件的过程，因此，右击网站，在弹出的快捷菜单中执行“添加”|“新建项”命令，可以打开如图 5-7 所示的对话框。

(2) 选择“母版页”图标，并且设置“文件名”为“MasterPage.master”，单击“确定”按钮，则创建一个 MasterPage.master 文件和一个 MasterPage.master.cs 文件。

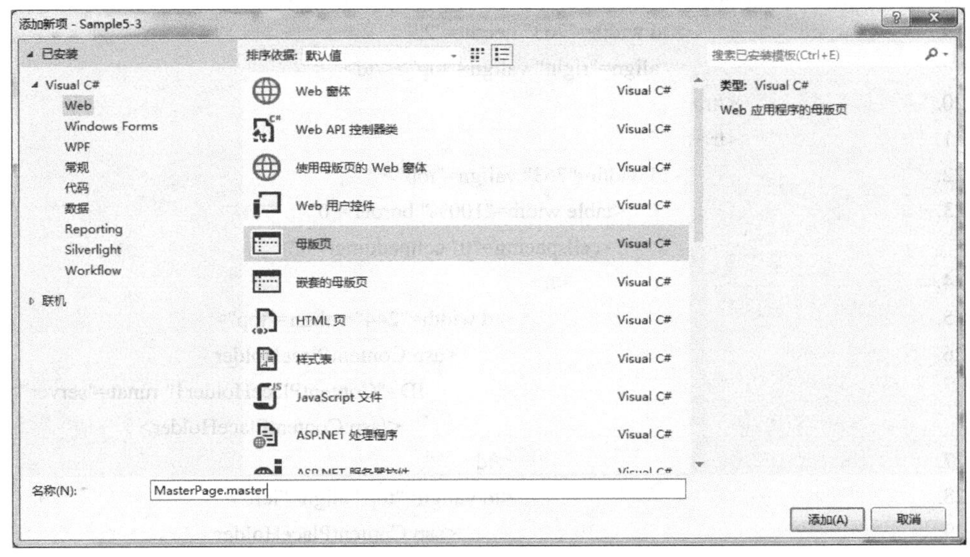

图 5-7　添加母版页

(3) 在创建 MasterPage.master 文件之后，就可以开始编辑该文件了。根据前文说明，母版页中只包含页面公共部分，因此，MasterPage.master 中主要包含的是页头和页脚的代码。具体源代码如程序清单 5.8 所示。

程序清单 5.8　MasterPage.master 文件

```
<%@ Master Language="C#" AutoEventWireup="true" CodeFile="MasterPage.master.cs"
Inherits="MasterPage" %>
<!DOCTYPE html >
<html xmlns="http://www.w3.org/1999/xhtml" >
<head runat="server">
    <title>无标题页</title>
</head>
<body leftmargin="0" topmargin="0" >
    <form id="form1" runat="server">
        <div align="center">
        <table width="763" height="100%" border="0"
          cellpadding="0" cellspacing="0" bgcolor="#FFFFFF">
            <tr>
            <td width="763" height="86" align="right"
              valign="top" background="Images/head.jpg">
                </td>
        </tr>
            <tr>
                <td width="763" height="53" align="right"
                  valign="bottom" ></td>
            </tr>
            <tr>
                <td width="763" height="22"
                  align="right" valign="top"></td>
            </tr>
            <tr>
                <td width="763" valign="top">
                    <table width="100%" border="0"
                      cellspacing="0" cellpadding="0">
                        <tr>
                            <td width="244" valign="top">
                                <asp:ContentPlaceHolder
                                  ID="ContentPlaceHolder1" runat="server">
                                    </asp:ContentPlaceHolder>
                            </td>
                            <td valign="top" align="left">
                                <asp:ContentPlaceHolder
                                  ID="ContentPlaceHolder2" runat="server">
                                    </asp:ContentPlaceHolder>
```

```
30.                                 </td>
31.                             </tr>
32.                         </table>
33.                     </td>
34.                 </tr>
35.                 <tr>
36.                     <td width="763" height="1"></td>
37.                 </tr>
38.                 <tr>
39.                     <td width="763" height="35"
                          align="center" class="baseline">&copy;Copyright Xiaorong Office</td>
40.                 </tr>
41.             </table>
42.             </div>
43.     </form>
44. </body>
45. </html>
```

程序说明：以上是母版页 MasterPage.master 的源代码，与普通的.aspx 源代码非常相似，例如，包括<html>、<body>、<form>等 Web 元素，但是，与普通页面还是存在差异的。差异主要有两处：差异一是第 1 行代码不同，母版页使用的是 Master，而普通.aspx 文件使用的是 Page。除此之外，两者在代码头方面是相同的。差异二是母版页中声明了控件 ContentPlaceHolder，而在普通.aspx 文件中是不允许使用该控件的。在 MasterPage.master 的源代码中，共声明了两个 ContentPlaceHolder 控件，用于在页面模板中为内容 1 和内容 2 占位。ContentPlaceHolder 控件本身并不包含具体的内容设置，仅是一个控件声明。

如图 5-8 所示，显示了 MasterPage.master 文件的设计时视图。

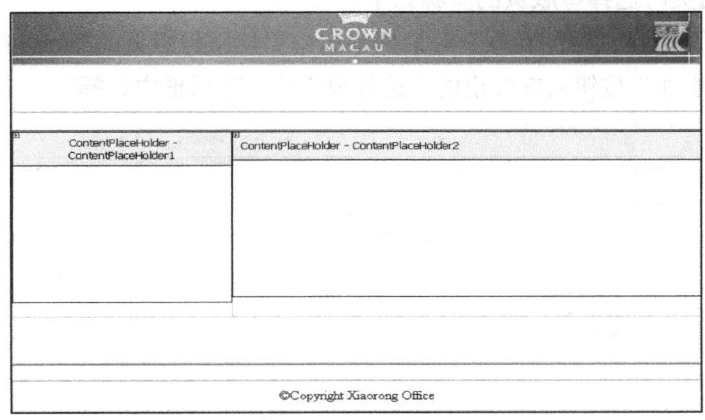

图 5-8　母版设计时视图

使用 Visual Studio 2012 可以对母版页进行编辑，并且它完全支持“所见即所得”功能。无论在代码模式下，还是设计模式下，使用 Visual Studio 编辑母版页的方法，与编辑普通.aspx 文件是相同的。图 5-8 中两个矩形框表示 ContentPlaceHolder 控件。开发人员可以直接在矩形框中添加内容，所设置内容的代码将包含在 ContentPlaceHolder 控件声明代码中。

5.2.3　在母版页中放入网页的方法

本节分两部分来讲解，第一部分是在母版页中放入新建的网页，第二部分是在母版页中放入存在的网页。

1. 在母版页中放入新建网页

在母版页中放入新网页的方法有两种，第一种是直接在母版页中生成新网页，第二种是在建立新网页时选择母版页。

在母版页中生成新网页的步骤如下。

(1) 打开母版页。

(2) 右击 ContentPlaceHolder 控件，在弹出的快捷菜单中选择“添加内容页”命令，以确定内含的新网页，如图 5-9 所示。

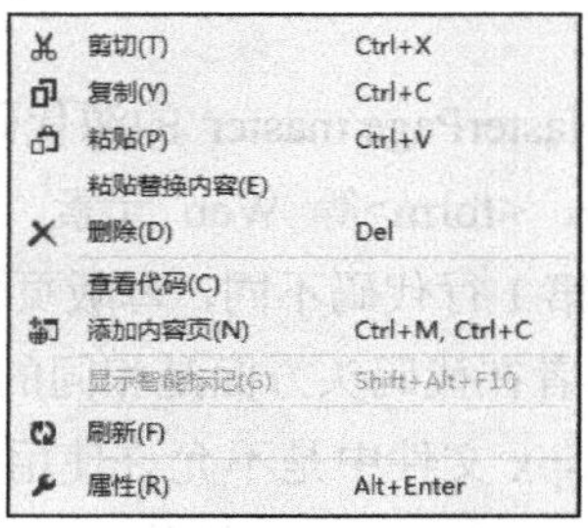

图 5-9　添加内容页

(3) 右击新网页，在弹出的快捷菜单中选择“编辑主表”命令，编辑该网页。

在建立新网页时选择母版页的步骤如下。

(1) 新建网页，在“添加新项”对话框中选中“使用母版页的 Web 窗体”模板。

(2) 单击“添加”按钮后在弹出的“选择母版页”对话框中选择项目中存在的母版页，如图 5-10 所示。

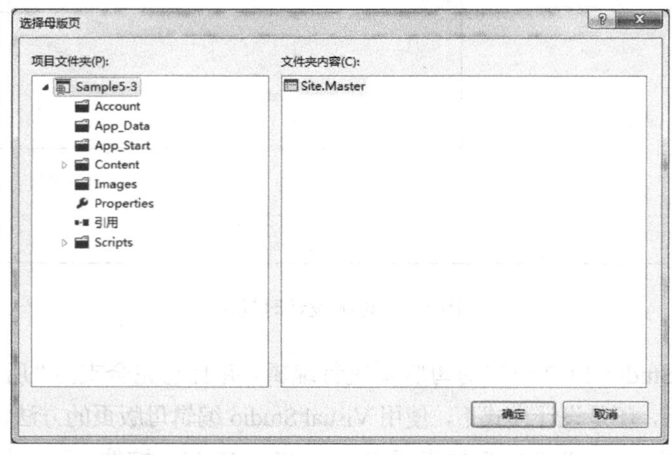

图 5-10　“选择母版页”对话框

(3) 单击“确定”按钮后，新网页就放入母版页中了。

2. 在母版页中放入存在的网页

通常通过手工加入或修改一些代码来使存在的网页嵌入母版页中。步骤如下。

(1) 进入存在的网页的代码视图，在页面指示语句中增加与母版页相关联的属性，代码如下。

```
<%@ Page Language="C#" AutoEventWireup="true"   CodeFile="Default.aspx.cs" Inherits="_Default"
        MasterPageFile="~/MasterPage.master"%>
```

其中 MasterPageFile 属性是与母版页相关联的属性，其值为相应的母版页文件所在路径。

(2) 删除标记，如<html>、<head>、<body>、<form>等，因为母版页中已经存在相同的标记，删除它们以避免重复。

(3) 增加<Content>标记，并添加相应的属性，注意 ContentPlaceHolderID 的值应与母版页相同。修改后的代码格式如下。

```
<%@ Page Language="C#" MasterPageFile="~/MasterPage.master" AutoEventWireup="true"
CodeFile="Default3.aspx.cs" Inherits="Default3" Title="Untitled Page" %>
<asp:Content ID="Content1" ContentPlaceHolderID="ContentPlaceHolder1" Runat="Server">
…
</asp:Content>
<asp:Content ID="Content2" ContentPlaceHolderID="ContentPlaceHolder2" Runat="Server">
…
</asp:Content>
```

利用以上方法，向图 5-8 所示的母版页中插入一个内容页，效果如图 5-11 所示。

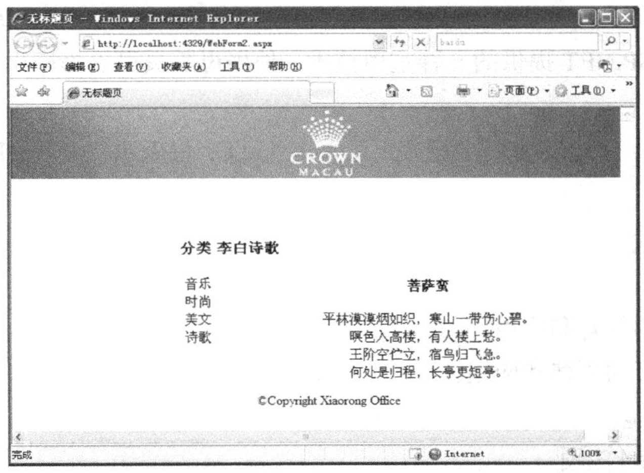

图 5-11　母版页和内容页的运行效果图

5.3 习　题

5.3.1 填空题

1. 母版页文件的扩展名是______。

2. 在内容页中，通过添加______控件并将这些控件映射到母版页上的______控件来创建内容。

3. 禁用控件的主题通过将控件的_____属性设置为_____来实现。

4. 主题是有关页面和控件的_____设置的集合，由一组元素组成，包括_____、_____、_____和_____。

5. 在母版页中放入网页的方法包括：_____和_____。

5.3.2 选择题

1. 下面_____ 是@Master 指令中可以设置的属性。

   A. CodeFile　　B. Debug　　C. Application　　D. Inherits

2. 有_____种常用的在页面中使用母版页的方法。

   A. 1　　B. 2　　C. 3　　D. 4

3. 主题至少包含_____。

   A. 外观文件　　B. 级联样式表(CSS)　　C. 图像　　D. 其他资源

4. _____是 ASP.NET 为 Web 控件提供的一个联系到皮肤的属性。

   A. SkinID　　B. runat　　C. text　　D. ID

5. _____是 ASP.NET 提供的一种重用技术，使用母版页可以为应用程序中的页面创建一致的布局。

   A. CSS　　B. 主题　　C. 母版页　　D. 以上都不是

5.3.3 问答题

1. 简述主题的创建和应用。

2. 简述母版页的创建和应用。

5.3.4 上机操作题

1. 创建 3 个主题，分别都定义 TextBox 控件，然后在页面根据下拉列表的选择来更换不同的主题，效果如图 5-12 所示。

图 5-12　用户注册程序

2. 使用母版页创建一个网站的页面布局，效果如图 5-13 所示。

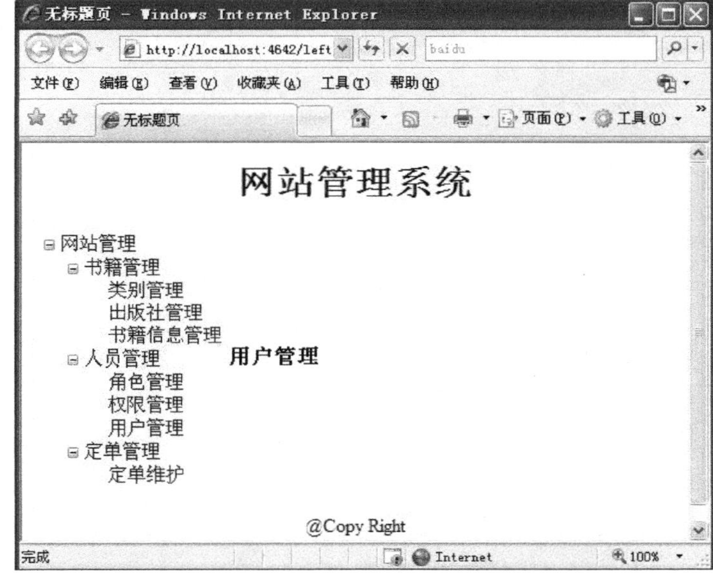

图 5-13　网站的页面布局

第6章 页 面 导 航

随着站点内容的增加以及用户在站点内来回移动网页，管理所有的链接可能会变得比较困难。ASP.NET 站点导航能够在一个中央位置存储指向所有页面的链接，并在列表中呈现这些链接，也可以使用一个特定 Web 服务器控件在每页上呈现导航菜单。设计站点导航时，使用站点地图描述站点的逻辑结构，使用 ASP.NET 控件在网页上显示导航菜单，通过代码把这两者完美地结合起来，为用户导航站点提供一致的方法。

本章重点：

- 站点导航的定义
- SiteMapDataSource 服务器控件的使用
- TreeView 服务器控件的使用
- Menu 服务器控件的使用

6.1 站 点 导 航

一个网站有很多个页面，每个页面都有一个地址，为了能够在这些页面方便地跳转，可以把这些地址存储在一个文件中，然后把这些地址数据显示在页面上的树形控件或菜单控件中以方便页面的导航。

6.1.1 基于 XML 的站点地图

站点地图描述站点的逻辑结构。在添加或移除页面时，可以通过修改站点地图(而不是修改所有网页的超链接)来管理页面导航。默认情况下，站点导航系统使用一个包含站点层次结构的 XML 文件。不过，也可以将站点导航系统配置为使用其他数据源。

创建站点地图最简单的方法是创建一个名为 Web.sitemap 的 XML 文件，该文件按站点的分层形式组织页面。ASP.NET 的默认站点地图提供程序自动选取此站点地图。

除了 ASP.NET 的默认站点地图提供程序之外，Web.sitemap 文件还可以引用其他站点地图提供程序或其他站点地图文件，但这些文件必须属于该站点的其他目录或者同一应用程序中的其他站点。

下面创建一个名为 http://localhost/MyRoot/chap06/NavigatorTest 的网站，除了随网站自动创建的 Default.aspx 页面之外，再创建两个页面 Computer.aspx 和 Math.aspx，网页创建完毕之后，右击网站名称，在弹出的快捷菜单中执行“添加”|“新建项”命令，弹出“添

加新项”对话框。在该对话框中选择“站点地图”选项，如图 6-1 所示。

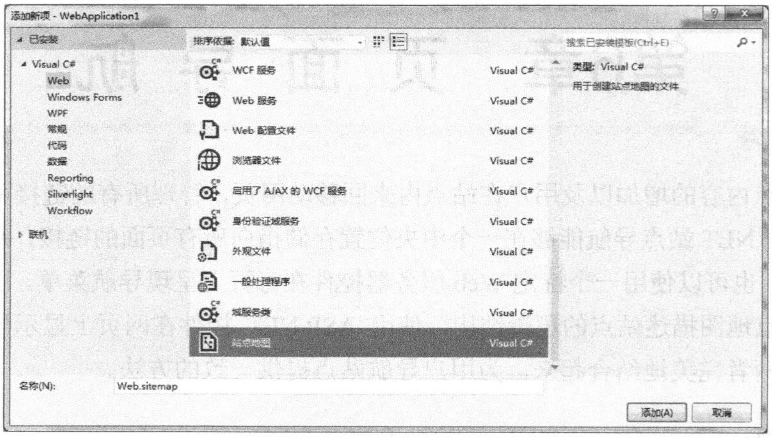

图 6-1　站点地图

单击“添加”按钮，把站点地图添加到网站中。打开该文件，其代码程序如下所示：

```
<?xml version="1.0" encoding="utf-8" ?>
<siteMap xmlns="http://schemas.microsoft.com/AspNet/SiteMap-File-1.0" >
    <siteMapNode url="" title=""  description="">
        <siteMapNode url="" title=""  description="" />
        <siteMapNode url="" title=""  description="" />
    </siteMapNode>
</siteMap>
```

可以根据创建的网站来填充该文件中三个 SiteMapNode 元素的内容，url 表示该网页的地址，title 属性定义通常用作链接文本的文本，description 属性同时用作文档和 SiteMapNode 控件中的工具提示。可以通过嵌入 SiteMapNode 元素创建层次结构，这里使 Default.aspx 为最外层的页面，software.aspx 和 hardware.aspx 作为 Default.aspx 页面的下一层，该文件最终的代码如程序清单 6.1 所示。

程序清单 6.1　Web.sitemap 文件

```
1.  <?xml version="1.0" encoding="utf-8" ?>
2.  <siteMap xmlns="http://schemas.microsoft.com/AspNet/SiteMap-File-1.0" >
3.      <siteMapNode url="~/Default.aspx" title="书籍"  description="全部书籍">
4.          <siteMapNode url="~/Computer.aspx" title="计算机书籍" description="计算机书籍的书店" />
5.        <siteMapNode url="~/Math.aspx" title="数学书籍" description="数学书籍的书店" />
6.  </siteMapNode>
7.  </siteMap>
```

程序说明：第 3 行定义了最外层的元素，名称为“书籍”，第 4 行和第 5 行定义了“书籍”元素的第一层子元素。还可以在“书籍”的子元素中继续嵌套定义新的元素。这段代码中，url 属性可以以快捷方式“~/”开头，该快捷方式表示应用程序根目录。

6.1.2 SiteMapDataSource 服务器控件

SiteMapDataSource 是一个数据源控件，Web 服务器控件及其他控件可使用该控件绑定到分层的站点地图数据。SiteMapDataSource 控件是站点地图数据的数据源，站点数据则由为站点配置的站点地图提供程序进行存储。SiteMapDataSource 使那些并非专门作为站点导航控件的 Web 服务器控件(如 TreeView、Menu 和 DropDownList 控件)能够绑定到分层的站点地图数据。可以使用这些 Web 服务器控件将站点地图显示为一个目录，或者对站点进行主动式导航。

SiteMapDataSource 绑定到站点地图数据，并基于在站点地图层次结构中指定的起始节点，在 Web 服务器控件中显示其视图。默认情况下，起始节点是层次结构的根节点，但也可以是层次结构中的任何其他节点。起始节点由以下几个 SiteMapDataSource 属性的值来标识：

- 层次结构的根节点(默认设置)：StartFromCurrentNode 属性为 false，未设置 StartingNodeUrl。
- 表示当前正在查看的页的节点：StartFromCurrentNode 为 true，未设置 StartingNodeUrl。
- 层次结构的特定节点：StartFromCurrentNode 为 false，已设置 StartingNodeUrl。

站点地图数据是从 SiteMapProvider 对象中检索的。可指定为站点配置的任何提供程序向 SiteMapDataSource 提供站点地图数据，并且通过访问 SiteMap.Providers 集合可获得可用提供程序的列表。如果没有指定提供程序，则使用 ASP.NET 的默认站点地图提供程序 XmlSiteMapProvider。

需要指出的是，SiteMapDataSource 专用于导航数据，不支持排序、筛选、分页或缓存之类的常规数据源操作，也不支持更新、插入或删除之类的数据记录操作。

6.2 TreeView 服务器控件

TreeView 类用于在树结构中显示分层数据，如目录。它支持很多种功能，如数据绑定(把控件的节点绑定到 XML、表格或关系数据)、客户端节点填充(必须在支持该技术的浏览器上)和站点导航。这里只学习如何使用 TreeView 控件实现站点导航。

使用 TreeView 进行站点导航必须通过与 SiteMapDataSource 控件集成实现，下面通过一个例子来了解具体步骤。

例 6-1 TreeView 控件

首先在 http://localhost/straight-forward/chap06/NavigatorTest 页面中加入如程序清单 6.2 所示的代码。

程序清单 6.2　Default.aspx 中加入 TreeView 控件

```
1.  <%@ Page Language="C#" AutoEventWireup="true" CodeFile="Default.aspx.cs" Inherits="_Default" %>
2.  <!DOCTYPE html >
3.  <html xmlns="http://www.w3.org/1999/xhtml">
4.  <head runat="server">
5.      <title>网络书店</title>
6.      <script runat="server">
7.  </script>
8.  </head>
9.  <body>
10.     <form id="form1" runat="server">
11.         <div>
12.          <%--获取网站的层次结构--%>
13.          <asp:SiteMapDataSource ID="SiteMapDataSource1" runat="server" />
14.             <h2>
15.                 使用 TreeView 控件进行站点导航</h2>
16.             <asp:TreeView ID="TreeView1" runat="Server"
                 DataSourceID="SiteMapDataSource1">
17.         </asp:TreeView>
18.         </div>
19.     </form>
20. </body>
21. </html>
```

程序说明： 第 5 行设置了网页的标题，在创建网页时，如果不选择“将代码放在单独的文件中”复选框，那么在创建的网页的源代码中程序会自动加入一个 script 块，如第 6 行和第 7 行所示，以便用户编写脚本语言。第 13 行设置了站点地图的数据源，这里 SiteMapDataSource 采用的是默认设置，它的根节点就是 Web.sitmap 文件中层次结构的根节点，也就是“书籍”节点。第 16 行通过设置 TreeView 的 DataSourceID 把 SiteMapDataSource 和 TreeView 绑定在一起，这样 TreeView 就和网站的层次结构建立起联系，每个节点表示一个网页。

接下来在 Computer.aspx 的“设计”视图中输入“欢迎选购计算机书籍”，在 Math.aspx 的“设计”视图中输入“欢迎选购数学书籍”。这两个网页的内容比较简单，这里就不介绍了。

运行该程序，弹出的网页如图 6-2 所示。

单击“计算机书籍”链接，进入的网页如图 6-3 所示。

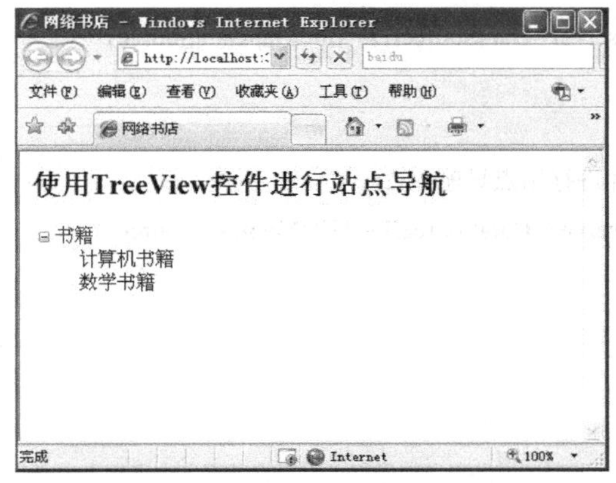

图 6-2 TreeView 控件示例

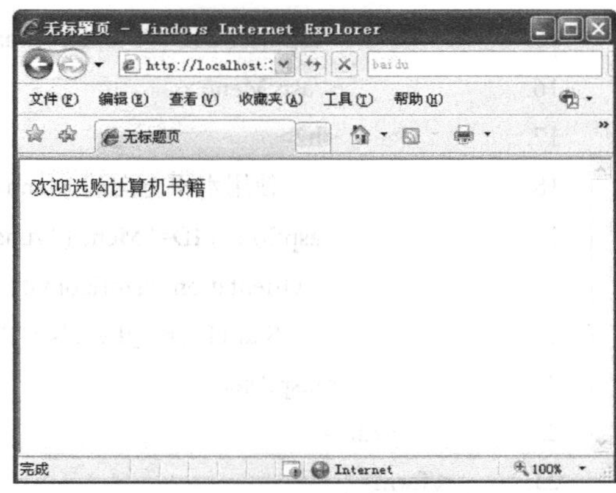

图 6-3 选购软件网页

6.3 Menu 服务器控件

Menu 控件用于显示 Web 窗体页中的菜单，该控件支持下面的功能。

- 数据绑定：将控件菜单项绑定到分层数据源。
- 站点导航：通过与 SiteMapDataSource 控件集成实现。

对 Menu 对象模型的编程访问，可动态创建菜单，填充菜单项，设置属性等。

可自定义外观，通过主题、用户定义图像、样式和用户定义模板实现。

例 6-2 Menu 控件

这个例子介绍如何使用 Menu 控件实现站点导航，这里还使用本章创建的网站。修改 Default.aspx 中的内容，最终代码如程序清单 6.3 所示。

程序清单 6.3 Default.aspx 中使用 Menu 实现站点导航

```
<%@ Page Language="C#" AutoEventWireup="true" CodeFile="Default.aspx.cs" Inherits="_Default" %>
<!DOCTYPE html >
<html xmlns="http://www.w3.org/1999/xhtml">
<head runat="server">
    <title>网络书店</title>
    <script runat="server">
</script>
</head>
<body>
    <form id="form1" runat="server">
        <div>
            <asp:SiteMapDataSource ID="SiteMapDataSource1" runat="server" />
            <h2>
                使用 Menu 控件进行站点导航</h2>
```

```
15.                <asp:Menu ID="Menu2" runat="server" DataSourceID="SiteMapDataSource1">
16.                </asp:Menu>
17.                <h2>
18.                    使用水平方向的 Menu 控件进行站点导航</h2>
19.                <asp:Menu ID="Menu1" runat="server" DataSourceID="SiteMapDataSource1"
                     Orientation="Horizontal"
20.                    StaticDisplayLevels="2">
21.                </asp:Menu>
22.            </div>
23.        </form>
24. </body>
25. </html>
```

程序说明：与前面类似，在第 12 行，仍然使用 SiteMapDataSource 控件来获取网站的层次结构，该控件仍然使用默认设置，不过这次和它绑定的控件是 Menu。第 15 行中，Menu 控件通过指定 DataSourceID 和数据源建立起联系。此外，还可以通过指定菜单的 Orientation 属性设置菜单的排列方式。该属性的值可以是 Horizontal 或 Vertical，分别表示水平或者垂直呈现 Menu 控件。

运行该程序，弹出的网页如图 6-4 所示。

把光标放在第一行的“书籍”处，展开该菜单，如图 6-5 所示。

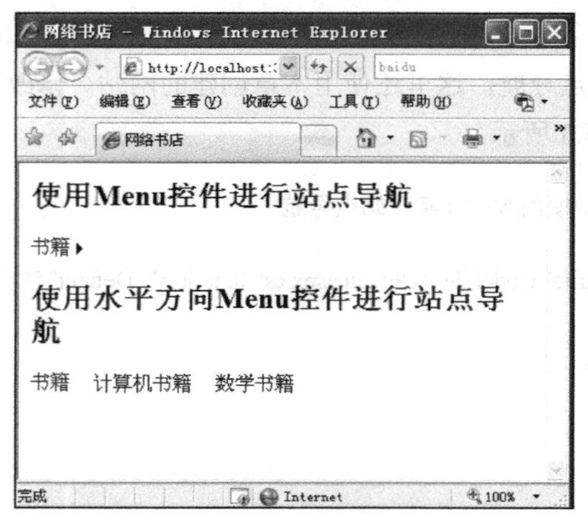

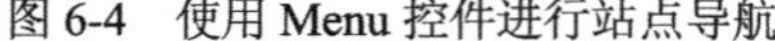
图 6-4　使用 Menu 控件进行站点导航

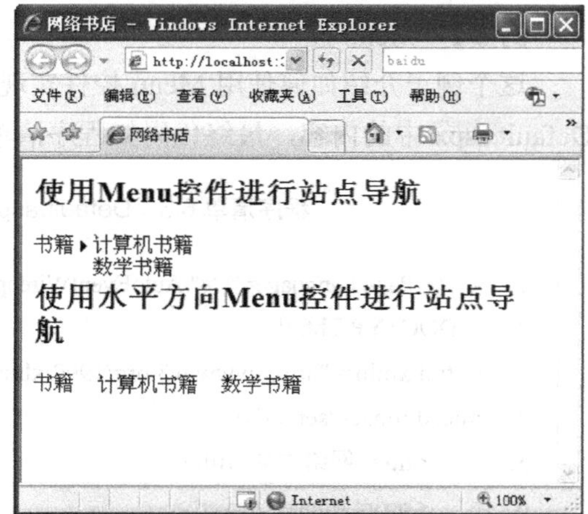

图 6-5　展开菜单

单击展开的“计算机书籍”链接或者单击下面的“计算机书籍”链接，网页重定向到 Computer.aspx 页面，如图 6-6 所示。

图 6-6　选购硬件

6.4　习　　题

6.4.1　填空题

1. 设计站点导航时，使用________描述站点的逻辑结构，使用________在网页上显示导航菜单，通过________把这两者完美地结合起来。

2. 除了 ASP.NET 的默认站点地图提供程序之外，Web.sitemap 文件还可以引用_____或______，但这些文件必须属于________或者________的其他站点。

3. SiteMapDataSource 绑定到__________，并基于在站点地图层次结构中指定的________，在 Web 服务器控件中显示其视图。

6.4.2　选择题

1. 使用 TreeView 进行站点导航必须通过与________控件集成实现。

   A. SiteMapDataSource　　B. SiteMap　　C. SiteMapPath　　D. Menu

2. Menu 控件用于显示 Web 窗体页中的菜单，该控件不支持________功能。

   A. 数据绑定　　B. 站点导航

   C. 显示表的内容　　D. 对 Menu 对象模型的编程访问

3. SiteMapDataSource 的作用是________。

   A. 导航数据　　B. 排序数据

   C. 分页数据　　D. 删除数据

6.4.3　问答题

1. 简述站点地图的作用。

2. 概述 SiteMapDataSource 控件及其作用。

6.4.4　上机操作题

1. 创建一个网站，该网站包含一个用于描述动物信息的网页 Animal.aspx，此外，还包括一个用于描述猫信息的网页 Cat.aspx 和一个用于描述狗信息的网页 Dog.aspx，使用 TreeView 对该网站进行站点导航。导航页面的运行效果如图 6-7 所示。

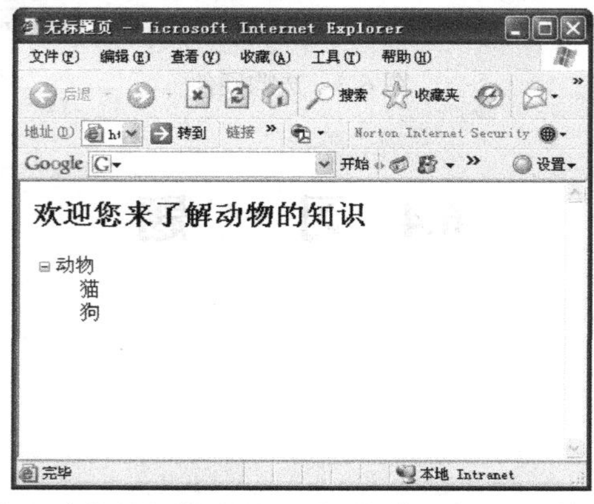

图 6-7　使用 TreeView 控件导航网站

2. 创建一个网站，该网站不仅包含一个主操作页面 main.aspx，还包含一个帮助页面 help.aspx、一个数据导入页面 import.aspx、一个数据导出页面 export.aspx、一个查询数据的页面 findData.aspx 和一个数据统计页面 summary.aspx，使用 Menu 控件对该网站进行导航。运行效果如图 6-8 所示。

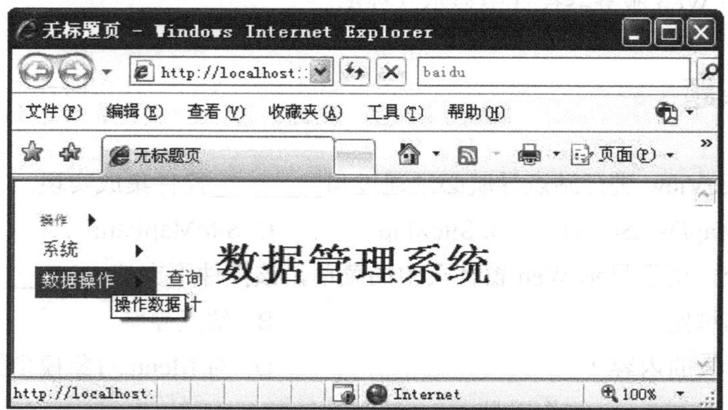

图 6-8　使用 Menu 控件对该网站进行导航

第7章　ASP.NET常用对象

.NET Framework 包含一个巨大的对象类库，在 Web 开发中完成的许多工作都要用到由这些类定义的对象。这些类的意义重大，因为它表示有大量现成的功能可供使用。只需编写较少的代码，就可以简单快速地完成任务。其中有一些类已经很熟悉了，而另一些类还需要花些时间，但是这些时间的投入是值得的。

本章重点：

- 基本输入/输出对象
- Server 对象
- Cookie 对象
- Session 对象和 Application 对象

7.1　基本输出对象 Response

Response 对象提供对当前页的输出流的访问。可以使用该对象将文本插入页中、编写 Cookie 等。Response 对象属于 HttpResponse 类型，当访问 Page 类的 Response 属性时，它返回该对象，然后就可以使用该对象中的方法。HttpResponse 类封装来自 ASP.NET 操作的 HTTP 响应信息。

7.1.1　Response 对象的属性和方法

HttpResponse 的属性和方法很丰富，这里只介绍它最重要的属性和方法，如表 7-1 所示。

表 7-1　HttpResponse 类的重要属性和方法

属性/方法	说　明
Buffer	获取或设置一个值，该值指示是否缓冲输出，并在完成处理整个响应之后将其发送
ContentType	获取或设置输出流的 HTTP MIME 类型
Cookies	获取响应 Cookie 集合
Clear	清除缓冲区流中的所有内容输出
Flush	向客户端发送当前所有缓冲的输出，该方法将当前所有缓冲的输出强制发送到客户端。在请求处理的过程中可多次调用 Flush

(续表)

属性/方法	说　　明
End	将当前所有缓冲的输出发送到客户端，停止该页的执行，并引发 EndRequest 事件
Redirect	将客户端重定向到新的 URL
Write	将信息写入 HTTP 响应输出流，如果打开缓存器，它就写入缓存器并等待稍后发送
WriteFile	将指定的文件直接写入 HTTP 响应输出流

Response 对象的 Redirect 方法可以将客户端重定向到新的 URL。其语法定义如下所示。

```
public void Redirect(string url);
public void Redirect(string url, bool endResponse);
```

其中，url 为要重新定向的目标网址，endResponse 指示当前页的执行是否应终止。例如代码 Response.Redirect("http://www.yahoo.com")可以把页面重新定向到 Yahoo 的主页上。

Write 方法用于将信息写入 HTTP 响应输出流，输出到客户端显示。其语法定义如下所示。

```
public void Write(char[], int, int);
public void Write(string);
public void Write(object);
public void Write(char);
```

可见，通过 Write 方法可以把字符数组、字符串、对象，或者一个字符输出显示。

WriteFile 方法可以将指定的文件直接写入 HTTP 响应输出流，其语法定义如下所示。

```
public void WriteFile(string filename);
public void WriteFile(string filename, long offset, long size);
public void WriteFile(IntPtr fileHandle, long offset, long size);
public void WriteFile(string filename, bool readIntoMemory);
```

其中参数 filename 为要写入 HTTP 输出流的文件名；参数 offset 为文件中将开始进行写入的字节位置；参数 size 为要写入输出流的字节数(从开始位置计算)；参数 fileHandle 是要写入 HTTP 输出流的文件的文件句柄；参数 readIntoMemory 指示是否将把文件写入内存块。

下面是其他几个 Response 对象的方法定义。

- BinaryWrite：将一个二进制字符串写入 HTTP 输出流。
- Clear：清除缓冲区流中的所有内容输出。
- ClearContent：清除缓冲区流中的所有内容。

- ClearHeaders：清除缓冲区流中的所有头信息。
- Close：关闭到客户端的套接字连接。
- End：将当前所有缓冲的输出发送到客户端，停止该页的执行，并引发 Application_EndRequest 事件。
- Flush：向客户端发送当前所有缓冲的输出。Flush 方法和 End 方法都可以将缓冲的内容发送到客户端显示，但是 Flush 与 End 的不同之处在于，Flush 不停止页面的执行。

7.1.2　输出字符串

下面通过一个例子介绍如何使用 HttpResponse 对象向客户端输出字符串。

例 7-1　输出字符串

首先创建一个名为 http://localhost/straight-forward/chap07 的网站，在该网站中添加一个 ASP.NET 页面，命名为 ResponseWrite.aspx，打开文件 ResponseWrite.aspx.cs，在 Page_Load 事件处理函数中加入如程序清单 7.1 所示的代码。

程序清单 7.1　ResponseWrite.aspx.cs

```
Response.Write("你好，欢迎使用 Response 对象！");
```

程序说明：代码利用方法 Write 向客户端输出一个字符串。

7.1.3　输出文件

下面通过一个例子来进一步介绍 HttpResponse 对象。

例 7-2　输出文件

首先创建一个名为 http://localhost/straight-forward/chap07 的网站，然后在该网站中添加一个网页，命名为 ResponseWriteFile.aspx。在该工程所在的文件夹中增加一个文本文件，在里面输入任意一段文字，然后把它保存为 file1.txt 文件。打开文件 ResponseWriteFile.aspx.cs，在 Page_Load 事件处理函数中加入如程序清单 7.2 所示的代码。

注意：

如果 file1.txt 文件的内容不全是 ASCII 字符，则需要把该文件保存为 Unicode 格式。

程序清单 7.2　ResponseWriteFile.aspx.cs

```
Response.Clear();//清空内存
//定义输出的文字编码格式
Response.ContentEncoding = System.Text.Encoding.GetEncoding("GB2312");
//获取要输出的文件路径
```

```
5.  String fileName2 = Request.PhysicalApplicationPath + "file1.txt";
6.  Response.WriteFile(fileName2);//输出文件内容
```

程序说明：第 1 行清空内存中的内容，第 3 行定义输出文字的编码格式，第 5 行获取要输出的文件路径，第 6 行利用方法 WriteFile 向客户端输出文件内容。

7.1.4 网页重定向

本节将通过一个实例介绍如何通过 Response.Redirect 方法实现页面的重新定向，关于 Response.Redirect 方法的详细说明可参考本章前面的介绍。

例 7-3 页面重定向

具体操作步骤如下：

(1) 在 http://localhost/straight-forward/chap07 网站中新增一个页面 PageTest.aspx。

(2) 切换到该网页的“设计”视图，在第一行输入“请选择你要登录的网站：”，然后在该网页中加入一个 DropDownList 控件，同时把网页的标题改为“重定向页面”。

(3) 网页中控件的属性如表 7-2 所示，未列出的属性采用默认值。

表 7-2 控件的属性

控 件 类 型	属　性	属 性 值
Document	Title	重定向页面
DropDownList	AutoPostBack	True
	ID	myDropDownList

除了上述属性外，DropDownList 控件还需要添加它的项。在“属性”窗体中单击 Items 右边的按钮，弹出“ListItem 集合编辑器”对话框。在该对话框中单击“添加”按钮，添加一个新的 Item，Text 和 Value 都设置为“没有选中网站”，然后重复该步骤，添加两个项，Text 和 Value 分别为 http://www.microsoft.com 和 http://www.google.com。最终结果如图 7-1 所示。

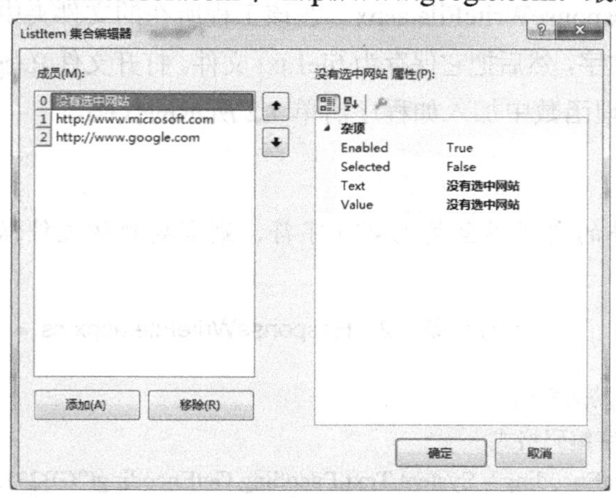

图 7-1 “ListItem 集合编辑器”对话框

最终得到的网页“设计”视图如图 7-2 所示。

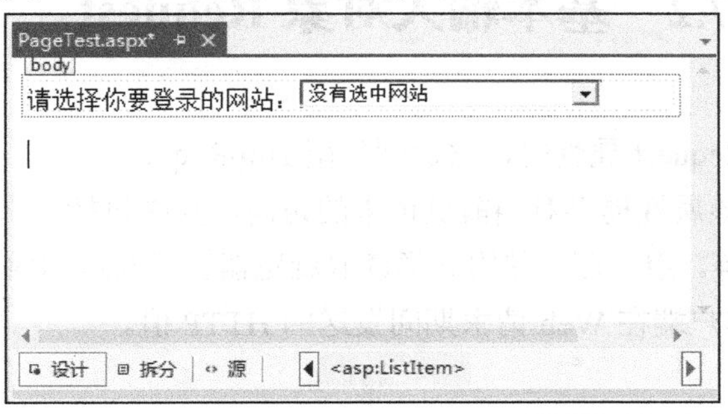

图 7-2　网页“设计”视图

属性设置完毕之后，双击 myDropDownList 控件，系统自动生成该控件的 SelectedIndexChanged 事件，并自动把该函数添加到“源”视图的 Script 元素中。该事件代码如程序清单 7.3 所示。

程序清单 7.3　myDropDownList 的 SelectedIndexChanged 事件

```
1.  protected void DropDownList1_SelectedIndexChanged(object sender, EventArgs e)
2.  {
3.      if (myDropDownList.SelectedIndex == 0)
4.          return;
5.      Response.Redirect(myDropDownList.SelectedItem.Text);
6.  }
```

程序说明：第 3 行判断 DropDownList 控件被选择的项是不是第一项，如果是第一项，则直接返回。第 5 行中，Response 属性获取与该 Page 对象关联的 HttpResponse 对象。该对象将 HTTP 响应数据发送到客户端，并包含有关该响应的信息。用户可以使用此类对象将文本插入页中、编写 Cookie 等。关于 Response 对象在后面会详细介绍，这里只要知道通过调用它的 Redirect 可以实现网页的重定向就可以了。

运行该程序，如图 7-3 所示。用户可以单击 ComboBox 控件，显示供选择的网址。选择完毕后，单击“确定”按钮，进入相应的主页。

图 7-3　选择网址

7.2　基本输入对象 Request

当访问 Page 类的 Request 属性时，它返回类型 HttpRequest 的一个对象，然后就可以使用该对象中的方法。该属性提供对当前页请求的访问，其中包括请求标题、Cookie、客户端证书、查询字符串等。用户可以使用此类读取浏览器已经发送的内容。HttpRequest 类使 ASP.NET 能够读取客户端在 Web 请求期间发送的 HTTP 值。

7.2.1　Request 对象的属性

HttpRequest 类功能强大，属性众多，限于篇幅，不能列举它的所有属性。其常见属性及说明如表 7-3 所示。

表 7-3　HttpRequest 类的常见属性及说明

属　性	说　明
ApplicationPath	说明被请求的页面位于 Web 应用程序的哪一个文件夹中
Path	与 ApplicationPath 相同，即返回页面完整的 Web 路径地址，而且还包括页面的文件名称
PhysicalApplicationPath	返回页面的完整路径，但它位于物理磁盘上，而不是一个 Web 地址
Browser	提供对 Browser 对象的访问，Browser 对象在确定访问者的 Web 浏览器软件和其功能时非常有用
Cookies	查看访问者在以前访问本站点时使用的 Cookies
IsSecureConnection	HTTP 连接是否使用加密
RequestType	是 Get 还是 Post 请求
QueryString	返回任何使用 Get 传输到页面的参数
Url	返回浏览器提交的完整地址，为了把 Url 对象保留的 Web 地址显示为字符串，可以使用其方法 ToString()
RawUrl	类似 Url，但省略了协议和域名部分
UserHostName	返回从 Web 服务器上请求页面的机器名称
UserHostAddress	请求页面机器的 IP 地址
UserLanguages	浏览器配置的语言设置

7.2.2　获取浏览器信息

下面通过一个例子来进一步介绍 HttpRequest 类。

例 7-4　获取浏览器信息

使用上一节创建的网站，添加一个名为 RequestTest.aspx 的网页，在该网页中显示发送请求的页面的机器名称、IP 地址和浏览器配置的语言设置。

打开该网站，切换到 RequestTest.aspx 的“设计”视图，在网页增加 3 个 Label 控件，属性保持不变。在 Label 控件的左侧添加文本，指示该控件显示的属性。最终设计的结果如图 7-4 所示。

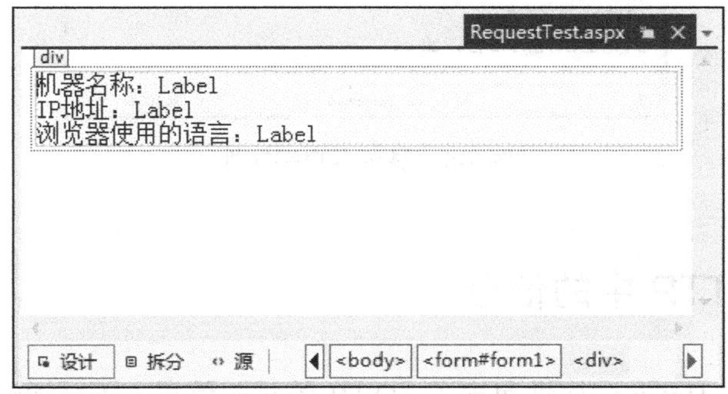

图 7-4 RequestTest.aspx 设计视图

在“设计”视图中双击空白处，进入该网页的“源”视图，此时光标在该网页的 Page_Load 函数中，在该函数中加入如程序清单 7.4 所示的代码。

程序清单 7.4 RequestTest.aspx 的 Page_Load 事件

```
1.  protected void Page_Load(object sender, EventArgs e)
2.  {
3.          if(!IsPostBack)
4.          {
5.              Label1.Text = Request.UserHostName;
6.              Label2.Text = Request.UserHostAddress;
7.              Label3.Text = Request.UserLanguages[0];
8.          }
9.  }
```

程序说明：第 3 行调用属性 IsPostBack 的作用是获取一个值，该值指示该页是否正为响应客户端回发而加载，或者它是否正被首次加载和访问。如果是为响应客户端回发而加载该页，则为 true；否则为 false。通过检查 IsPostBack 的返回值是否为 true 来确保检查版本号的操作在首次查看页面时进行。第 5～7 行中，使用了 Request 对象的 UserHostName、UserHostAddress 和 UserLanguages 属性，其中，UserLanguages 返回的是一个数组，获取客户端语言的首选项，这里显示它的第一项。

运行该程序，显示发出请求页的主机名、IP 地址和语言首选项，如图 7-5 所示。

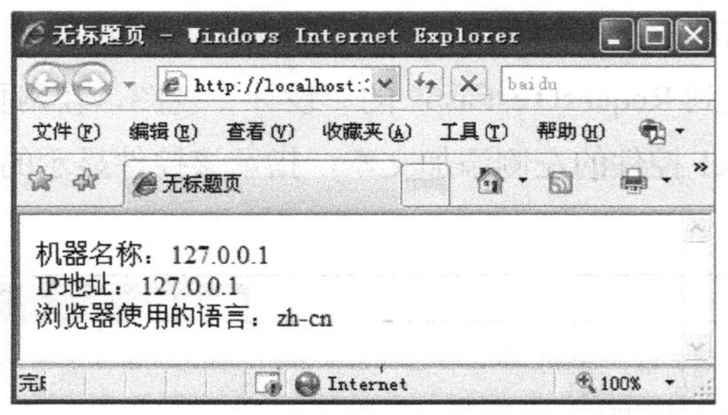

图 7-5　显示客户端属性

7.2.3　获取 HTTP 中的信息

Request 对象的 Headers 属性包含了 HTTP 的头部信息，下面通过实例介绍如何获得 HTTP 相关的信息。

例 7-5　获取 HTTP 中的信息

在这个实例中通过 NameValueCollection 对象来表示 Headers 属性返回的集合，由于 NameValueCollection 类包括在 System.Collections.Specialized 命名空间中，因此在程序的开始首先要引入 System.Collections.Specialized 命名空间。NameValueCollection 对象的 AllKeys 属性可以返回所有键 Key 的数组，对于每一个键 Key，可以通过 NameValueCollection 对象的 GetValues 方法返回该键 Key 对应的所有键值。这样通过循环就可以显示 Headers 属性的全部内容了，具体的程序主要代码如程序清单 7.5 所示。

程序清单 7.5　利用 Request 对象获取 HTTP 中的信息

```
1.  protected void Page_Load(object sender, EventArgs e)
2.  {
3.      Response.Write("<h3>利用 Request 对象获取 HTTP 中的信息</h3><hr>");
4.      NameValueCollection coll = Request.Headers;
5.      String[] arr1 = coll.AllKeys;
6.      for (int loop1 = 0; loop1 < arr1.Length; loop1++)
7.      {
8.          Response.Write(arr1[loop1] + " ：  ");
9.          String[] arr2 = coll.GetValues(arr1[loop1]);
10.         for (int loop2 = 0; loop2 < arr2.Length; loop2++)
11.         {
12.             Response.Write(arr2[loop2] + " ");
13.         }
14.         Response.Write("<br>");
15.     }
16. }
```

程序说明：第 4 行把头部信息赋值到 NameValueCollection 对象中，第 5 行把所有的键放到数组中。做好准备工作后，从第 6 行开始，在循环中遍历所有的键。其中，第 8 行输出 Key，第 9 行获得当前 Key 对应的所有值，然后在子循环中输出 Key 对应的值。

程序的运行效果如图 7-6 所示。

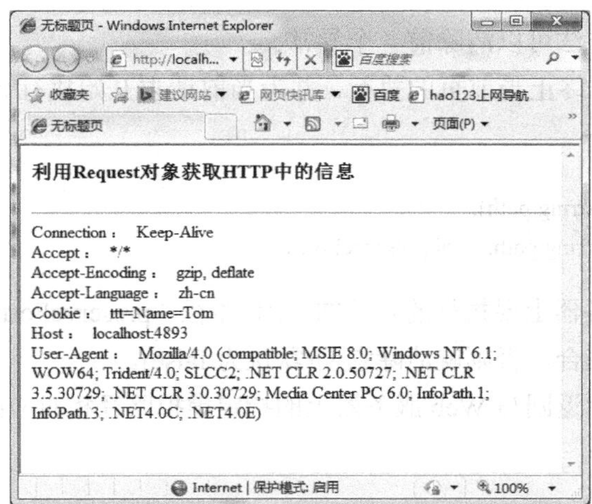

图 7-6　获取 HTTP 中的信息

7.3　Server 对象

Server 对象提供了对服务器信息的封装，例如封装了服务器的名称。本节首先介绍 Server 对象的属性和方法，然后介绍如何利用 Server 对象进行对 HTML 和 URL 的编码/解码操作。

7.3.1　Server 对象的属性和方法

Server 对象实际上操作 System.Web 命名空间中的 HttpServerUtility 类。Server 对象提供许多访问的方法和属性帮助程序有序地执行。Server 对象常用属性如表 7-4 所示。

表 7-4　Server 对象的属性

属　　性	说　　明
MachineName	获取服务器的计算机名称
ScriptTimeout	获取和设置请求超时(以秒计)

例如，可以通过下列代码显示服务器名称与超时时间。

```
Response.Write("服务器名称：" + Server.MachineName + "<br/>");
Response.Write("超时时间：" + Server.ScriptTimeout + "<br/>");
```

Server 对象的 GetLastError 方法可以获得前一个异常，当发生错误时可以通过该方法访问错误信息。例如：

```
Exception LastError = Server.GetLastError();
```

通过 ClearError 方法可以清除前一个异常。

Transfer 方法用于终止当前页的执行，并为当前请求开始执行新页。其语法定义如下所示。

```
public void Transfer( string path);
public void Transfer(string path, bool preserveForm);
```

其中，path 是服务器上要执行的新页的 URL 路径。preserveForm 如果为 true，则保存 QueryString 和 Form 集合，否则就清除它们(默认为 false)。

MapPath 方法应用返回与 Web 服务器上的指定虚拟路径相对应的物理文件路径，其语法定义如下所示。

```
public string MapPath( string path);
```

其中，path 是 Web 服务器上的虚拟路径。返回值是与 path 相对应的物理文件路径。MapPath 是一个非常有用的方法。

下面通过一个例子来进一步了解上面的方法。

例 7-6　显示服务器的信息

该例子中，显示网站的服务器名、超时时间、物理路径，并调用 Transfer 函数重定向到其他页面。步骤如下。

(1) 在 http://localhost/straight-forward/chap07 网站中添加一个名为 ServerTest.aspx 的网页。

(2) 在该网页的代码文件中加入如程序清单 7.6 所示的代码。

程序清单 7.6　ServerTest.aspx 中的代码

```
protected void Page_Load(object sender, EventArgs e)
    {
        Response.Write("服务器名称：" + Server.MachineName + "<br/>");
        Response.Write("超时时间：" + Server.ScriptTimeout + "<br/>");
        Response.Write("服务器的文件路径为：" + Server.MapPath("/ResponseTest.aspx"));
        Server.Transfer("ResponseTest.aspx", false);
    }
    protected void Page_Error(object sender, EventArgs e)
    {
        StringBuilder sb = new StringBuilder();
        sb.Append("产生错误的 URL 是：  <br/>");
        sb.Append(Server.HtmlEncode(Request.Url.ToString()));
        sb.Append("<br/><br/>");
```

```
14.            sb.Append("出错信息：<br/>");
15.            sb.Append(Server.GetLastError().ToString());
16.            Response.Write(sb.ToString());
17.            Server.ClearError();
18.        }
```

程序说明：第 1～7 行处理了网页的 Page_Load 事件，其中，第 3～5 行分别输出了服务器的名称、超时时间以及服务器的文件路径。第 6 行把页面重定向到页面 ResponseTest.aspx。第 8～18 行处理了网页的 Page_Error 事件，在网页出错且错误没有被异常捕获的情况下，会进入该事件。其中，第 15 行获得程序的最后一个错误，第 17 行清除前一个异常。

注意：

在 Debug 模式下，即便网页出错，也不会进入 Page_Error 事件。只有执行“调试”|“开始运行(不调试)”命令运行程序时，网页出错后，才可能进入该事件中进行处理。

该网页的运行效果如图 7-7 所示。

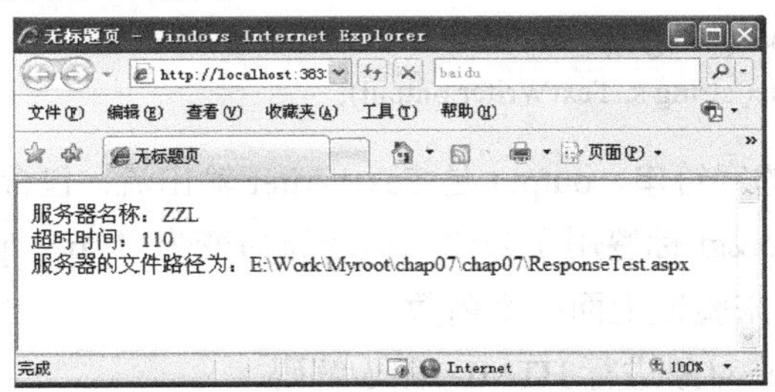

图 7-7　ServerTest.aspx 运行效果

把 6 行代码改为 Server.Transfer("ResponseTest1.aspx", false);，执行“调试”|“开始运行(不调试)”命令，因为网站中没有 ResponseTest1.aspx 页面，所以 Transfer 操作不能完成，此时，网页的运行结果如图 7-8 所示。

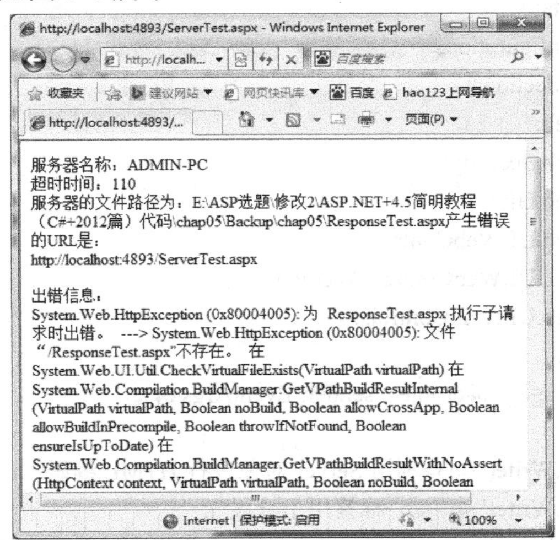

图 7-8　错误处理

7.3.2　利用 Server 对象进行 HTML 编码和解码

Server 对象的 HtmlEncode 方法用于对要在浏览器中显示的字符串进行编码，其语法定义如下所示。

```
public string HtmlEncode(string s);
public void HtmlEncode(string s, TextWriter output);
```

其中，s 是要编码的字符串。output 是 TextWriter 输出流，包含已编码的字符串。例如希望在页面上输出“<p></p>标签用于分段”，通过代码 Response.Write("<p></p>标签用于分段")输出后，结果并非是这个字符串，其中的<h3>和</h3>被当作 HTML 元素来解析，为了能够输出自己希望的结果，这里可以使用 HtmlEncode 方法对字符串进行编码，然后再通过 Response.Write 方法输出。

Server 对象的 HtmlDecode 方法用于对已进行 HTML 编码的字符串进行解码，是 HtmlEncode 方法的反操作，其语法定义如下所示。

```
public string HtmlDecode(string s);
public void HtmlDecode( string s, TextWriter output);
```

其中，s 是要解码的字符串。output 是 TextWriter 输出流，包含已解码的字符串。例如字符串“<p></p> 标签用于分段”被还原后变为“<p></p>标签用于分段”。

下面通过一个例子来验证上面两个函数。

例 7-7　利用 Server 对象进行 HTML 编码/解码

具体的代码实现如程序清单 7.7 所示。

程序清单 7.7　利用 Server 对象进行 HTML 编码/解码

```
using System;
using System.Data;
using System.Configuration;
using System.Collections;
using System.Web;
using System.Web.Security;
using System.Web.UI;
using System.Web.UI.WebControls;
using System.Web.UI.WebControls.WebParts;
using System.Web.UI.HtmlControls;
using System.IO;
 protected void Page_Load(object sender, EventArgs e)
 {
        Response.Write("<h3>利用 Server 对象进行 HTML 编码</h3>");
        Response.Write("<p></p>标签用于分段");
        Response.Write("<p></p><p></p><p></p>正确的输出为：  ");
```

```
17.             String TestString = "<p></p> 标签用于分段";
18.             StringWriter writer = new StringWriter();
19.             Server.HtmlEncode(TestString, writer);
20.             String EncodedString = writer.ToString();
21.             Response.Write(EncodedString);
22.         Response.Write("<hr>");
23.         Response.Write("<h3>利用 Server 对象进行 HTML 解码</h3>");
24.         StringWriter output = new StringWriter();
25.         Server.HtmlDecode(EncodedString, output);
26.         String DecodedString = output.ToString();
27.         Response.Write(DecodedString);
28.     }
```

程序说明：由于使用了 StringWriter 类，因此在第 11 行引入 System.IO 命名空间。第 14 行输出字符串，指示即将进行的操作。第 15 行输出的字符串被作为 HTML 标签进行处理。第 19 行对该字符串进行编码，然后输出编码后的字符串。第 25 行对编码的字符串进行解码操作，解码后得到的字符串和第 15 行的字符串相同，因此它们输出到网页后，显示的结果应该是相同的。

程序的运行界面如图 7-9 所示，可以看到最后输出了希望的结果。

图 7-9　使用 HtmlEncode 方法对字符串进行编码

7.3.3　利用 Server 对象进行 URL 编码和解码

Server 对象的 UrlEncode 方法用于编码字符串，以便通过 URL 从 Web 服务器到客户端进行可靠的 HTTP 传输。UrlEncode 方法的语法定义如下所示。

```
public string UrlEncode( string s);
public void UrlEncode(string s, TextWriter output);
```

其中，s 是要编码的字符串。output 是 TextWriter 输出流，包含已编码的字符串。

Server 对象的 UrlDecode 方法用于对字符串进行解码，该字符串为了进行 HTTP 传输而进行编码并在 URL 中发送到服务器。UrlDecode 方法的语法定义如下所示。

```
public string UrlDecode(string s);
public void UrlDecode(string s, TextWriter output);
```

其中，s 是要解码的字符串。Output 是 TextWriter 输出流，包含已解码的字符串。UrlDecode 方法是 UrlEncode 方法的逆操作，可以还原被编码的字符串。

程序清单 7.8 所示的代码通过 UrlEncode 方法可以把字符串“This is a < Test String >.”转换为“This+is+a+%3c+Test+String+%3e.”，然后通过 UrlDecode 方法把字符串“This+is+a+%3c+Test+String+%3e.”转变回“This is a < Test String >.”。

程序清单 7.8　Server 对象的 UrlEncode 方法举例

```
1.  protected void Page_Load(object sender, EventArgs e)
2.  {
3.          Response.Write("<h3>利用 Server 对象进行 URL 编码</h3>");
4.          String TestString = "This is a < Test String >.";
5.          StringWriter writer = new StringWriter();
6.          Server.UrlEncode(TestString, writer);
7.          String EncodedString = writer.ToString();
8.          Response.Write(EncodedString);
9.          Response.Write("<hr>");
10.         Response.Write("<h3>利用 Server 对象进行 URL 编码</h3>");
11.         StringWriter output = new StringWriter();
12.         Server.UrlDecode(EncodedString, output);
13.         String DecodedString = output.ToString();
14.         Response.Write(DecodedString);
15. }
```

程序说明：第 6 行进行编码操作，第 8 行把编码的结果输出到网页上。第 12 行进行解码操作，解码后的字符串在第 14 行被输出到网页上。

程序运行的结果如图 7-10 所示。

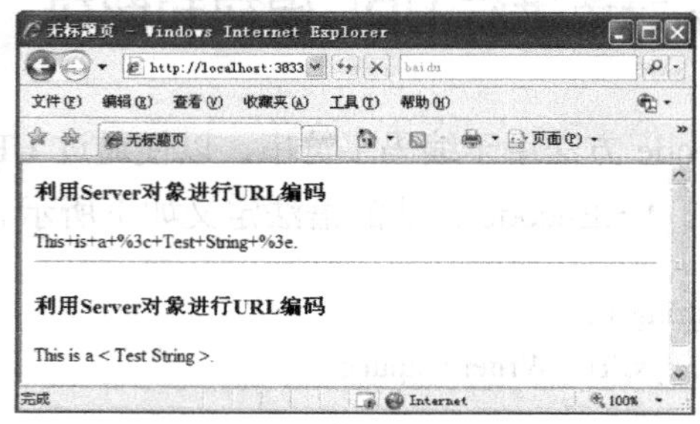

图 7-10　演示 URL 编解码

7.4　Session 对 象

Session 对象实际上操作 System.Web 命名空间中的 HttpSessionState 类。Session 对象可以为每个用户的会话存储信息。Session 对象中的信息只能被用户自己使用，而不能被网站的其他用户访问，因此可以在不同的页面间共享数据，但是不能在用户间共享数据。

7.4.1　Session 对象的方法和事件

当每个用户首次与服务器建立连接时，服务器就会为其建立一个 Session(会话)，同时服务器会自动为用户分配一个 SessionID，用以标识这个用户的唯一身份。Session 信息存储在 Web 服务器端，是一个对象集合，可以存储对象、文本等信息。Session 对象的主要方法及说明如表 7-5 所示。

表 7-5　Session 对象的方法及说明

方　法	说　明
Abandon	调用该方法用于消除用户的 Session 对象并释放其所占的资源。调用 Abandon 方法后会触发 Session_OnEnd 事件
Add	添加新的项到会话状态中
Clear	用来清除会话状态所有值
CopyTo	将当前会话状态值的集合复制到一个一维数组中
RemoveAll	清除所有会话状态值

Session 对象具有两个事件：Session_OnStart 事件和 Session_OnEnd 事件。Session_OnStart 事件在创建一个 Session 时被触发，Session_OnEnd 事件在用户 Session 结束时(可能是因为超时或者调用了 Abandon 方法)被调用。可以在 Global.asax 文件中为这两个事件增加处理代码。

7.4.2　Session 对象的唯一性和有效时间

对于每个用户的每次访问 Session 对象是唯一的，这包括以下两个含义。

- 对于某个用户的某次访问，Session 对象在访问期间唯一，可以通过 Session 对象在页面间共享信息。只要 Session 没有超时，或者 Abandon 方法没有被调用，Session 中的信息就不会丢失。Session 对象不能在用户间共享信息，而 Application 对象可以在不同的用户间共享信息。
- 对于用户的每次访问其 Session 都不同，两次访问之间也不能共享数据，而 Application 对象只要没有被重新启动，就可以在多次访问间共享数据。

Session 对象是有时间限制的，通过 TimeOut 属性可以设置 Session 对象的超时时间，单位为分钟。如果在规定的时间内，用户没有对网站进行任何操作，Session 将超时。

下面通过一个例子说明 Session 对象的唯一性和有效时间。这个例子在一个页面保存 Session 信息，然后在另外一个页面读取保存的信息。

例 7-8　Session 对象

步骤如下。

(1) 在本章前面创建的网站中加入一个名为 SessionTest1.aspx 的网页，编辑该页面，文件中的代码如程序清单 7.9 所示。

程序清单 7.9　SessionTest1.aspx 中的代码

```
<%@ Page Language="C#" AutoEventWireup="true" CodeFile="SessionTest1.aspx.cs"
Inherits="SessionTest1" %>
<!DOCTYPE html >
<html xmlns="http://www.w3.org/1999/xhtml">
<head runat="server">
    <title>演示 Session 对象：发送信息</title>
</head>
<body>
    <h3>
        Session 对象的唯一性</h3>
    <hr />
    <form id="form1" method="post" runat="server">
        请输入一个值：<asp:TextBox ID="TextBox1" runat="server" Width="208px"
          Height="40px"></asp:TextBox>
        <p>
        </p>
        当前 SessionID：<asp:Label ID="Label1" runat="server" Width="209px"
          Height="32px"></asp:Label>
        <p>
        </p>
     
        <asp:Button ID="Button3" runat="server" Width="88px" Height="34px" Text="设置值"
            OnClick="Button3_Click"></asp:Button>
        <asp:Button ID="Button1" runat="server" Width="95px" Height="34px" Text="Abandon"
            OnClick="Button1_Click"></asp:Button><p></p>
        <p></p>
        <h3>Session 对象的有效性</h3>
        <hr />
        <asp:TextBox ID="TextBox2" runat="server" Width="184px"
            Height="26px"></asp:TextBox>
        <p>
        </p>
```

```
26.            当前 Session 对象的 TimeOut 属性：
27.            <asp:Label ID="Label2" runat="server" Width="168px" Height="16px">Label</asp:Label>
28.            <p>
29.            </p>
30.            <asp:Button ID="Button4" runat="server" Text="设置超时时间" Height="35px"
                 OnClick="Button4_Click" Width="117px"></asp:Button> 
31.            <br />
32.            <br />
33.            <br />
34.            <asp:Button ID="Button2" runat="server" Width="88px" Height="40px" Text="跳转"
                 OnClick="Button2_Click"></asp:Button>
35.        </form>
36. </body>
37. </html>
```

程序说明：第 12 行定义了一个 TextBox 控件，用于接收用户的输入，用户在这里输入的值通过 Session 对象被发送到另外一个网页上。第 15 行定义了一个 Label 控件，用于显示 Session 的 ID，同一个会话中，不同网页 Session 的 ID 应该是相同的，读者可以稍后比较本网站中两个网页的 Session 的 ID 是否相同。第 18 行定义了一个 Button 控件，用于执行把 TextBox1 中输入的值保存到 Session 中。第 19 行定义的 Button 控件用于使 Session 失效。第 23 行定义的 TextBox 控件用于接收用户输入的超时时间。第 27 行定义的 Label 控件显示当前 Session 对象的 TimeOut 属性。第 30 行定义的 Button 控件用于设置超时时间。第 34 行定义的 Button 控件用于重定向到 SessionTest2.aspx 网页。

(2) 为 4 个 Button 控件添加事件处理方法。单击 Abandon 按钮时调用 Abandon 方法终止 Session 对象。单击“设置值”按钮时为 Session["CurrentValue"]赋值，并显示当前的 SessionID 属性。单击“跳转”按钮时打开 SessionTest.aspx 页面。单击“设置超时时间”按钮时调用设置 Session 的 TimeOut 属性，并更新显示 TimeOut 属性值。在 SessionTest1.aspx.cs 文件中的代码如程序清单 7.10 所示。

程序清单 7.10　为 4 个 Button 控件添加的事件处理代码

```
protected void Button1_Click(object sender, EventArgs e)
{
    Session.Abandon();
}
protected void Button2_Click(object sender, EventArgs e)
{
    Response.Redirect("SessionTest2.aspx");
}
protected void Button3_Click(object sender, EventArgs e)
{
    Session["CurrentValue"] = TextBox1.Text;
    Label1.Text = Session.SessionID.ToString();
```

```
13. }
14. protected void Button4_Click(object sender, EventArgs e)
15. {
16.     try
17.     {
18.         Session.Timeout = Convert.ToInt32(TextBox2.Text);
19.         Label2.Text = Session.Timeout.ToString();
20.     }
21.     catch (Exception ee)
22.     {
23.         Label2.Text = "无效的输入";
24.     }
25. }
```

程序说明：第 3 行执行 Abandon 操作时使 Session 失效，除此之外，Session 还可能因为超时而失效。第 11 和 12 行用于设置 Session 变量的值，同时把 Session 的 ID 显示在网页上。第 18 行设置 Session 的超时时间。

(3) 在 SessionTest2.aspx 页面转载时显示当前 Session["CurrentValue"]的值、SessionID 属性和 Session 的超时时间。SessionTest2.aspx.cs 文件中的代码如程序清单 7.11 所示。

程序清单 7.11　在 SessionTest2.aspx.cs 页面添加代码

```
1.  protected void Page_Load(object sender, EventArgs e)
2.  {
3.      if (Session["CurrentValue"] == null)
4.      {
5.          Response.Write("Session[\"CurrentValue\"]不存在");
6.      }
7.      else
8.      {
9.          string str = Session["CurrentValue"].ToString();
10.         Response.Write("<p>Session 的值为：" + str);
11.         Response.Write("<p>Session ID 为：" + Session.SessionID.ToString());
12.     }
13.     Response.Write("Session 的有效时间为：" + Session.Timeout.ToString());
14. }
```

程序说明：第 3 行读取 Session 的值，然后检查 Session["CurrentValue"]是否为空，如果为空则显示提示信息，否则显示 Session["CurrentValue"]和 SessionID 的值。无论该值是否为空，都在 SessionTest.aspx 网页中显示 Session 的超时时间。

运行程序，在输入了某个值后，单击“设置值”按钮，程序的运行界面如图 7-11 所示。在页面中输入 Session 的有效时间为“1”，然后单击“设置超时时间”按钮。

图 7-11　设置 Session 的超时时间

单击“跳转”按钮，显示如图 7-12 所示的页面，可以看出两个页面中的 SessionID 相同，并且值相同，因此说明 Session 是唯一的。同时 Session 的超时时间显示为 1，也就是刚才设置的时间。

图 7-12　显示设置的值

返回第一个页面，单击“失效”按钮，或者 1 分钟内不要对页面有任何的操作，再单击“设置超时时间”按钮，显示如图 7-13 所示的页面。可以看出 SessionID 的值已经改变，并且 Session["CurrentValue"]已经不存在了，显然 Session 已经不是以前的那个了。

图 7-13　另外的一个 Session

从图 7-13 可以看出，Session 超时后的 TimeOut 值已经不再是 1，而是默认值 20。

7.5　Cookie 对象

Cookie 对象实际是 System.Web 命名空间中 HttpCookie 类的对象。Cookie 对象为 Web 应用程序保存用户相关信息提供了一种有效的方法。当用户访问某个站点时，该站点可以利用 Cookie 保存用户首选项或其他信息，这样当用户下次再访问该站点时，应用程序就可以检索以前保存的信息。

7.5.1　Cookie 对象的属性

Cookie 其实是一小段文本信息，伴随着用户请求和页面在 Web 服务器与浏览器之间传递。用户每次访问站点时，Web 应用程序都可以读取 Cookie 包含的信息。

当用户第一次访问某个站点时，Web 应用程序发送给该用户一个页面和一个包含日期和时间的 Cookie。用户的浏览器在获得页面的同时还得到了这个 Cookie，并且将它保存在用户硬盘上的某个文件夹中。以后如果该用户再次访问这个站点上的页面，浏览器就会在本地硬盘上查找与该网站相关联的 Cookie。如果 Cookie 存在，浏览器就将它与页面请求一起发送到网站，Web 应用程序就能确定该用户上一次访问站点的日期和时间。

Cookie 是与 Web 站点而不是与具体页面关联的，所以无论用户请求浏览站点中的哪个页面，浏览器和服务器都将交换网站的 Cookie 信息。用户访问其他站点时，每个站点都可能会向用户浏览器发送一个 Cookie，而浏览器会将所有这些 Cookie 分别保存。

Cookie 对象的主要属性及说明如表 7-6 所示。

表 7-6　Cookie 对象的主要属性及说明

属　性	说　明
Domain	获取或设置将此 Cookie 与其关联的域
Expires	获取或设置此 Cookie 的过期日期和时间
Name	获取或设置 Cookie 的名称

(续表)

属　性	说　明
Path	获取或设置要与当前 Cookie 一起传输的虚拟路径
Secure	指定是否通过 SSL(即仅通过 HTTPS)传输 Cookie
Value	获取或设置单个 Cookie 值
Values	获取在单个 Cookie 对象中包含的键值对的集合

7.5.2　访问 Cookie

ASP.NET 包含两个内部 Cookie 集合：Request 对象的 Cookies 集合和 Response 对象的 Cookies 集合。其中，Request 对象的 Cookies 集合包含由客户端传输到服务器的 Cookie，这些 Cookie 以 Cookie 标头的形式传输。Response 对象的 Cookies 集合包含一些新 Cookie，这些 Cookie 在服务器上创建并以 Set-Cookie 标头的形式传输到客户端。

在程序中应用 Cookie 的代码类似于程序清单 7.12 中的代码。

程序清单 7.12　访问 Cookie

```
1. HttpCookie MyCookie = new HttpCookie("LastVisit");
2. DateTime now = DateTime.Now;
3. MyCookie.Value = now.ToString();
4. MyCookie.Expires = now.AddHours(1);
5. Response.Cookies.Add(MyCookie);
```

程序说明：第 1 行创建了一个名为 LastVisit 的 Cookie。第 3 行设置 Cookie 值为当前时间。第 4 行设置 Cookie 超时时间为 1 个小时。第 5 行将该 Cookie 添加到 Response 对象的 Cookies 集合中。

7.6　Application 对象

Application 对象实际上操作 System.Web 命名空间中的 HttpApplicationState 类。Application 对象为经常使用的信息提供了一个有用的 Web 站点存储位置，Application 中的信息可以被网站的所有页面访问，因此可以在不同的用户间共享数据。

7.6.1　如何使用 Application 对象

Application 对象用来存储变量或对象，以便在网页再次被访问时(不管是不是同一个连接者或访问者)，所存储的变量或对象的内容还可以被重新调出来使用，也就是说 Application 对于同一网站来说是公用的，可以在各个用户间共享。访问 Application 对象变量的方法如下所示。

```
Application["变量名"]=变量值
变量=Application["变量名"]
```

为了简便，还可以把 Application["变量名"]直接当作变量来使用。在 Web 页面中可以通过语句<%=Application["变量名"]%>直接使用这个值。如果通过 ASP.NET 内置的服务器对象使用应用程序变量，则代码为 TextBox1.Text = (String)Application["变量名"]。

利用 Application 对象存取变量时需要注意以下几点。

- Application 对象变量应该是经常使用的数据，如果只是偶尔使用，则可以把信息存储在磁盘的文件或者数据库中。
- Application 对象是一个集合对象，它除了包含文本信息外，也可以存储对象。
- 如果站点一开始就有很大的通信量，则建议使用 Web.config 文件进行处理，不要用 Application 对象变量。

7.6.2　同步 Application 状态

Application 对象是一个集合对象，并在整个 ASP.NET 网站内可用，不同的用户在不同的时间都有可能访问 Application 对象的变量，因此 Application 对象提供了 Lock 方法用于锁定对 HttpApplicationState 变量的访问以避免访问同步造成的问题。在对 Application 对象的变量访问完成后，需要调用 Application 的 UnLock 方法取消对 HttpApplicationState 变量的锁定。程序清单 7.13 所示的代码通过 Lock 和 UnLock 方法实现了对 Application 变量的修改操作。

程序清单 7.13　Application 变量的修改操作

```
1.  Application.Lock();
2.  Application["Online"] = 21;
3.  Application["AllAccount"] = Convert.ToInt32(Application["AllAccount"]) + 1;
4.  Application.UnLock();
```

程序说明：第 1 行在更改变量前执行 Lock()方法避免其他用户存取 Online 和 AllAccount 变量，如果是读取变量而不是更改变量，就不需要 Lock()方法。如第 4 行所示，在更改完成后，要及时调用 UnLock()方法，以便让其他用户可以更改这些变量。

7.6.3　网站的访问计数

网站的访问计数是网站的一种必备组件，其目的是显示有多少位访客曾经浏览该网站。下面介绍如何实现网站的访问计数。

首先，需要介绍 Application 的两个事件：Application_OnStart 和 Application_OnEnd，

其中 Application_OnStart 在 ASP.NET 应用程序执行时被触发，Application_OnEnd 事件在 ASP.NET 应用程序结束执行时被触发。一般在 Global.asax 文件中对这两个事件进行处理，添加用户自定义代码。

为了实现网站计数，在网站中添加一个 Global.asax 网页，并添加对 Application 对象的 Application_Start 事件和 Session 对象的 Session_Start 事件的处理代码，如程序清单 7.14 所示。

程序清单 7.14　Application_Start 事件中的代码

```
1.  <%@ Application Language="C#" %>
2.   <script runat="server">
3.   void Application_Start(object sender, EventArgs e)
4.   {
5.       Application["Visitors"] = 0;
6.   }
7.   void Session_Start(object sender, EventArgs e)
8.   {
9.        Application.Lock();
10.       Application["Visitors"] = Convert.ToInt32(Application["Visitors"]) + 1;
11.       Application.UnLock();
12.   }
13.   </script>
```

程序说明：第 5 行初始化 Application 变量的值；第 9 行执行 Lock 操作，防止别人修改 Visitors 的值；第 10 行把 Visitors 的值加 1；第 11 行执行 UnLock 操作，放开对 Visitors 变量的控制。

然后，创建一个网页 ApplicationTest.aspx，在<body>标签中加入如程序清单 7.15 所示的代码。

程序清单 7.15　在窗体中添加一个 Label 服务器控件

```
1. <form id="form1" runat="server">
2.     <div>
3.         您是本网站的第<asp:Label ID="Label1" runat="server" Text="Label"></asp:Label>位访客，热烈欢迎您！</div>
4. </form>
```

程序说明：第 3 行定义了一个 Label 控件，用于显示访客的个数。

最后，在 ApplicationTest.aspx 网页的 Page_Load 事件中添加如程序清单 7.16 所示的代码。

程序清单 7.16　ApplicationTest.aspx 网页的代码

```
protected void Page_Load(object sender, EventArgs e)
{
    int count = Convert.ToInt32(Application["Visitors"]);
```

```
4.    Label1.Text = count.ToString();
5. }
```

程序说明：第 3 行得到 Visitors 变量的值，因为该变量的类型为 Object，因此需要调用 Convert 对象的 ToInt32 方法把它转换为整数。

以上程序的运行界面如图 7-14 所示，每次页面被访问时，网站的访问量就会增加。

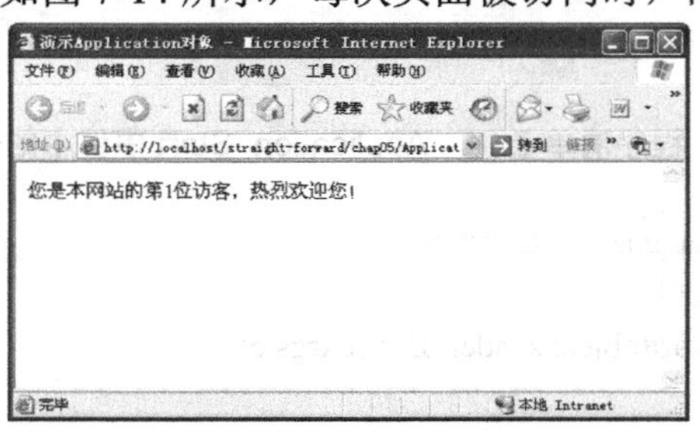

图 7-14　利用 Application 对象存储网站访问量

7.7　习　　题

7.7.1　填空题

1. Session 对象具有两个事件：________事件和________事件。________事件在创建一个 Session 时被触发，________事件在用户 Session 结束时(可能是因为超时或者调用了 Abandon 方法)被调用。

2. 当访问 Page 类的 Request 属性时，它返回类型________的一个对象。然后就可以使用该对象中的方法。该属性提供对当前页请求的访问，其中包括________、________、________、________等。

3. 当每个用户首次与服务器建立连接时，服务器就会为其建立一个________，同时服务器会自动为用户分配一个________，用以标识这个用户的唯一身份。

4. Cookie 对象实际是________命名空间中________类的对象。Cookie 对象为 Web 应用程序保存________提供了一种有效的方法。当用户访问某个站点时，该站点可以利用 Cookie 保存________或其他信息，这样当用户下次再访问该站点时，应用程序就可以检索以前保存的信息。

5. Application 对象是一个________对象，并在整个 ASP.NET 网站内可用，不同的用户在不同的时间都有可能访问 Application 对象的变量，因此 Application 对象提供了________方法用于锁定对 HttpApplicationState 变量的访问以避免________造成的问题。

7.7.2　选择题

1. Session 对象是有时间限制的，通过________属性可以设置 Session 对象的超时时间，单位为分钟。

A. TimeOut　　B. Response
C. Application　　D. Value

2. Application 对象实际上操作 System.Web 命名空间中的________类。

A. HttpRequest　　B. HttpResponse　　C. HttpServer　　D. HttpApplication

3. ASP.NET 包含两个内部 Cookie 集合：________对象的 Cookies 集合和________对象的 Cookies 集合。

A. Request　　B. Session　　C.Server　　D. Response

4. ________是 Session 对象的方法。

A. Abandon　　B. CopyTo　　C. RemoveAll　　D. Add

5. ________不是 Request 对象的属性。

A. PhysicalApplicationPath　　B. Cookies
C. Flush　　D. IsSecureConnection

7.7.3　问答题

1. 简述利用 Application 对象存取变量时需要注意的事项。
2. 简述 Session 对象唯一性的含义。
3. 简述 Cookie 对象的作用。

7.7.4　上机操作题

1. 试试上机编写代码，添加检查 IE 版本的功能，如果用户使用的是 IE 6.0 以下的版本，则提示信息为“请更新您的 IE!”，如果用户没有使用 IE，则提示信息为“您没有使用 IE!”。否则显示“您的 IE 版本为最新！”，如图 7-15 所示。

图 7-15　IE 6.0 上显示的信息

2. 试试上机编写代码，使用 Application 对象集中存储公司的电话号码，使访问者所浏览的所有网页都可以访问并显示此号码。程序运行的结果如图 7-16 所示。

3. 编写一个程序，创建两个网页，每个网页中有一个 TextBox，使用 Session 对象判断用户在第二个 TextBox 中输入的数字是否等于在第一个 TextBox 中输入的数字，如图 7-17 和图 7-18 所示。

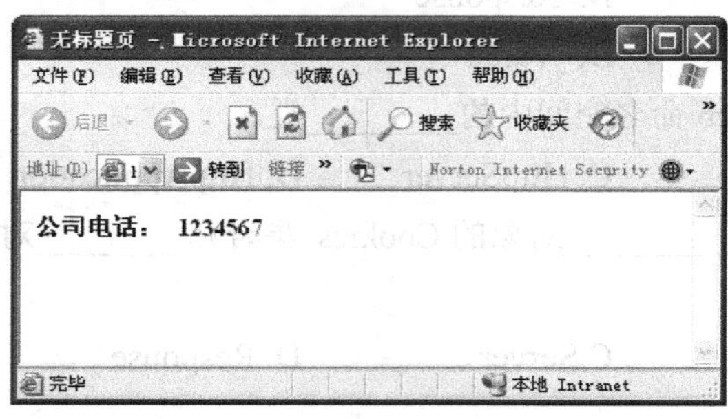

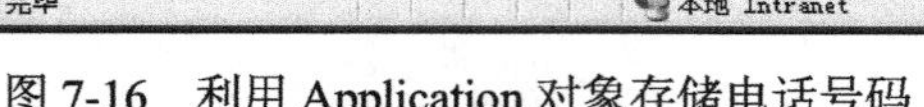
图 7-16　利用 Application 对象存储电话号码

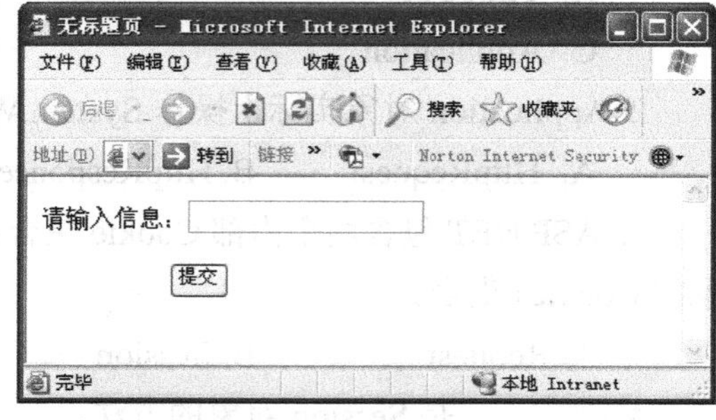

图 7-17　提交页面

图 7-18　验证页面

第8章　ADO.NET数据库编程

ADO.NET 是一组对象类的名称，这些对象类由.NET Framework 提供，用于与数据存储中的数据交互。这里的数据存储不仅包括数据库系统，还包括非数据库系统，如 XML 文件。对于原来使用 ADO 的程序员来说，需要注意的是，虽然 ADO 和 ADO.NET 有一定的相似性，但是 ADO.NET 是一种全新的数据访问技术，而不是 ADO 的升级版本。

本章重点：

- ADO.NET 的组件结构
- 使用 ADO.NET 组件访问数据库
- 使用 ADO.NET 组件操作数据库
- 填充和访问数据集

8.1　ADO.NET 的基本对象

ADO.NET 对 Microsoft SQL Server 和 XML 等数据源提供一致的访问，此外，它也可以对通过 OLE DB 和 XML 公开的数据源提供一致的访问。开发人员可以使用 ADO.NET 来连接到这些数据源，并检索、处理和更新所包含的数据。下面对 ADO.NET 进行简单的介绍。

8.1.1　ADO.NET 简介

在 ASP.NET 应用程序中访问数据库要通过 ADO.NET 来实现。ADO.NET 又被称为 ActiveX 数据对象(ActiveX Data Object)，是从 Web 的角度对 ADO 进行检讨和改进的。ADO.NET 是因为广泛的数据控制而设计，所以使用起来比以前的 ADO 更灵活、更有弹性，也提供了更多的功能。

ADO.NET 对象模型中有 5 个主要的组件，分别是 Connection、Command、DataAdapter、DataSet 以及 DataReader。在 ADO.NET 对象模型中，DataSet(数据集)是最重要的对象。一般来说，一个 DataSet 对象就是一个记录集的集合，可以通过命令用数据集合填充 DataSet 对象。ADO.NET 提供了记录集的所有数据库功能，包括排序、分页、过滤视图、关系、索引和主键等。可以用 XML 形式保持或传输任何 DataSet 对象，而且无须付出任何额外的代价，因为 DataSet 对象本身就是按照 XML 格式构造的。Connection、Command、DataAdapter 以及 DataReader 是数据操作组件(Managed Providers)，负责建立联机和数据操作。数据操作组件的主要功能是作为 DataSet 和数据源之间的桥梁，其主要功能是负责将数据源中的数据取出后填充到 DataSet 数据集中，或者将数据存回数据源。

8.1.2　ADO.NET 组件结构

为了更好地支持断开模型，ADO.NET 组件将数据访问与数据处理分离。它是通过.NET 数据提供程序(data provider)和 DataSet 两个主要的组件来完成这一操作的。图 8-1 说明了数据访问与数据处理分离的概念。

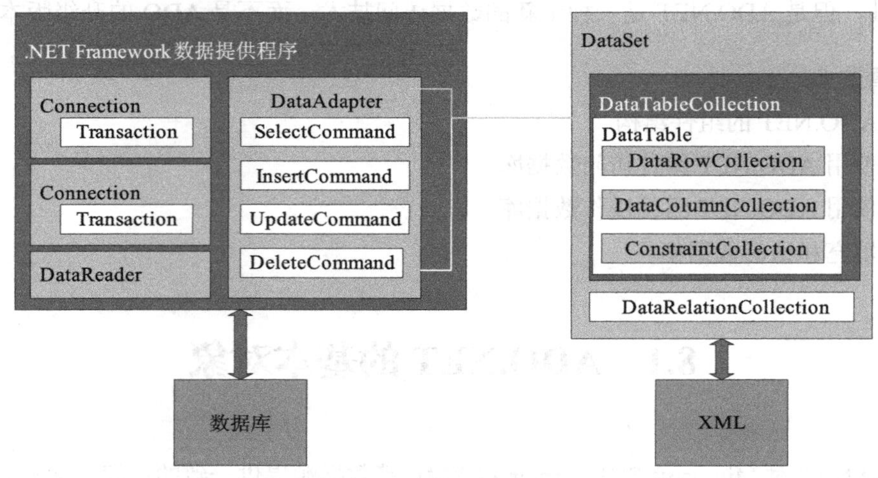

图 8-1　ADO.NET 组件结构

ADO.NET 体系结构的一个核心元素是.NET 数据提供程序，它是专门为数据处理以及快速地只进、只读访问数据而设计的组件。它包括 Connection、Command、DataReader 和 DataAdapter 对象的组件。具体如表 8-1 所示。

表 8-1　数据提供者的对象

对 象 名 称	描　　述
Connection	提供与数据源的连接
Command	用于返回数据、修改数据、运行存储过程以及发送或检索参数信息的数据库命令
DataReader	从数据源中提供高性能的数据流
DataAdapter	提供连接 DataSet 对象和数据源的桥梁，使用 Command 对象在数据源中执行 SQL 命令，以便将数据加载到 DataSet 中，并使对 DataSet 中数据的更改与数据源保持一致

DataSet 是 ADO.NET 断开连接体系结构的核心组件，它是专门为各种数据源的数据访问独立性而设计的，所以它可以用于多个不同的数据源、XML 数据或管理应用程序的本地数据，如内存中的数据高速缓存。DataSet 包含一个或多个 DataTable 对象的集合，这些对

象由数据行和数据列以及有关 DataTable 对象中数据的主键、外键、约束和关系信息组成。它本质上是一个内存中的数据库，但从不关心它的数据是从数据库中、XML 文件中，还是从这两者中或是其他什么地方获得。

8.2　连接数据库

在对数据库中的数据操作前首先要连接数据库，本节将通过实例介绍如何连接 Microsoft SQL Server 数据库和连接 Microsoft Access 数据库。这两个数据库比较有代表性，其他数据库的连接可以参考这两个数据库的连接方法。连接数据库并完成了对数据库的操作之后，必须关闭与数据库的连接。这可以使用 Connection 对象的 Close 或 Dispose 方法来完成。

8.2.1　建立 SQL Server 数据库

下面在 SQL Server 2012 中创建一个数据库。步骤如下。

(1) 打开 Microsoft SQL Server Management Studio，弹出“连接到服务器”对话框，如图 8-2 所示。

图 8-2　“连接到服务器”对话框

(2) 选择合适的服务器名称和身份验证方式后，单击“连接”按钮，连接到 SQL Server 服务器。连接成功后，进入程序的主界面，如图 8-3 所示。

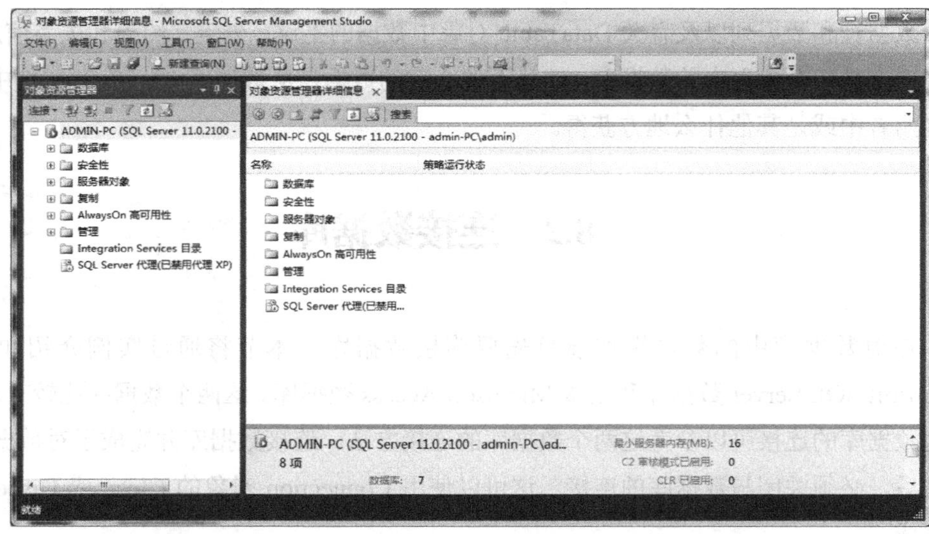

图 8-3　Microsoft SQL Server Management Studio 主界面

(3) 在“对象资源管理器”中右击“数据库”，从弹出的快捷菜单中选择“新建数据库”命令，弹出如图 8-4 所示的对话框。

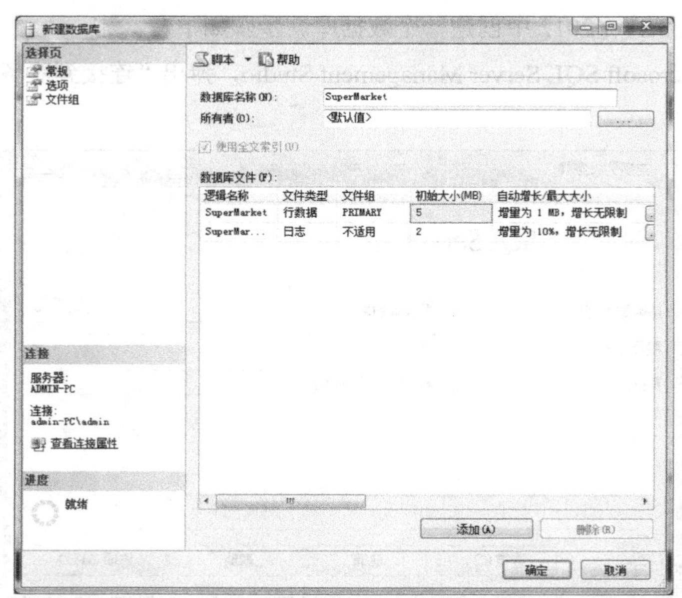

图 8-4　“新建数据库”对话框

(4) 在“数据库名称”文本框中输入想要创建的数据库，这里输入的名称为 SuperMarket，单击“确定”按钮创建 SuperMarket 数据库。此时会发现在“对象资源管理器”的“数据库”节点中增加了一个名为 SuperMarket 的数据库，如图 8-5 所示。

图 8-5　对象资源管理器

(5) 展开 SuperMarket 节点，右击“表”节点，开始进行表编辑操作，在右侧的属性窗体中把表的名称改为 Product，然后在编辑表的窗体中加入 5 行，具体如图 8-6 所示。

(6) 右击“编号”行，在弹出的快捷菜单中选择“设置主键”命令，“编号”成为该表的主键。此时该表如图 8-7 所示。

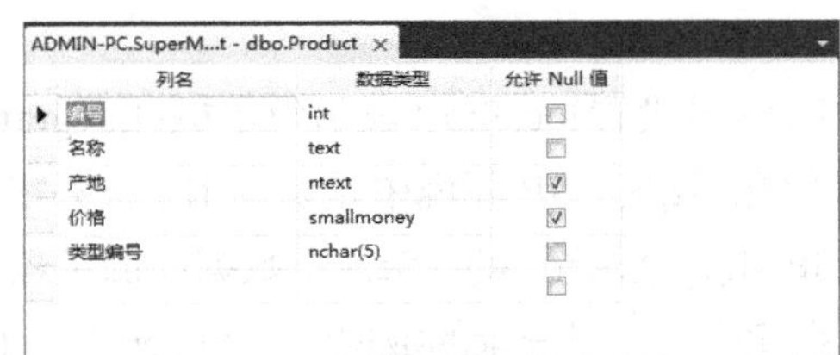

ADMIN-PC.SuperM...t - dbo.Product

列名	数据类型	允许 Null 值
编号	int	☐
名称	text	☐
产地	ntext	☑
价格	smallmoney	☑
类型编号	nchar(5)	☐

图 8-6　Product 表

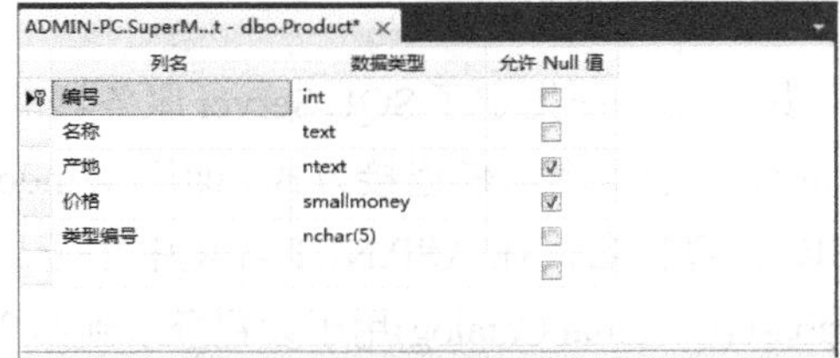

ADMIN-PC.SuperM...t - dbo.Product*

列名	数据类型	允许 Null 值
编号	int	☐
名称	text	☐
产地	ntext	☑
价格	smallmoney	☑
类型编号	nchar(5)	☐

图 8-7　设置主键之后的 Product 表

(7) 在“对象资源管理器”中右击 SuperMarket 数据库的 Product 表，从弹出的快捷菜单中选择“编辑前 200 行”命令，向表中输入记录。该表中的记录如图 8-8 示。

ADMIN-PC.SuperM...t - dbo.Product

编号	名称	产地	价格	类型编号
100001	长城干红	烟台	24.2314	y-004
100002	利群香烟	杭州	11.1570	y-004
100003	鸭梨	辛集	2.0000	f-001
100004	香蕉	秦皇岛	2.0000	f-001
100005	葡萄	昌黎	2.0000	f-001
100006	菠萝	海南岛	2.0000	f-001
100007	"双汇"火腿肠	郑州	2.5785	s-002
100008	"康师傅"方便面	天津	1.0744	s-002
100009	"思念"水饺	郑州	3.3058	s-002
100010	摩托罗拉手机E...	北京	1932.0000	t-006
100011	"雕牌"洗衣粉	成都	2.0000	r-005
100012	特级带鱼	北戴河	4.0495	h-003
100013	馒头	北京	2.5000	s-002
100014	排骨	北京	13.0000	s-002
100015	"金龙鱼"调和油	北京	23.0000	s-002
100016	芦柑	长沙	3.0000	f-001
NULL	NULL	NULL	NULL	NULL

17 / 17

图 8-8　向 Product 表中添加记录

至此，就完成了数据库的基本设计。当然这个数据库还很不完善，但是对于本章来说，已经够用了。

8.2.2 连接 SQL Server 数据库

SQL Server .NET Framework 数据提供程序使用 SqlConnection 对象提供与 Microsoft SQL Server 7.0 或它的更高版本的连接。SqlConnection 的构造函数定义如下所示。

```
public SqlConnection(
    string connectionString
);
```

其中，参数 connectionString 指定了用于打开 SQL Server 数据库的连接。程序清单 8.1 所示的代码演示了如何使用 SqlConnection 对象创建和打开数据库连接。

程序清单 8.1　使用 SqlConnection 对象创建和打开数据库连接

```
string ConnStr = "server=localhost; Integrated Security=True;    database=SuperMarket; ";
SqlConnection sqlConn= new SqlConnection(ConnStr);
sqlConn.Open();
```

其中，server 指定了 SQL Server 服务器的名字，这里设置 localhost 表示为本机；Integrated Security 表示采用信任连接方式，即用 Windows 组账号(在 ASP 环境中是访问 IIS 服务账号 IUSR_计算机名，在 ASP.NET 环境中账号是 ASPNET)登录至 SQL Server 数据库服务器；Database(或 Initial Catalog)用于设置登录到哪个数据库中，这里登录的数据库为 SuperMarket。

如果没有采用 Windows 组账号登录 SQL Server 数据库服务器，则需要在连接字中指定 User ID(uid)和 Password(pwd)。登录时 SQL Server 会对此用户 ID 和口令进行验证。此外，还需要把 Trusted_Connection 设置为 no，表示不采用信任连接方式(即不采用 Windows 验证方式)，而采用 SQL Server 自己的验证方式。

8.2.3 连接 Access 数据库

用于连接 Access 数据库的是 AccessDataSource 控件，该控件继承自 SqlDataSource 控件，但是该控件不支持连接到受用户名或密码保护的 Access 数据库。因此这里通过 SqlDataSource 控件来实现可视化连接数据库。

首先，创建一个受密码保护的 Access 数据库文件 Northwind.mdb，该数据库包含一个名为“运货商”的表。该表的内容如图 8-9 示。

然后创建一个名为 OleDbTest.aspx 的网页，在 Web 页面上添加 SqlDataSource 控件后，在属性编辑器中选择 ConnectionString 属性，再新建一个连接，在弹出的“选择数据源”对话框中选择“Microsoft Access 数据库文件”，单击“继续”按钮，弹出“添加连接”对话框，如图 8-10 示。

图 8-9　运货商表

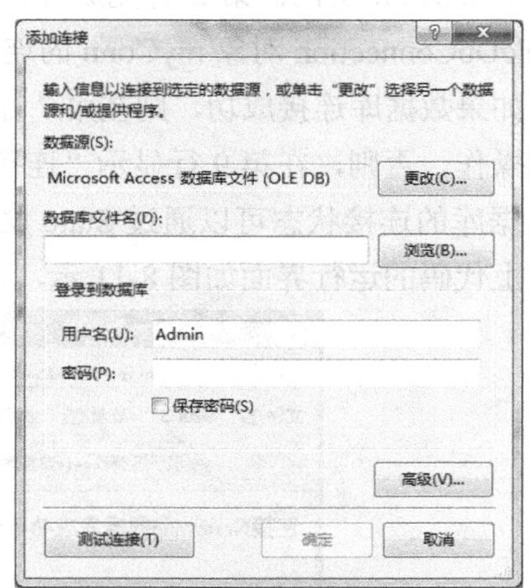

图 8-10　“添加连接”对话框

单击“浏览”按钮选择数据库文件，这里选择数据库文件 Northwind.mdb，密码为 111111。在“密码”文本框中输入密码 111111，单击“测试连接”按钮，弹出成功提示信息，表明数据库连接已成功建立。单击“确定”按钮，关闭“添加连接”对话框。此时，查看 ConnectionString 属性，其值如下。

```
Provider=Microsoft.Jet.OLEDB.4.0;Data Source=E:\\database\\Northwind.mdb;Jet OLEDB:Database
Password=111111
```

与连接 SQL Server 类似，也可以在代码中直接连接 Access 数据库。下面通过一个例子来演示如何连接 Access 数据库。步骤如下。

(1) 创建一个名为 http://localhost/straight-forward/chap08 的网站。

(2) 在该网站中添加一个名为 AccessConnTest.aspx 的网页。

(3) 在该网页的代码文件中加入如程序清单 8.2 所示的代码。

程序清单 8.2　连接 Access 数据库

```
1.  private void Page_Load(object sender, System.EventArgs e)
2.  {
3.      string ConnectionStr = " Provider=Microsoft.Jet.OLEDB.4.0;Data Source=D:\\ZhouMingHui\\
        ASP.NET 4.5 简明教程\\代码\\Northwind.mdb;Jet OLEDB:Database Password=111111";
4.      OleDbConnection myConn = new OleDbConnection(ConnectionStr);
5.      myConn.Open();
6.      if (myConn.State == ConnectionState.Open)
7.          Response.Write("连接 Northwind 数据库成功！请进行后续操作");
8.      else
9.          Response.Write("连接失败");
10.     myConn.Close();
11. }
```

程序说明：第 3 行代码定义了连接字符串；第 4 行根据这个连接字符串创建了一个

OleDbConnection 实例；第 5 行完成打开数据库连接的操作；第 6 行判断连接是否成功，如果 OleDbConnection 对象 myConn 的连接状态为 ConnectionState.Open，表示数据库连接成功。如果数据库连接成功，则在第 7 行显示连接成功的信息，同时告诉用户可以继续进行后续操作。否则，在第 9 行显示“连接失败”信息。

数据库的连接状态可以通过 State 属性查询，数据库操作完后要立即关闭数据库的连接。以上代码的运行界面如图 8-11 示，可以看到 Access 数据库已经被成功地打开了。

图 8-11　连接到 Microsoft Access 数据库

8.3　读 取 数 据

在连接到数据库后，可以读取和操作数据库中的数据。下面介绍如何通过 SqlCommand 类和 OleDbCommand 类读取 SQL Server 数据库中的数据。

8.3.1　使用 SqlCommand 类

SqlCommand 类可以用来对 SQL Server 数据库执行一个 Transact-SQL 语句或存储过程。SqlCommand 类的 CommandText 属性用于获取或设置要对数据源执行的 Transact-SQL 语句或存储过程。CommandTimeout 属性用于设置获取或设置在终止执行命令的尝试并生成错误之前的等待时间。如果 SQL 语句或者存储过程中使用了参数，可以通过 Parameter 属性为参数设置值。

SqlCommand 命令对象提供了以下几个基本方法来执行命令。

- ExecuteNonQuery：可以通过该命令来执行不需要返回值的操作，如 UPDATE、INSERT 和 DELETE 等 SQL 命令。该命令不返回任何行，而只是返回执行该命令时所影响到的表行数。
- ExecuteScalar：它可以执行 SELECT 查询，但返回的是一个单值，多用于查询聚合值的情况，如使用 count()或者 sum()函数的 SQL 命令。
- ExecuteReader。该方法返回一个 DataReader 对象，内容为与命令匹配的所有行。

下面通过一个例子来演示如何使用 SqlCommand 类操作数据库。步骤如下。

(1) 在 http://localhost/straight-forward/chap08 网站中添加一个名为 SqlCmdTest.aspx 的

网页。

(2) 在该网页的代码文件中添加代码，如程序清单 8.3 所示。

程序清单 8.3　使用 SqlCommand 类

```
1.  private void Page_Load(object sender, System.EventArgs e)
2.  {
3.      String strConn = "Server=localhost; DataBase=SuperMarket; Integrated Security=SSPI";
4.      SqlConnection conn = new SqlConnection(strConn);
5.      conn.Open();
6.      SqlCommand selectCmd = new SqlCommand("SELECT COUNT(*) FROM Product", conn);
7.      SqlCommand nonquery = conn.CreateCommand();
8.      Response.Write("<h3>插入之前，Product 表的记录总数为" +
          selectCmd.ExecuteScalar().ToString() +"<h3>");
9.      nonquery.CommandText = "INSERT INTO Product VALUES(100018,'MP3','深圳',200,'t-006')";
10.     Response.Write("执行的命令为：" + nonquery.CommandText + "<br/>");
11.     Response.Write("受影响的行数为：" + nonquery.ExecuteNonQuery().ToString() );
12.     Response.Write("<h3>插入之后，Product 表的记录总数为" +
          selectCmd.ExecuteScalar().ToString() + "<h3>");
13.     nonquery.CommandText = "DELETE FROM Product WHERE  编号=100018";
14.     Response.Write("执行的命令为：" + nonquery.CommandText + "<br/>");
15.     Response.Write("受影响的行数为：" + nonquery.ExecuteNonQuery().ToString());
16.     Response.Write("<h3>删除之后，Product 表的记录总数为" +
          selectCmd.ExecuteScalar().ToString() + "<h3>");
17. }
```

程序说明：第 3 行设置连接字符串；第 4 行实例化连接对象；第 5 行打开数据库连接；第 6 行和第 7 行实例化两个 SqlCommand 对象，一个用于查询，一个用于非查询；第 8 行显示插入记录之前总的记录数；第 9 行设置插入 SQL 的字符串；第 11 行执行插入操作，显示受影响的行数；第 13 行设置删除 SQL 的字符串；第 15 行执行删除操作，显示受影响的行数。此外，由于 SqlCommand 等几个类属于 System.Data.SqlClient 命名空间，因此需要使用 using System.Data.SqlClient 引用命名空间。

以上程序的运行界面如图 8-12 示。

图 8-12　使用 SqlCommand 类读取数据库数据

8.3.2 使用 OleDbCommand 类

OleDbCommand 类的使用方法和 SqlCommand 类非常类似，由于上一节已经介绍了如何编辑数据，这里就不再赘述。下面介绍如何在数据库文件 Northwind.mdb 中，进行查找记录的操作。本节中的代码稍加修改即可通过 SqlCommand 类实现这些功能。

由于 OleDbCommand 等几个类属于 System.Data.OleDb 命名空间，因此需要使用 using System.Data.OleDb 引用命名空间。具体的实现代码如程序清单 8.4 所示。

程序清单 8.4　使用 OleDbCommand 类插入数据

```
protected void Page_Load(object sender, EventArgs e)
{
    String sqlconn = " Provider=Microsoft.Jet.OLEDB.4.0;Data
     Source=E:\\database\\Northwind.mdb;Jet OLEDB:Database Password=111111";
    OleDbConnection myConnection = new OleDbConnection(sqlconn);
    myConnection.Open();
    OleDbCommand myCommand = new OleDbCommand("select * from 运货商", myConnection);
    OleDbDataReader myReader;
    myReader = myCommand.ExecuteReader();
    Response.Write("<h3>使用 OleDbCommand 类读取数据</h3><hr>");
    Response.Write("<table border=1 cellspacing=0 cellpadding=2>");
    Response.Write("<tr bgcolor=#DAB4B4>");
    for (int i = 0; i < myReader.FieldCount; i++)
    {
        Response.Write("<td>" + myReader.GetName(i) + "</td>");
    }
    Response.Write("</tr>");

    while (myReader.Read())
    {
        Response.Write("<tr>");
        for (int i = 0; i < myReader.FieldCount; i++)
        {
            Response.Write("<td>" + myReader[i].ToString() + "</td>");
        }
        Response.Write("</tr>");
    }
    Response.Write("</table>");

    myReader.Close();
    myConnection.Close();
}
```

程序说明：第 3 行设置连接字符串；第 5 行打开数据库连接；第 8 行获得 OleDbReader 对象 myReader，获取数据之前，必须不断地调用该对象的 Read 方法，它负责前进到下一条记录；第 11～16 行显示列名字；第 17～25 行输出所有的字段值；第 27 行关闭 OleDbDataReader；第 28 行关闭与数据库的连接。

以上程序的运行界面如图 8-13 示。

图 8-13　使用 OleDbCommand 类更新数据

8.3.3　使用存储过程

存储过程(Stored Procedure)是一组为了完成特定功能的 SQL 语句集，经编译后存储在数据库中。用户通过指定存储过程的名字并给出参数(如果该存储过程带有参数)来执行它。存储过程具有允许标准组件式编程、能够实现较快的执行速度、能够减少网络流量等优点。

通过 SqlCommand 和 OleDbCommand 调用存储过程时，首先需要将其 CommandType 属性设置为 CommandType.StoredProcedure，这表示要执行的是一个存储过程。属性的默认值为 CommandType.Text，表示执行 SQL 命令。另外该属性值也可以设置为 CommandType.TableDirect，表示要直接访问数据表，此时应该将 CommandText 属性设置为要访问的一个或多个表的名称。

程序清单 8.5 所示代码通过 SqlCommand，调用了 SuperMarket 数据库中的存储过程 byType，并把得到的结果显示在网页上。

程序清单 8.5　调用数据库中的存储过程

```
protected void Page_Load(object sender, EventArgs e)
{
    String sqlconn = "Data Source=HZIEE-2E53F913F;Initial Catalog=SuperMarket;Integrated
      Security=True";
```

```
4.      SqlConnection myConnection = new SqlConnection(sqlconn);
5.      myConnection.Open();
6 .     SqlCommand myCommand = new SqlCommand();
7.      myCommand.Connection = myConnection;
8.      myCommand.CommandType = CommandType.StoredProcedure;
9.      myCommand.CommandText = "byType";
10.     SqlParameter parInput = myCommand.Parameters.Add("@type", SqlDbType.SmallMoney);
11.     parInput.Direction = ParameterDirection.Input;
12.     parInput.Value = 2;
13.     SqlDataReader myReader = myCommand.ExecuteReader();
14.     Response.Write("<h3>使用存储过程查询数据</h3><hr>");
15.     Response.Write("<table border=1 cellspacing=0 cellpadding=2>");
16.     Response.Write("<tr bgcolor=#DAB4B4>");
17.     for (int i = 0; i < myReader.FieldCount; i++)
18.     {
19.         Response.Write("<td>" + myReader.GetName(i) + "</td>");
20.     }
21.     Response.Write("</tr>");
22.     while (myReader.Read())
23.     {
24.         Response.Write("<tr>");
25.         for (int i = 0; i < myReader.FieldCount; i++)
26.         {
27.             Response.Write("<td>" + myReader[i].ToString() + "</td>");
28.         }
29.         Response.Write("</tr>");
30.     }
31.     Response.Write("</table>");
32.     myReader.Close();
33.     myConnection.Close();
34. }
```

程序说明：第 5 行打开数据库连接；第 9 行中 byType 为存储过程的名字；第 10 行创建要传递给存储过程的参数；第 13 行把存储过程执行的结果保存到 SqlDataReader，获取数据之前，必须不断地调用 SqlDataReader 对象的 Read 方法，它负责前进到下一条记录；第 16～21 行显示列的名字；第 23～30 行输出所有的字段值；第 32 行关闭 SqlDataReader；第 33 行关闭与数据库的连接。

运行该程序，结果如图 8-14 所示。

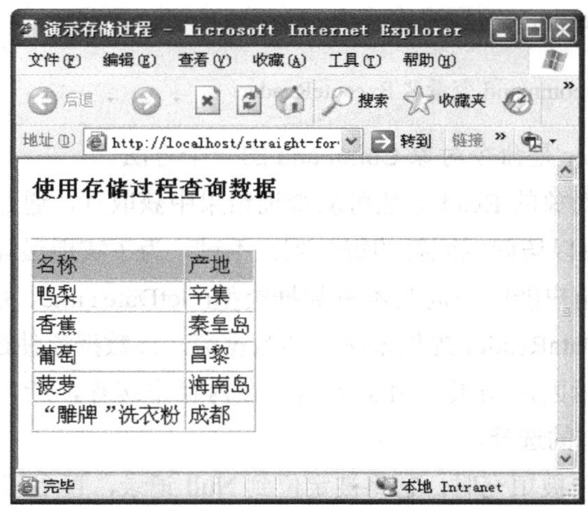

图 8-14　执行存储过程

8.4 使用 DataReader

上一节的例子中除了使用 DataCommand，还使用了 DataReader，本节介绍 DataReader 组件。

可以使用 ADO.NET DataReader 从数据库中检索只读、只进的数据流。所谓“只读”，是指在数据阅读器 DataReader 上不可更新、删除、增加记录。所谓“只进”，是指记录的接收是顺序进行且不可后退的，数据阅读器 DataReader 接收到的数据是以数据库的记录为单位的。查询结果在查询执行时返回，并存储在客户端的网络缓冲区中，直到用户使用 DataReader 的 Read 方法对它们发出请求。使用 DataReader 可以提高应用程序的性能，原因是它只要数据可用就立即检索数据，并且(默认情况下)一次只在内存中存储一行，减少了系统开销。

随.NET Framework 提供的每个.NET Framework 数据所提供的程序都包括一个 DataReader 对象，如：OLE DB .NET Framework 数据提供程序包括一个 OleDbDataReader 对象，SQL Server .NET Framework 数据提供程序包括一个 SqlDataReader 对象，ODBC .NET Framework 数据提供程序包括一个 OdbcDataReader 对象，Oracle .NET Framework 数据提供程序包括一个 OracleDataReader 对象。

在创建 Command 对象的一个实例之后，用户可以通过对命令对象调用 ExecuteReader 方法来创建 DataReader，该方法从在 Command 对象中指定的数据源检索一些行，这时，DataReader 就会被来自数据库的记录所填充。

以 SqlDataReader 对象为例，数据阅读器 DataReader 的定义格式为：

```
As SqlDataReader 数据阅读器变量名
```

数据阅读器 DataReader 的创建格式为：

数据阅读器变量名＝command 变量名.ExecuteReader

其中 ExecuteReader 是命令对象 Command 的一个方法。

使用 DataReader 对象的 Read 方法可从查询结果中获取行。通过向 DataReader 传递列的名称或序号引用，可以访问返回行的每一列。不过，为了实现最佳性能，DataReader 提供了一系列方法，使用户能够访问其本机数据类型(GetDateTime、GetDouble、GetGuid、GetInt32 等)的列值。DataReader 提供未缓冲的数据流，该数据流使过程逻辑可以有效地按顺序处理从数据源中返回的结果。由于数据不在内存中缓存，所以在检索大量数据时，DataReader 是一种适合的选择。

当 DataReader 首先被填充时，它将被定位到 Null 记录，直至第一次调用它的 Read 方法。这种方法与传统 ADO 逻辑中默认情况下指向记录集的第一条记录是不同的。

由于 DataReader 在执行 SQL 命令时一直要保持同数据库的连接，在 DataReader 对象开启的状态下，DataReader 将以独占方式使用 Connection，该对象所对应的 Connection 连接对象不能用来执行其他操作，如果 Command 包含输出参数或返回值，那么在 DataReader 关闭之前，将无法访问这些输出参数或返回值。所以在使用 DataReader 对象后，一定要使用 Close 方法关闭该 DataReader 对象，否则不仅会影响到数据库连接的效率，更会阻止其他对象使用 Connection 连接对象来访问数据库。

如果返回的是多个结果集，则 DataReader 会提供 NextResult 方法来按顺序循环访问这些结果集。当 DataReader 打开时，可以使用 GetSchemaTable 方法检索有关当前结果集的架构信息。GetSchemaTable 返回一个填充了行和列的 DataTable 对象，这些行和列包含当前结果集的架构信息。对于结果集的每一列，DataTable 都包含一行。架构表行的每一列都映射到在结果集中返回的列的属性，其中 ColumnName 是属性的名称，而列的值为属性的值。

由于 DataReader 允许对数据库进行直接、高性能的访问，它只提供对数据的只读和只向前的访问，它返回的结果不会驻留在内存中，并且它一次只能访问一条记录，对服务器的内存要求较小，而且，只使用 DataReader 就可以显示数据。所以，应用在只需要显示数据的应用程序中，如学历的录入、职称的录入、所属部门的录入、职务的录入等。为了根据职称表、部门表等形成下拉框，以保证录入的安全、数据有效及录入的便捷，可以尽量使用 DataReader，因为它将提供最佳的性能。

下面通过一个例子来进一步了解 DataReader 的用法。在该实例中，使用 DataReader 获取数据库指定表的内容。具体步骤如下：

(1) 在 http://localhost/straight-forward/chap08 网站中添加一个名为 DataReaderTest. aspx 的网页。

(2) 在该网页的代码文件中添加代码，如程序清单 8.6 所示。

程序清单 8.6　使用 Data Reader 获取数据库指定表的内容

```
protected void Page_Load(object sender, EventArgs e)
```

```
2.  {
3.      String sqlconn = "Data Source=HZIEE-2E53F913F;Initial Catalog=SuperMarket;Integrated
           Security=True";
4.      SqlConnection myConnection = new SqlConnection(sqlconn);
5.      myConnection.Open();
6.      SqlCommand myCommand = new SqlCommand("select * from Product", myConnection);
7.      SqlDataReader myReader;
8.      myReader = myCommand.ExecuteReader();
9.      Response.Write("<h3>使用 SqlCommand 类读取数据</h3><hr>");
10.     Response.Write("<table border=1 cellspacing=0 cellpadding=2>");
11.     Response.Write("<tr bgcolor=#DAB4B4>");
12.     for (int i = 0; i < myReader.FieldCount; i++)
13.     {
14.         Response.Write("<td>" + myReader.GetName(i) + "</td>");
15.     }
16.     Response.Write("</tr>");
17.     while (myReader.Read())
18.     {
19.         Response.Write("<tr>");
20.         for (int i = 0; i < myReader.FieldCount; i++)
21.         {
22.             Response.Write("<td>" + myReader[i].ToString() + "</td>");
23.         }
24.         Response.Write("</tr>");
25.     }
26.     Response.Write("</table>");
27.     myReader.Close();
28.     myConnection.Close();
29. }
```

程序说明：第 3 行设置连接字符串，这里使用的数据库是 SuperMarket 数据库；第 5 行打开数据库连接；第 6 行创建一个 SqlCommand 的实例；第 7 行和第 8 行创建一个 DataReader 对象，并使用 Product 表的内容填充该对象；第 12～15 行显示了 Product 表各列的名字；第 17 行调用了 SqlDataReader 的 Read 方法，获取数据之前，必须不断地调用 Read 方法，它负责前进到下一条记录，获得数据之后，在第 20～23 行把获取的数据打印出来；第 27 行关闭 SqlDataReader；第 28 行关闭与数据库的连接，释放使用的资源。

运行该程序，结果如图 8-15 示。

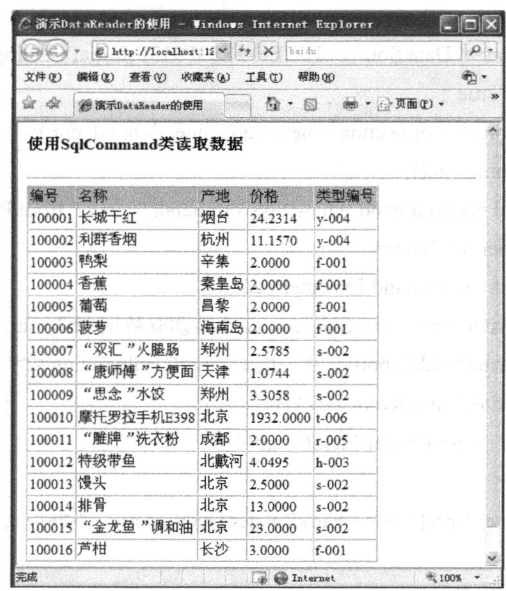

图 8-15　获取 Product 表的数据

8.5　填充数据集

数据集 DataSet 是 ADO.NET 数据库组件中非常重要的一个控件，通过这个控件可以实现大多数的数据库访问和操纵功能。DataSet 作为一个实体而单独存在，并可以被视为始终断开的记录集。这一点是 ADO.NET 与以前数据结构之间的最大区别。

DataSet 对象常和 DataAdapter 对象配合使用。通过 DataAdapter 对象，向 DataSet 中填充数据。

8.5.1　使用 DataAdapter

数据适配器 DataAdapter 表示一组数据命令和一个数据库连接，它们用于填充 DataSet 和更新数据源。DataAdapter 经常和 DataSet 一起配合使用，作为 DataSet 和数据源之间的桥接器以便检索和保存数据。下面是几种数据库使用数据适配器的方法。

- Microsoft SQL Server 数据库：通过将 SqlDataAdapter 与其关联的 SqlCommand 和 SqlConnection 对象一起使用，从而提高总体性能。
- 对于支持 OLE DB 的数据源：使用 DataAdapter 及其关联的 OleDbCommand 和 OleDbConnection 对象。
- 对于支持 ODBC 的数据源：使用 DataAdapter 及其关联的 OdbcCommand 和 OdbcConnection 对象。

- 对于 Oracle 数据库：使用 DataAdapter 及其关联的 OracleCommand 和 OracleConnection 对象。

使用数据适配器 SqlDataAdapter 的操作步骤如下。

(1) 建立数据库连接。

(2) 建立 SqlCommand 对象，设置要执行的 SQL 语句。

(3) 建立并实例化一个 SqlDataAdapter 对象。如果要执行的 SQL 语句为 Delete，则设置 DeleteCommand 属性为 SqlCommand 对象；如果要执行的 SQL 语句为 Insert，则设置 InsertCommand 属性为 SqlCommand 对象；如果要执行的 SQL 语句为 Select，则设置 SelectCommand 属性为 SqlCommand 对象；如果要执行的 SQL 语句为 Update，则设置 UpdateCommand 属性为 SqlCommand 对象。

(4) 建立一个 DataSet 对象，用于接收执行 SQL 命令返回的数据集。

(5) 填充数据集。

(6) 绑定数据控件。

(7) 关闭数据库连接。

下面通过一个实例说明如何使用 SqlConnection 对象、SqlDataAdapter 对象、DataSet 控件和 GridView 控件显示 SuperMarket 数据库中的数据。步骤如下。

(1) 在 http://localhost/straight-forward/chap08 网站中添加一个名为 DataAdapterTest.aspx 的网页。

(2) 在该网页中添加一个 GridView 控件，该网页的最终代码如程序清单 8.7 所示。

程序清单 8.7　DataAdapterTest.aspx 页面

```
1.  <%@ Page Language="C#" AutoEventWireup="true" CodeFile="DataAdapterTest.aspx.cs"
      Inherits="DataAdapterTest" %>
2.  <!DOCTYPE html PUBLIC "-//W3C//DTD XHTML 1.0 Transitional//EN"
      "http://www.w3.org/TR/xhtml1/DTD/xhtml1-transitional.dtd">
3.  <html xmlns="http://www.w3.org/1999/xhtml" >
4.  <head runat="server">
5.      <title>演示 DataAdapter 的使用</title>
6.  </head>
7.  <body MS_POSITIONING="GridLayout">
8.      <h3>使用数据适配器</h3>
9.        <hr/>
10.       <form id="Form1" method="post" runat="server">
11.           <asp: GridView id="DataGrid1" runat="server" Width="816px" Height="152px"></asp:
              GridView>
12.       </form>
13. </body>
14. </html>
```

程序说明：第 11 行定义了一个 GridView 控件，这个控件在后面会详细介绍，这里读者只要知道这个控件是用来显示数据的就可以了。

(3) 在 DataAdapterTest.aspx.cs 文件中添加代码，如程序清单 8.8 所示。

程序清单 8.8　使用数据适配器

```
1.  protected void Page_Load(object sender, EventArgs e)
2.  {
3.      String sqlconn = "Data Source=HZIEE-2E53F913F;Initial Catalog=SuperMarket;Integrated
          Security=True";
4.      SqlConnection myConnection = new SqlConnection(sqlconn);
5.      myConnection.Open();
6.      SqlCommand myCommand = new SqlCommand("select * from Product", myConnection);
7.      SqlDataAdapter Adapter = new SqlDataAdapter();
8.      Adapter.SelectCommand = myCommand;
9.      DataSet myDs = new DataSet();
10.     Adapter.Fill(myDs);
11.     GridView1.DataSource = myDs.Tables[0].DefaultView;
12.     GridView1.DataBind();
13.     myConnection.Close();
14. }
```

程序说明：第 3 行连接字符串，第 5 行打开数据库连接。第 6～12 行从 SuperMarket 数据库中读取 Product 数据表中的数据，然后填充在 DataSet 中，并通过数据绑定显示在 GridView 控件中。第 13 行关闭与数据库的连接。此外，需要引入 System.Data.SqlClient 命名空间，以简化对 SqlClient 空间中各个类的引用。

以上程序的运行结果如图 8-16 所示。

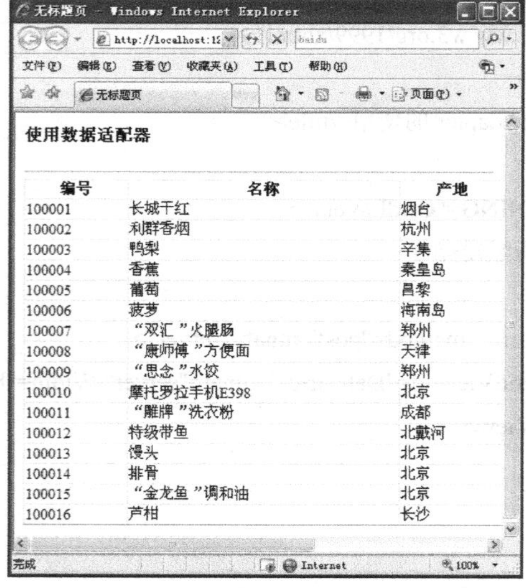

图 8-16　使用数据适配器

8.5.2 使用 DataTable、DataColumn 和 DataRow

DataSet 由一组 DataTable 对象组成，它具备存储多个表数据以及表间关系的能力。这些表就存储在 DataTable 对象中，而表间的关系则用 DataRelation 对象表示。DataTable 对象中包含了 DataRow 和 DataColumn 对象，分别存放表中行和列的数据信息。Tables 属性可以获取包含在 DataSet 中的表的集合。DataTable 的 Rows 属性表示数据表中行的集合，DataTable 的 Columns 属性表示数据表中列的集合。下面使用 DataTable、DataColumn 和 DataRow 来显示数据库 SuperMarket 中 Product 表的数据。

程序清单 8.9 使用 DataTable、DataColumn 和 DataRow

```
protected void Page_Load(object sender, EventArgs e)
{
        String sqlconn = "Data Source=HZIEE-2E53F913F;Initial Catalog=SuperMarket;Integrated Security=True";
        SqlConnection myConnection = new SqlConnection(sqlconn);
        myConnection.Open();

        SqlCommand myCommand = new SqlCommand("select * from Product", myConnection);
    SqlDataAdapter Adapter = new SqlDataAdapter();
    Adapter.SelectCommand = myCommand;
    DataSet myDs = new DataSet();
    Adapter.Fill(myDs);
    Response.Write("<h3>使用 DataTable、DataColumn 和 DataRow</h3><hr>");
    Response.Write("<table border=1 cellspacing=0 cellpadding=2>");
    DataTable myTable = myDs.Tables[0];
    Response.Write("<tr bgcolor=#DAB4B4>");
    foreach (DataColumn myColumn in myTable.Columns)
    {
        Response.Write("<td>" + myColumn.ColumnName + "</td>");
    }
    Response.Write("</tr>");
    foreach (DataRow myRow in myTable.Rows)
    {
        Response.Write("<tr>");
        foreach (DataColumn myColumn in myTable.Columns)
        {
            Response.Write("<td>" + myRow[myColumn] + "</td>");
        }
        Response.Write("</tr>");
    }
    Response.Write("</table>");
    myConnection.Close();
}
```

程序说明：第 3 行连接字符串，第 5 行打开数据库连接。第 6～10 行从 SuperMarket 数据库中读取 Product 数据表中的数据，然后填充在 DataSet 中。第 13 行设置通过 myDs.Tables[0]返回数据集中的第一个数据表，可以通过指定表名字的形式获得，如 myDs.Tables["authors"]。第 14～18 行显示列名字，字段的名字通过 DataColumn 的 ColumnName 属性获得。第 20～29 行输出所有的字段值；第 30 行关闭与数据库的连接。

访问数据表中的全部内容通过两个 foreach 循环实现，第一个循环用于读取 DataTable 中的每一行，第二个循环则输出行中的每一个字段的值。字段值通过 myRow[myColumn]返回。以上程序的运行结果如图 8-17 所示。

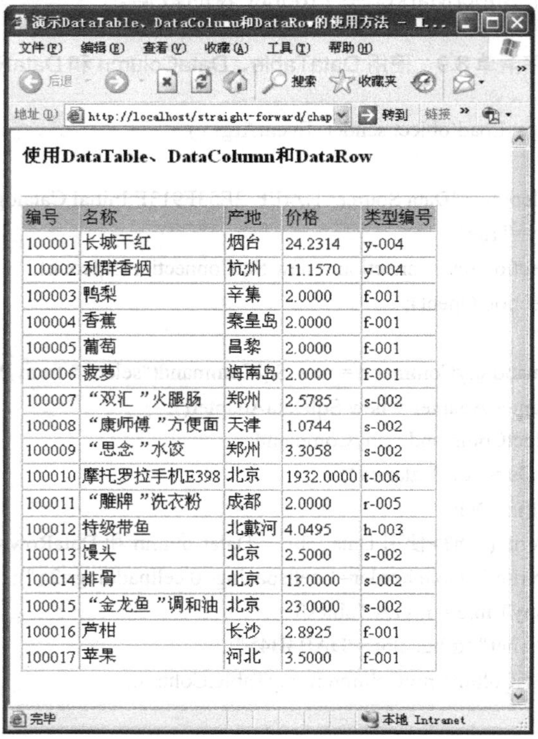

使用DataTable、DataColumn和DataRow

编号	名称	产地	价格	类型编号
100001	长城干红	烟台	24.2314	y-004
100002	利群香烟	杭州	11.1570	y-004
100003	鸭梨	辛集	2.0000	f-001
100004	香蕉	秦皇岛	2.0000	f-001
100005	葡萄	昌黎	2.0000	f-001
100006	菠萝	海南岛	2.0000	f-001
100007	“双汇”火腿肠	郑州	2.5785	s-002
100008	“康师傅”方便面	天津	1.0744	s-002
100009	“思念”水饺	郑州	3.3058	s-002
100010	摩托罗拉手机E398	北京	1932.0000	t-006
100011	“雕牌”洗衣粉	成都	2.0000	r-005
100012	特级带鱼	北戴河	4.0495	h-003
100013	馒头	北京	2.5000	s-002
100014	排骨	北京	13.0000	s-002
100015	“金龙鱼”调和油	北京	23.0000	s-002
100016	芦柑	长沙	2.8925	f-001
100017	苹果	河北	3.5000	f-001

图 8-17　使用 DataTable、DataColumn 和 DataRow

8.5.3　访问数据集

利用 DataSet 对象还可以完成对数据库内容的增加、删除操作。当在数据库中插入数据时，具体的执行步骤如下所示。

(1) 建立数据库连接。

(2) 建立 SqlCommand 对象，设置要执行的 SQL 语句。

(3) 建立并实例化一个 SqlDataAdapter 对象。为 SqlDataAdapter 的 InsertCommand 属性创建一个执行 Insert 语句的 SqlCommand，并赋值给 InsertCommand 属性。

(4) 建立一个 DataSet 对象，用于接收执行 SQL 命令返回的数据集。

(5) 填充数据集。

(6) 通过 DataSet 对象获取要操作数据表的 DataTable 对象。

(7) 通过 DataTable 对象的 NewRow 方法返回一个新的数据行，并对新行进行赋值。

(8) 通过 DataTable 对象 Rows 集合的 Add 方法把新建的 DataRow 对象添加到 Rows 集合中。

(9) 调用 SqlDataAdapter 对象的 Update 方法把修改提交到数据库中。

下面通过以上步骤为 SuperMarket 数据库中 Product 数据表添加一行数据。具体代码如程序清单 8.10 所示。

程序清单 8.10　使用 DataSet 增加数据

```
protected void Page_Load(object sender, EventArgs e)
{
    String sqlconn = "Data Source=HZIEE-2E53F913F;Initial Catalog=SuperMarket;Integrated Security=True";
    SqlConnection myConnection = new SqlConnection(sqlconn);
    myConnection.Open();
    SqlCommand myCommand = new SqlCommand("select * from Product", myConnection);
    SqlCommand sqlInsertCommand1 = new SqlCommand();
    sqlInsertCommand1.CommandText = @"INSERT INTO Product(编号,名称,产地,价格,类型编号) VALUES (@no, @name, @place, @price,@type); ";
    sqlInsertCommand1.Connection = myConnection;
    sqlInsertCommand1.Parameters.Add(new SqlParameter("@no", System.Data.SqlDbType.Int, 4, "编号"));
    sqlInsertCommand1.Parameters.Add(new SqlParameter("@name", System.Data.SqlDbType.Text, 50, "名称"));
    sqlInsertCommand1.Parameters.Add(new SqlParameter("@place", System.Data.SqlDbType.Text, 50, "产地"));
    sqlInsertCommand1.Parameters.Add(new SqlParameter("@price", System.Data.SqlDbType.SmallMoney, 4, "价格"));
    sqlInsertCommand1.Parameters.Add(new SqlParameter("@type", System.Data.SqlDbType.NChar, 5, "类型编号"));
    SqlDataAdapter Adapter = new SqlDataAdapter();
    Adapter.SelectCommand = myCommand;
    Adapter.InsertCommand = sqlInsertCommand1;
    DataSet myDs = new DataSet();
    Adapter.Fill(myDs);
    DataTable myTable = myDs.Tables[0];
    DataRow myRow = myTable.NewRow();
```

```
22.        myRow["编号"] = 100018;
23.        myRow["名称"] = "拖鞋";
24.        myRow["产地"] = "大连";
25.        myRow["价格"] = 20;
26.        myRow["类型编号"] = "r-005";
27.        myTable.Rows.Add(myRow);
28.        Adapter.Update(myDs);
29.        myDs.Clear();
30.        myConnection.Close();
31.        myConnection.Open();
32.        Adapter.Fill(myDs);
33.        Response.Write("<h3>插入数据</h3><hr>");
34.        Response.Write("<table border=1 cellspacing=0 cellpadding=2>");
35.        Response.Write("<tr bgcolor=#DAB4B4>");
36.        foreach (DataColumn myColumn in myTable.Columns)
37.        {
38.            Response.Write("<td>" + myColumn.ColumnName + "</td>");
39.        }
40.        Response.Write("</tr>");
41.        foreach (DataRow row in myTable.Rows)
42.        {
43.            Response.Write("<tr>");
44.            foreach (DataColumn myColumn in myTable.Columns)
45.            {
46.                Response.Write("<td>" + row[myColumn] + "</td>");
47.            }
48.          Response.Write("</tr>");
49.     }
50.     Response.Write("</table>");
51.     myConnection.Close();
52. }
```

程序说明：第 3 行设置连接字符串，第 5 行打开数据库连接，第 7 行和第 8 行设置 InsertCommand。第 9～17 行创建 sqlInsertCommand1 对象，并把该对象赋值给 SqlDataAdapter 的 InsertCommand 属性，这一步非常关键，因为插入数据的时候要使用该对象。如果没有设置 InsertCommand 属性，插入数据的时候会发生错误。sqlInsertCommand1 对象的 CommandText 属性设置非常复杂，使用了带参数的 SQL 语句，并通过 sqlInsertCommand1.Parameters.Add 方法设置了参数。

第 20 行获取 DataTable。第 21～28 行完成了插入操作，首先通过 myTable.NewRow() 语句创建了一个 DataRow 对象，然后为每个字段赋值。myTable.Rows.Add(myRow)把新建的 DataRow 对象添加到 Rows 集合中。Adapter.Update(myDs)把数据集中的内容更新到数据库中。第 29～32 行关闭数据库重新读取数据。

以上程序的运行界面如图 8-18 所示，可以看到已经成功地添加了一个记录。

插入数据

编号	名称	产地	价格	类型编号
100001	长城干红	烟台	24.2314	y-004
100002	利群香烟	杭州	11.1570	y-004
100003	鸭梨	辛集	2.0000	f-001
100004	香蕉	秦皇岛	2.0000	f-001
100005	葡萄	昌黎	2.0000	f-001
100006	菠萝	海南岛	2.0000	f-001
100007	“双汇”火腿肠	郑州	2.5785	s-002
100008	“康师傅”方便面	天津	1.0744	s-002
100009	“思念”水饺	郑州	3.3058	s-002
100010	摩托罗拉手机E398	北京	1932.0000	t-006
100011	“雕牌”洗衣粉	成都	2.0000	r-005
100012	特级带鱼	北戴河	4.0495	h-003
100013	馒头	北京	2.5000	s-002
100014	排骨	北京	13.0000	s-002
100015	“金龙鱼”调和油	北京	23.0000	s-002
100016	芦柑	长沙	2.8925	f-001
100017	苹果	河北	3.5000	f-001
100018	拖鞋	大连	20.0000	r-005

图 8-18　插入数据

当要删除数据时，可以通过 DataRow 对象的 Delete 方法删除当前行。需要注意的是，如果试图通过 Rows 集合的 Remove 方法或者 RemoveAt 方法删除行，实际上并不能正确地进行删除。删除操作放在习题中由读者自己完成。

更新数据集和插入、删除数据的操作类似，首先获得 DataSet 的某个数据表的 DataTable 对象，然后再获得要更新数据的行对象 DataRow，最后直接对 DataRow 对象进行修改，并更新数据库即可完成数据集的更新工作。

8.6　习　　题

8.6.1　填空题

1. ADO.NET 对象模型中有 5 个主要的组件，分别是________、________、________、

________以及________。

2. ADO.NET 体系结构的一个核心元素是.NET 数据提供程序，它是专门为________以及快速地只进、只读访问数据而设计的组件。它是包括________、________、________和________对象的组件。

3. 如果没有采用 Windows 组账号登录 SQL Server 数据库服务器，则需要在连接字中指定________和________。登录时 SQL Server 会对此________和________进行验证。

4. .NET Framework 中有一个 AccessDataSource 控件，该控件继承自________控件，用于连接________数据库，但是该类不支持连接到受________保护的________数据库。

5. 数据适配器 DataAdapter 表示一组________和一个________，它们用于________和________。DataAdapter 经常和________一起配合使用。

8.6.2　选择题

1. ________不是 SqlCommand 命令对象提供的基本方法。

A. ExecuteNonQuery　　B. Execute

C. ExecuteReader　　D. ExecuteScalar

2. DataReader 可以对数据库进行________和________的访问。

A. 只读　　B. 只写　　C. 只向前　　D. 随机

3. SqlCommand 类的________属性用于获取或设置要对数据源执行的 Transact-SQL 语句或存储过程。

A. CommandText　　B. CommandTimeout

C. Connection　　D. SelectCommand

4. 当 DataReader 首先被填充时，它将被定位到________记录，直至第一次调用它的 Read 方法。

A. NULL　　B. 第一条　　C. 最后一条　　D. 随机

5. SqlDataAdapter 的属性包括________。

A. InsertCommand　　B. DeleteCommand

C. UpdateCommand　　D. SelectCommand

8.6.3　问答题

1. 简述 ADO.NET 组件的结构。
2. 简述创建 SQL Server 数据库的过程。
3. 简述 DataSet 的作用。

8.6.4　上机操作题

1. 使用 OleDbCommand 把 Northwind.mdb 数据库“运货商”表中“公司名称”为“张氏快递”的记录改为“张三快递”，并显示修改后的记录，如图 8-19 所示。

图 8-19　使用 OleDb 更新数据

2. 删除上一题中修改的那条记录，并显示所有剩余的记录。最终的结果如图 8-20 所示。

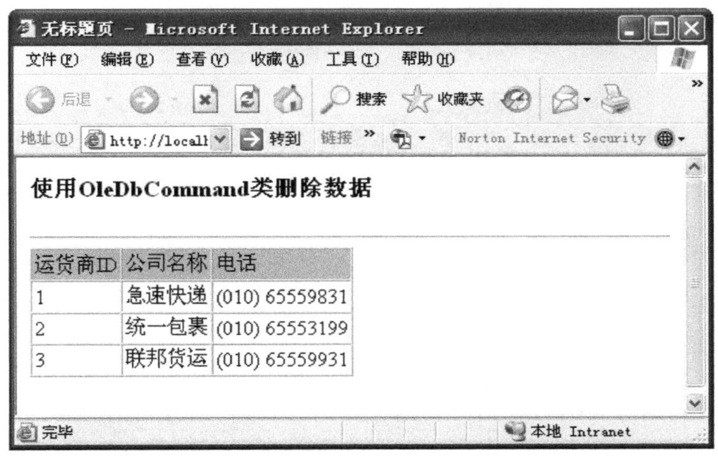

图 8-20　使用 OleDb 删除数据

3. 删除 SuperMarket 数据库中 Product 数据表中编号为 100018 的记录。执行的结果如图 8-21 所示。如果没有正确地设置 DeleteCommand 属性，则在提交数据到服务器时，会引发一个错误，如图 8-22 所示。

图 8-21　删除数据　　　　图 8-22　删除数据失败

第9章 数据绑定和数据控件

在使用 ASP.NET 创建网站时，显示和操作数据是一项非常频繁同时也非常重要的任务。完成这个任务需要两种类型的数据控件：数据源控件和数据绑定控件。数据绑定控件可以分为用于简单数据绑定的控件和用于复杂数据绑定的控件。掌握这些数据绑定控件是开发 ASP.NET 程序的基础。

本章重点：

- 数据绑定的定义
- 简单数据绑定
- 数据源控件
- GridView 控件和 DetailsView 控件
- FormView 控件和 ListView 控件

9.1 数据绑定的简介

在 ASP.NET 中，不仅可以把数据显示控件绑定到传统的数据源，还可以绑定到几乎所有包含数据的结构。这些数据可以在运行时计算、从文件中读取或者从其他控件中得到。

9.1.1 简单数据绑定和复杂数据绑定

ASP.NET 可以利用两种类型的数据绑定：简单绑定和复杂绑定。这两种类型具有不同的特点。

简单数据绑定将一个控件绑定到单个数据元素(如数据集表的列中的值)。这是用于诸如 TextBox 或 Label 之类的控件(通常是只显示单个值的控件)的典型绑定类型。事实上，控件上的任何属性都可以绑定到数据库中的字段。

简单数据绑定的步骤如下。

(1) 连接到数据源。

(2) 在窗体中，选择该控件并显示“属性”窗口。

(3) 展开 DataBindings 属性。最常绑定的属性在 DataBindings 属性下显示。例如，在大多数控件中，最经常绑定的是 Text 属性。

(4) 如果要绑定的属性不是常见的绑定属性，则应单击“高级”框中的...按钮，以显示带有该控件的完整属性列表的“高级数据绑定”对话框。

(5) 单击要绑定的属性的下拉箭头，显示可用数据源的列表。

(6) 展开要绑定到的数据源，直到找到所需的单个数据元素。例如，如果要绑定到数据集表中的某个列值，则应展开该数据集的名称，然后展开该表名以显示列名。

(7) 单击要绑定到的元素的名称。

(8) 如果正在“高级数据绑定”对话框中工作，则单击“关闭”按钮返回“属性”窗口。

复杂数据绑定将一个控件绑定到多个数据元素(通常是数据库中的多个记录)，复杂绑定又被称作基于列表的绑定。复杂数据绑定的具体操作将在后面进行详细介绍，这里就不再赘述了。

9.1.2　用于简单数据绑定的控件

本节通过一个例子来演示如何使用简单数据绑定控件。

例 9-1　简单数据绑定

步骤如下。

(1) 创建一个网站，该网站的名字为 http://localhost/straight-forward/chap09。

(2) 在该网站中增加一个名为 SimpleDataBinding.aspx 的网页。

(3) 切换到“设计”视图，在该网页上添加一个 DropDownList 控件 DropDownList1、一个 Button 控件 Button1 和一个 Label 控件 Label1，并在网页上输入提示信息。最终得到的网页如图 9-1 所示。

(4) 单击 DropDownList1 控件的“属性”窗体中 Items 项右边的 按钮，弹出“ListItem 集合编辑器”对话框，如图 9-2 所示。

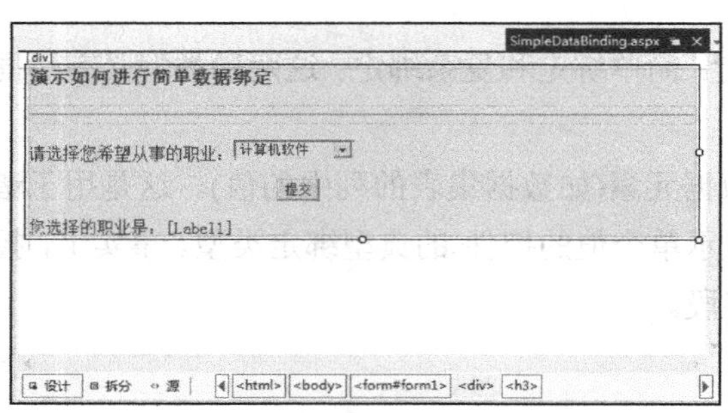

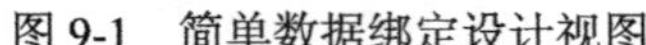

图 9-1　简单数据绑定设计视图

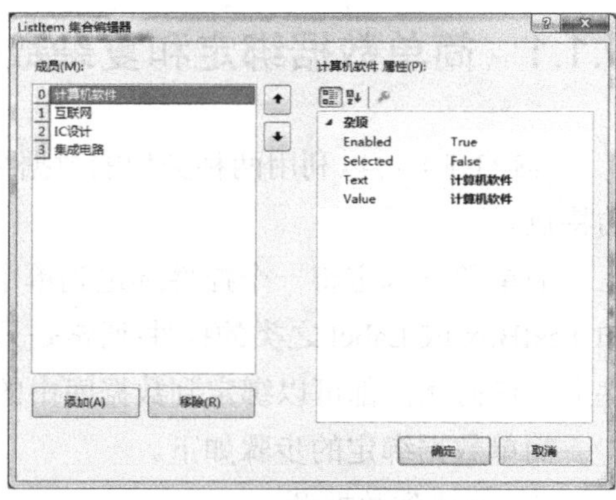

图 9-2　“ListItem 集合编辑器”对话框

在该对话框中单击“添加”按钮，在 Text 属性和 Value 属性中输入“计算机软件”，如图 9-3 所示。使用同样的方法，依次添加“互联网”“IC 设计”“集成电路”等项，然后单击“确定”按钮，把输入的项添加到 DropDownList1 控件中，最后关闭对话框。

(5) 选择 Label1 控件，在 Text 属性中选择<%# DropDownList1.SelectedItem.Text %>

控件。

(6) 双击“提交”按钮，进入该按钮的 Click 事件处理中，添加如程序清单 9.1 所示的代码。

程序清单 9.1　数据绑定

```
1.  protected void Button1_Click(object sender, EventArgs e)
2.  {
3.      Page.DataBind();
4.  }
```

程序说明：Page 类的 DataBind 方法将数据源绑定到被调用的服务器控件及其所有子控件。第 3 行通过该方法把 DropDownList1 控件的数据和 Label 绑定在一起，调用该方法后会自动更新控件显示的内容。

(7) 运行该程序，初始页面如图 9-3 所示。

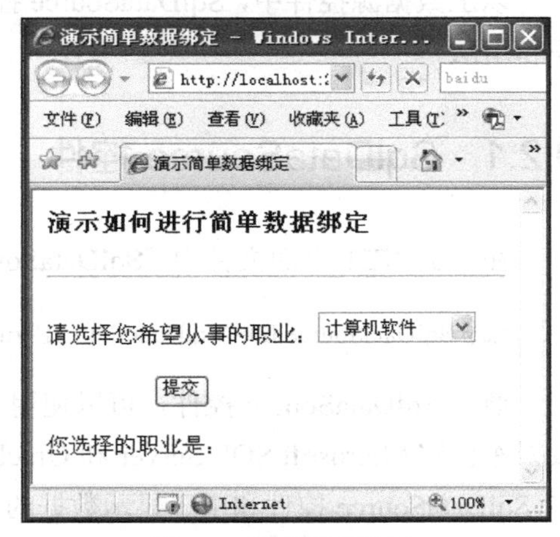

图 9-3　简单数据绑定

在 DropDownList1 列表框中选择“IC 设计”，然后单击“提交”按钮，可以发现 Label1 控件的内容变为“IC 设计”。

用于复杂数据绑定的控件主要有 GridView、DetailsView、FormView 以及 ListView 等。在后面几节分别来介绍这些常用的数据绑定控件。

9.2　数据源控件

在第 8 章中介绍了如何直接连接到数据库，执行查询，循环记录并把它们显示在页面上。9.1 节介绍了一个更简单的选择——数据绑定，使用数据绑定可以编写数据访问逻辑并把结果显示在页面上。下面将介绍另外一个更方便的数据绑定方式——数据源控件。使用数据源控件可以不用编写任何代码就可以实现页面的数据绑定。

.NET 框架提供了如下几个数据源控件。

- ObjectDataSource。它表示具有数据检索和更新功能的中间层对象，允许使用业务对象或其他类，并可创建依赖中间层对象管理数据的 Web 应用程序。
- SqlDataSource。它用来访问存储在关系数据中的数据源，这些数据库包括 Microsoft SQL Server 以及 OLE DB 和 ODBC 数据源。它与 SQL Server 一起使用时支持高级缓存功能。当数据作为 DataSet 对象返回时，此控件还支持排序、筛选和分页。
- AccessDataSource。它主要用来访问 Microsoft Access 数据库。当数据作为 DataSet

对象返回时，支持排序、筛选和分页。

- XmlDataSource。它主要用来访问 XML 文件，特别适用于分层的 ASP.NET 服务器控件，如 TreeView 或 Menu 控件。它支持使用 XPath 表达式来实现筛选功能，并允许对数据应用 XSLT 转换。它允许通过保存更改后的整个 XML 文档来更新数据。
- SiteMapDataSource。它结合 ASP.NET 站点导航使用。
- EntityDataSource。该控件支持基于实体数据模型(EDM)的数据绑定方案。此数据规范将数据表示为实体和关系集。它支持自动生成更新、插入、删除和选择命令以及排序、筛选和分页。

以上数据源控件中，SqlDataSource 控件是最常用的，本节将详细介绍该控件的相关知识和用法。

9.2.1 SqlDataSource 控件

在 ASP.NET 页面文件中，SqlDataSource 控件定义的标记同其他控件一样，示例如下。

```
<asp:SqlDataSource ID="SqlDataSource1" runat="server" ... />
```

通过 SqlDataSource 控件，可以使用 Web 控件访问位于某个关系数据库中的数据，该数据库包括 Microsoft SQL Server 和 Oracle 数据库，以及 OLE DB 和 ODBC 数据源。可以将 SqlDataSource 控件和用于显示数据的其他控件(如 GridView、FormView 和 DetailsView 控件)结合使用，使用很少的代码或不使用的代码就可以在 ASP.NET 网页中显示和操作数据。

SqlDataSource 控件使用 ADO.NET 类与 ADO.NET 支持的任何数据库进行交互。SqlDataSource 控件使用 ADO.NET 类提供的提供器访问数据库，它们是：

- System.Data.SqlClient 提供程序，用来访问 Microsoft SQL Server。
- System.Data.OleDb 提供程序，用来以 OleDb 的方式访问数据库。
- System.Data.Odbc 提供程序，用来以 Odbc 的方式访问数据库。
- System.Data.OracleClient 提供程序，用来访问 Oracle。

使用 SqlDataSource 控件，可以在 ASP.NET 页中访问和操作数据，而无须直接使用 ADO.NET 类。只需提供用于连接到数据库的连接字符串，并定义使用数据的 SQL 语句或存储过程即可。在运行时，SqlDataSource 控件会自动打开数据库连接，执行 SQL 语句或存储过程，返回选定数据(如果有)，然后关闭连接。

可以按照如下步骤将 SqlDataSource 控件连接至数据源。

(1) 将 ProviderName 属性设置为数据库类型(默认为 System.Data.SqlClient)。

(2) 将 ConnectionString 属性设置为连接字符串，该字符串包含连接至数据库所需的信息。

连接字符串的内容根据数据源控件访问的数据库类型的不同而有所不同。例如，

SqlDataSource 控件需要服务器名、数据库(目录)名，还需要如何在连接至 SQL Server 时对用户进行身份验证的相关信息。

如果不在设计时将连接字符串设置为 SqlDataSource 控件中的属性设置，则可以使用 connectionStrings 配置元素将这些字符串集中作为应用程序配置设置的一部分进行存储。这样，就可以独立于 ASP.NET 代码来管理连接字符串，包括使用 Protected Configuration 对这些字符串进行加密。

下面通过一个例子展示如何使用 SqlDataSource 控件连接到 SQL Server 数据库，并把获得的数据显示在 ListBox 控件中。

例 9-2　使用 SqlDataSource 控件连接到 SQL Server 数据库。

创建步骤如下。

(1) 在应用程序 chap09 中添加一个 ASP.NET 项目 9-2。

(2) 打开页面 Default.aspx，切换到“设计”视图。

(3) 从工具箱中向页面拖入一个 SqlDataSource 控件。

(4) 配置 SqlDataSource 控件的属性，可以在“属性”窗口中直接输入属性 ConnectionString 的值，也可以利用“配置数据源”窗口来设置 ConnectionString。通过属性 ConnectionString 连接到 SQL Server 数据库 BookSample，数据库 BookSample 的详细信息参考本书提供的源代码。

(5) 设置 SelectCommand 的值，它存储 SQL 命令。

(6) 从工具箱中向页面拖入一个 ListBox 控件，并设置该控件的 DataSourceID 为前面创建的数据源控件。

切换到“源”视图，可以看到代码如程序清单 9.2 所示。

程序清单 9.2　SqlDataSource 控件的定义代码

```
1.  <div>
2.      <asp:SqlDataSource ID="SqlDataSource1" runat="server" ConnectionString="<%$
          ConnectionStrings:BookSampleConnectionString %>"
           DataSourceMode="DataReader" SelectCommand="SELECT [ID], [CompanyName]
            FROM [RoomCompany]">
3.      </asp:SqlDataSource>
4.      <h1>
5.          <span lang="zh-cn">上海房产公司</span>列表</h1>
6.      <asp:ListBox ID="ListBox1" runat="server" DataSourceID="SqlDataSource1"
         Height="236px"
         Width="225px" AutoPostBack="True" DataTextField="CompanyName"
           DataValueField="ID">
7.      </asp:ListBox>
8.  </div>
```

程序说明：第 2 行和第 3 行代码定义了 SqlDataSource 控件，这里 ConnectionString 属性的值是从配置文件中读取 ConnectionStrings 的值，DataSourceMode 属性设置为

DataReader，表示只读；SelectCommand 属性设置为 SQL 语句，表示从数据表 RoomCompany 中获取 ID 和 CompanyName 两列的数据。第 6 行和第 7 行定义了 ListBox 控件，其属性 DataSourceID 为 SqlDataSource1，表示使用前面定义的数据源控件；DataTextField 属性设置为 CompanyName，表示显示文本为公司名字；DataValueField 属性设置为 ID，表示值为公司编号。

在浏览器中查看页面 Default.aspx，效果如图 9-4 所示。

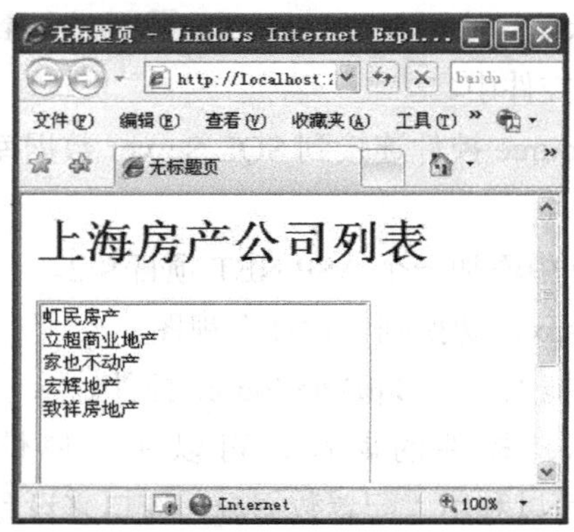

图 9-4　使用 SqlDataSource 控件绑定数据的效果图

9.2.2　SqlDataSource 控件的属性

SqlDataSource 控件提供了如表 9-1 所示的属性及说明。

表 9-1　SqlDataSource 控件的属性及说明

属　性	说　明
CacheDuration	获取或设置以秒为单位的一段时间，它是数据源控件缓存 Select 方法所检索到的数据的时间
CacheExpirationPolicy	获取或设置缓存的到期行为，该行为与持续时间组合在一起可以描述数据源控件所用缓存的行为
CacheKeyDependency	获取或设置一个用户定义的键依赖项，该键依赖项链接到数据源控件创建的所有数据缓存对象。当键到期时，所有缓存对象都显示为到期
CancelSelectOnNullParameter	获取或设置一个值，该值指示当 SelectParameters 集合中包含的任何一个参数为空引用(在 Visual Basic 中为 Nothing)时，是否取消数据检索操作
ConflictDetection	获取或设置一个值，该值指示当基础数据库中某行的数据在更新和删除操作期间发生更改时，SqlDataSource 控件如何执行该更新和删除操作

(续表)

属　　性	说　　明
ConnectionString	获取或设置特定于 ADO.NET 提供程序的连接字符串 SqlDataSource 控件使用该字符串连接基础数据库
DataSourceMode	获取或设置 SqlDataSource 控件获取数据所用的数据检索模式
DeleteCommand	获取或设置 SqlDataSource 控件从基础数据库删除数据所用的 SQL 字符串
DeleteCommandType	获取或设置一个值，该值指示 DeleteCommand 属性中的文本是 SQL 语句还是存储过程的名称
DeleteParameters	从与 SqlDataSource 控件相关联的 SqlDataSourceView 对象获取包含 DeleteCommand 属性所使用的参数的参数集合
EnableCaching	获取或设置一个值，该值指示 SqlDataSource 控件是否启用数据缓存
FilterExpression	获取或设置调用 Select 方法时应用的筛选表达式
FilterParameters	获取与 FilterExpression 字符串中的任何参数占位符关联的参数的集合
InsertCommand	获取或设置 SqlDataSource 控件将数据插入基础数据库所用的 SQL 字符串
InsertCommandType	获取或设置一个值，该值指示 InsertCommand 属性中的文本是 SQL 语句还是存储过程的名称
InsertParameters	从与 SqlDataSource 控件相关联的 SqlDataSourceView 对象获取包含 InsertCommand 属性所使用的参数的参数集合
OldValuesParameterFormatString	获取或设置一个格式字符串，该字符串应用于传递给 Delete 或 Update 方法的所有参数的名称
ProviderName	获取或设置.NET Framework 数据提供程序的名称，SqlDataSource 控件使用该提供程序来连接基础数据源
SelectCommand	获取或设置 SqlDataSource 控件从基础数据库检索数据所用的 SQL 字符串
SelectCommandType	获取或设置一个值，该值指示 SelectCommand 属性中的文本是 SQL 查询还是存储过程的名称
SelectParameters	从与 SqlDataSource 控件相关联的 SqlDataSourceView 对象获取包含 SelectCommand 属性所使用的参数的参数集合
SortParameterName	获取或设置存储过程参数的名称，在使用存储过程执行数据检索时，该存储过程参数用于对检索到的数据进行排序
SqlCacheDependency	获取或设置一个用分号分隔的字符串，指示用于 Microsoft SQL Server 缓存依赖项的数据库和表

(续表)

属　性	说　明
UpdateCommand	获取或设置 SqlDataSource 控件更新基础数据库中的数据所用的 SQL 字符串
UpdateCommandType	获取或设置一个值，该值指示 UpdateCommand 属性中的文本是 SQL 语句还是存储过程的名称
UpdateParameters	从与 SqlDataSource 控件相关联的 SqlDataSourceView 控件获取包含 UpdateCommand 属性所使用的参数的参数集合

9.2.3　SqlDataSource 控件的功能

SqlDataSource 控件具有如下几个功能。

1. 执行数据库操作命令

SqlDataSource 控件的 SelectCommand、UpdateCommand、DeleteCommand 和 InsertCommand 4 个属性对应数据库操作的 4 个命令，可以通过设置这些属性来执行相应的数据库操作命令，对于每个命令属性而言，可以为要执行的数据源控件指定 SQL 语句。如果数据源控件与支持存储过程的数据库相连，则可以在 SQL 语句的位置指定存储过程的名称。可以创建参数化的命令，这些命令包括要在运行时提供的值的占位符。可以创建参数对象，以指定命令在运行时获取参数值的位置，如从其他控件中、从查询字符串中等。或者，可以通过编程方式指定参数值。

2. 返回 DataSet 或 DataReader 对象

SqlDataSource 控件可以返回两种格式的数据：作为 DataSet 对象或作为 ADO.NET 数据读取器。通过设置数据源控件的 DataSourceMode 属性，可以指定要返回的格式。DataSet 对象包含服务器内存中的所有数据，并允许在检索数据后采用各种方式操作数据。数据读取器提供可获取单个记录的只读光标。通常，如果要在检索数据后对数据进行筛选、排序、分页，或者要维护缓存，可以选择返回数据集。相反，如果只希望返回数据并且正在使用页面上的控件显示该数据，则可以使用数据读取器。

3. 进行缓存

SqlDataSource 控件可以缓存它已检索的数据，这样可以避免开销很大的查询操作，从而增强应用程序的性能。只要数据相对稳定，且缓存的结果小得足以避免占用过多的系统内存，就可以使用缓存。

默认情况下不启用缓存。将 EnableCaching 设置为 true，便可以启用缓存。缓存机制基于时间，可以将 CacheDuration 属性设置为缓存数据的秒数。数据源控件为连接、选择命令、选择参数和缓存设置的每个组合维护一个单独的缓存项。

SqlDataSource 控件还可以利用 SQL Server 的缓存依赖项功能。使用此功能可以指定保留在缓存中的数据，这些数据一直保留到 SQL Server 在指定的表中报告更改为止。使用这种类型的缓存可以提高在 Web 应用程序中进行数据访问的性能，因为可以最大限度地减少数据检索的次数，仅在必须获取刷新数据时执行检索。

4. 筛选

如果已为 SqlDataSource 控件启用缓存，并且已将数据集指定为 Select 查询返回的数据格式，则还可以筛选数据，而无须重新运行该查询。SqlDataSource 控件支持 FilterExpression 属性，可以使用该属性指定应用于由数据源控件维护的数据的选择条件。还可以创建特殊的 FilterParameters 对象，这些对象在运行时为筛选表达式提供值，从而对筛选表达式进行参数化。

5. 排序

SqlDataSource 控件支持在 DataSourceMode 设置为 DataSet 时响应绑定控件的排序请求。

9.2.4 使用 SqlDataSource 控件

若要使用 SqlDataSource 控件从数据库中检索数据，至少需要设置以下属性。

- ProviderName，设置为 ADO.NET 提供程序的名称，该提供程序表示正在使用的数据库。
- ConnectionString，设置为用于数据库的连接字符串。
- SelectCommand，设置为从数据库中返回数据的 SQL 查询或存储过程。

下面通过一个例子介绍如何使用 SqlDataSource 控件从数据库中检索数据，并且把参数传递给 SQL 语句。

例 9-3　使用 SqlDataSource 控件从数据库中检索数据

创建步骤如下。

(1) 在应用程序 chap09 中添加一个 ASP.NET 项目 9-3。

(2) 打开页面 Default.aspx，切换到“设计”视图。

(3) 从工具箱中向页面拖入一个 DropDownlList 控件，在其中加入一些数据项。定义代码如程序清单 9.3 所示。

程序清单 9.3　DropDownlList 控件的定义

```
<asp:DropDownList ID="DropDownList1" runat="server" AutoPostBack="True">
        <asp:ListItem>中国</asp:ListItem>
        <asp:ListItem>美国</asp:ListItem>
        <asp:ListItem>法国</asp:ListItem>
        <asp:ListItem>新加坡</asp:ListItem>
        </asp:DropDownList>
```

程序说明：第 1～6 行定义了一个 DropDownList 控件，其中，第 2～5 行向该控件添加了数据项。

(4) 从工具箱中向页面拖入一个 SqlDataSource 控件。

(5) 配置 SqlDataSource 控件的属性 ConnectionString，它的值是从 Web.config 文件中读取的<ConnectionStrings>节定义的名为 pubs 的字符串。通过属性 ConnectionString 连接到 SQL Server 数据库 BookSample，数据库 BookSample 的详细信息参考本书提供的源代码。

(6) 设置 SelectCommand 的值，它存储 SQL 命令。SQL 包含一个参数，代码如程序清单 9.4 所示。

程序清单 9.4　包含参数的 SQL 语句

```
SELECT [StuName], [ID] FROM [Students] where state = @State
```

程序说明：这个 SQL 语句加入了 where 子句，表示根据参数 State 传入的值来选取某个国家的学生。

(7) 添加属性<SelectParameters>的定义，代码如程序清单 9.5 所示。

程序清单 9.5　属性<SelectParameters>的定义

```
1.  <SelectParameters>
2.      <asp:controlparameter name="State" controlid="DropDownList1"
        propertyname="SelectedValue"/>
3.      </SelectParameters>
```

程序说明：第 1 行中<SelectParameters>的定义代码要放在 SqlDataSource 控件的定义标记之间。第 2 行代码表示参数的值是从控件中读取的，参数的名字是 State，与 SQL 命令中参数 State 相对应，参数的值是 DropDownList1 的属性 SelectedValue 的值。

(8) 从工具箱中向页面拖入一个 ListBox 控件，并设置该控件的 DataSourceID 为前面创建的数据源控件。

在浏览器中查看页面 Default.aspx，效果如图 9-5 所示。根据下拉列表的选择，ListBox 中的显示会做出相应的变化。

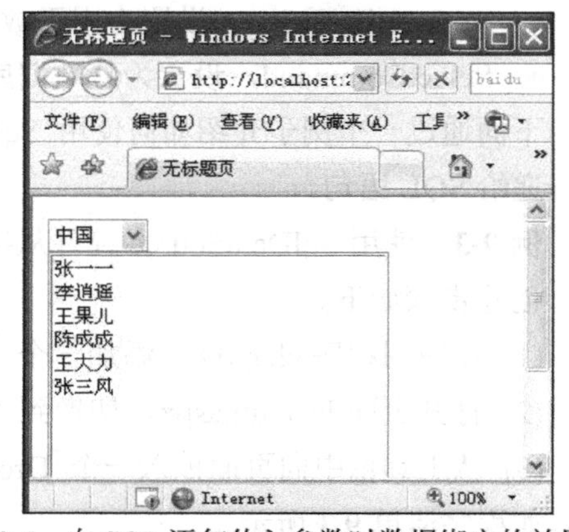

图 9-5　向 SQL 语句传入参数时数据绑定的效果图

9.3　GridView 控件

GridView 控件用于将数据源的数据以表格的形式显示出来，在前面已经多次用到了该控件。GridView 控件的每一行代表数据源中的一条记录。GridView 控件支持多种操作，如选择、编辑、删除、分页、排序等。

9.3.1　GridView 控件概述

GridView 是数据绑定列表控件，可以在表中显示来自数据源的项。GridView 控件的属性分为两个主要部分，第一部分用于控制 GridView 控件的整体显示效果，包括数据源、绑定表达式、每页容纳的记录的条数等；第二部分用于控制记录每个字段的显示效果。

GridView 控件的常用属性及说明如表 9-2 所示。

表 9-2　GridView 控件的常用属性及说明

属　性	说　明
AllowPaging	获取或设置指示是否启用分页的值
AllowSorting	获取或设置指示是否启用排序的值
AlternatingRowStyle	设置交替数据行的外观
AutoGenerateColumns	获取或设置一个值，该值指示是否为数据源中的每一字段自动创建 Bound Column 对象并在 GridView 控件中显示这些对象
BackColor	获取或设置 Web 服务器控件的背景色
BackImageUrl	获取或设置要在 GridView 控件的背景中显示的图像的 URL
BorderColor	获取或设置 Web 服务器控件的边框颜色
BorderStyle	获取或设置 Web 服务器控件的边框样式
BorderWidth	获取或设置 Web 服务器控件的边框宽度
CellPadding	获取或设置单元格的内容与单元格的边框之间的空间量
CellSpacing	获取或设置单元格间的空间量
Columns	获取表示 GridView 控件的各列的对象的集合
CssClass	获取或设置由 Web 服务器控件在客户端呈现的级联样式表(CSS)类
PageIndex	获取或设置当前显示页的索引
DataKeyNames	获取或设置一个数组，该数组包含了显示在 GridView 控件中的项的主键字段的名称
DataKeys	获取 DataKeyCollection，它存储数据列表控件中每个记录的键值(显示为一行)
DataMember	获取或设置多成员数据源中要绑定到数据列表控件的特定数据成员
DataSource	获取或设置源，该源包含用于填充控件中的项的值列表
EnableViewState	获取或设置一个值，该值指示服务器控件是否向发出请求的客户端保持自己的视图状态以及它所包含的任何子控件的视图状态
ForeColor	获取或设置 Web 服务器控件的前景色(通常是文本颜色)
GridLines	获取或设置一个值，该值指定是否显示数据列表控件的单元格之间的边框
HeaderStyle	获取 GridView 控件中标题部分的样式属性
HorizontalAlign	获取或设置数据列表控件在其容器内的水平对齐方式

(续表)

属　　性	说　　明
Page	获取对包含服务器控件的 Page 实例的引用
PageCount	获取显示 GridView 控件中各项所需的总页数
PagerStyle	获取对 TableItemStyle 对象的引用，使用该对象可以设置 GridView 控件中的页导航行的外观
PageSize	获取或设置要在 GridView 控件的单页上显示的项数
SelectedIndex	获取或设置 GridView 控件中选定项的索引
ShowFooter	获取或设置一个值，该值指示页脚是否在 GridView 控件中显示
ShowHeader	获取或设置一个值，该值指示是否在 GridView 控件中显示页眉

9.3.2　在 GridView Web 服务器控件中分页

当数据很多，不能一页显示完时就需要进行分页显示。GridView 控件提供了很好的分页显示支持。从表 9-2 可知，属性 AllowPaging 决定是否使用分页显示，如果要使用分页显示，需要设置该属性值为 true，否则该属性值为 false。使用 PagerSetting 属性可以设置分页显示的模式，可以通过设置 PagerSettings 类的 Mode 属性来自定义分页模式。Mode 属性的值包括：

- NextPrevious：上一页按钮和下一页按钮。
- NextPreviousFirstLast：上一页按钮、下一页按钮、第一页按钮和最后一页按钮。
- Numeric：可直接访问页面的带编号的链接按钮。
- NumericFirstLast：带编号的链接按钮、第一个链接按钮和最后一个链接按钮。

例 9-4　GridView 分页

在这个实例中，将通过 GridView 读取 SuperMarket 数据库的 Product 数据表的内容。这里使用分页显示记录，每页显示 5 条记录，并允许用户选择分页显示的模式。用户可以选择 NextPrevious 或 Numeric 模式来分页显示记录。实现该例子的步骤如下。

(1) 在应用程序 chap09 中添加一个 ASP.NET 项目 9-4。

(2) 添加一个页面 PageTest.aspx，切换到"设计"视图。在该网页中添加两个 RadioButton 控件、一个 GridView 控件和一个 Button 控件。该网页的具体代码如程序清单 9.6 所示。

程序清单 9.6　PageTest.aspx 文件

```
<%@ Page Language="C#" AutoEventWireup="true" CodeFile="PageTest.aspx.cs"
  Inherits="PageTest" %>
<!DOCTYPE html >
<html xmlns="http://www.w3.org/1999/xhtml">
<head runat="server">
    <title>演示 GridView 的分页功能</title>
</head>
```

```
7.  <body>
8.      <h3>
9.          演示 GridView 控件的分页显示功能</h3>
10.     <form id="form1" runat="server">
11.         <div>
12.             <asp:RadioButton ID="RadioButton1" runat="server" Text="使用 Numeric 模式"
                  GroupName="Mode" OnCheckedChanged="RadioButton1_CheckedChanged" />
13.             <asp:RadioButton ID="RadioButton2" runat="server" Text="使用 NextPrevious 模式"
                  GroupName="Mode" OnCheckedChanged="RadioButton2_CheckedChanged"    />
14.             <p>
15.             </p>
16.             <asp:GridView ID="GridView1" runat="server" Height="268px" Width="419px"
                  AutoGenerateColumns="true"
17.                 AllowPaging="True" PageSize="5" PagerStyle-HorizontalAlign="Right"
                      OnPageIndexChanging="GridView1_PageIndexChanging">
18.               <PagerSettings NextPageText="后一页" PreviousPageText="前一页" />
19.               <PagerStyle BorderColor="Black" HorizontalAlign="Right" />
20.             </asp:GridView>
21.             <br />
22.                                  
                                      
                   
23.              <asp:Button   ID="Button1" runat="server" OnClick="Button1_Click" Text="显示"
                  /></div>
24.     </form>
25.  </body>
26. </html>
```

程序说明：第 16～20 行定义了一个 GridView 控件。其中，第 17 行设置 GridView 控件的 AllowPaging 属性为 true，PageSize 属性为 5，表示每页只显示 5 条记录。第 18 行设置 PagerSettings 属性，NextPageText 属性设置为“后一页”，PreviousPageText 属性设置为“前一页”，当显示模式设置为链接分页显示模式时，这两个属性设置的值将显示在页面上，用户单击后可以进行页面切换。

(3) 在 PageTest.aspx.cs 文件中添加如程序清单 9.7 所示的事件处理代码。

程序清单 9.7　事件处理代码

```
public partial class PageTest : System.Web.UI.Page
{
    private DataView m_DataView;
    protected void GridView1_PageIndexChanging(object sender, GridViewPageEventArgs e)
    {
        GridView1.PageIndex = e.NewPageIndex;
        GridView1.DataSource = m_DataView;
        GridView1.DataBind();
```

```
9.      }
10.     protected void RadioButton1_CheckedChanged(object sender, EventArgs e)
11.     {
12.         GridView1.PagerSettings.Mode = PagerButtons.Numeric;
13.         GridView1.DataSource = m_DataView;
14.         GridView1.DataBind();
15.     }
16.     protected void RadioButton2_CheckedChanged(object sender, EventArgs e)
17.     {
18.         GridView1.PagerSettings.Mode = PagerButtons.NextPrevious;
19.         GridView1.DataSource = m_DataView;
20.         GridView1.DataBind();
21.     }
22.     protected void Button1_Click(object sender, EventArgs e)
23.     {
24.         String sqlconn = "Data Source=zzl;Initial Catalog=SuperMarket;User ID=sa;Password=123";
25.         SqlConnection myConnection = new SqlConnection(sqlconn);
26.         myConnection.Open();
27.         SqlCommand myCommand = new SqlCommand("select * from Product", myConnection);
28.         SqlDataAdapter Adapter = new SqlDataAdapter();
29.         Adapter.SelectCommand = myCommand;
30.         DataSet myDs = new DataSet();
31.         Adapter.Fill(myDs);
32.         m_DataView = myDs.Tables[0].DefaultView;
33.         myConnection.Close();
34.         RadioButton1.Checked = true;
35.         GridView1.DataSource = m_DataView;
36.         GridView1.DataBind();
37.     }
38. }
```

程序说明：第 3 行定义了一个 DataView 对象，该对象在进行分页显示时被使用。第 22～37 行定义了 Button1 控件的 Click 事件。其中，第 24 行设置了连接字符串 sqlconn，通过 sqlconn 设置连接到 SQL Server 数据库 SuperMarket，数据库 SuperMarket 的详细信息参考本书提供的源代码。第 26 行为打开数据库连接，第 27～32 行打开了 SuperMarket 数据库的 Product 数据表，使用 DataAdapter 对象填充数据集。第 33～36 行对 GridView 控件进行了数据绑定，并根据当前 GridView1 控件的属性设置显示模式。

在设置分页显示的模式时，必须首先设置显示模式，然后再进行数据绑定。如果把设置分页显示模式代码放置在数据绑定代码后，则分页显示的模式将不会立刻生效。第 12 行设置分页显示模式为数字分页显示模式，第 18 行设置分页显示模式为数字链接显示模式。

第 4～9 行定义了 GridView 控件的 PageIndexChanging 事件处理代码。该事件的作用是：当用户单击了页面上的页面导航数字(或者链接)时，将会触发 PageIndexChanging 事件。在 PageIndexChanging 事件处理代码中，可以把当前的页面索引设置为新的页面索引。该索引值从事件参数 e.NewPageIndex 中获得。

以上代码的运行界面如图 9-6 所示，单击页码即可实现翻页。

图 9-6　使用数字分页显示模式的运行界面

9.3.3　对 GridView Web 服务器控件中的数据进行排序

在 GridView 中可以实现数据的排序(在默认情况下 GridView 并不对数据排序)。当 AllowSorting 属性设置为 true 时，就打开了排序功能。此时 GridView 控件的字段头将变为可以单击的链接。当单击这些链接时会触发 Sorting 和 Sorted 事件。Sorting 事件的语法定义如下所示。

```
public delegate void GridViewSortEventHandler (Object sender,GridViewSortEventArgs e)
public event GridViewSortEventHandler Sorting
```

其中，GridViewSortEventArgs 参数的 SortExpression 属性表示的是要进行排序的字段名。该属性可以赋值给 DataView 的 Sort 属性进行排序操作。

例 9-5　GridView 排序

程序清单 9.8 所示的代码实现了一个 GridView 的简单数据排序功能，其中 GridView1_Sorting 方法是 Sorting 事件的处理函数。这里仍然读取 SuperMarket 数据库的 Product 数据表的内容并对它进行排序。

程序清单 9.8　在 DataGrid 控件中实现数据排序

```
public partial class SortTest : System.Web.UI.Page
{
        DataView m_DataView;
        protected void Page_Load(object sender, EventArgs e)
        {
            String sqlconn = "Data Source=zzl;Initial Catalog=SuperMarket;User ID=sa;Password=123";
```

```
7.          SqlConnection myConnection = new SqlConnection(sqlconn);
8.          myConnection.Open();
9.          SqlCommand myCommand = new SqlCommand("select * from Product", myConnection);
10.         SqlDataAdapter Adapter = new SqlDataAdapter();
11.         Adapter.SelectCommand = myCommand;
12.         DataSet myDs = new DataSet();
13.         Adapter.Fill(myDs);
14.         m_DataView = myDs.Tables[0].DefaultView;
15.         myConnection.Close();
16.         GridView1.DataSource = m_DataView;
17.         GridView1.DataBind();
18.     }
19.     protected void GridView1_Sorting(object sender, GridViewSortEventArgs e)
20.     {
21.         m_DataView.Sort = e.SortExpression;
22.         GridView1.DataBind();
23.     }
24. }
```

程序说明：在程序的第 3 行定义了一个 DataView 类型的成员变量，使用该变量作为数据源。第 6 行定义了数据库的连接字符串 sqlconn，通过 sqlconn 设置连接到 SQL Server 数据库 SuperMarket，数据库 SuperMarket 的详细信息参考本书提供的源代码。第 8～14 行打开了数据库连接，填充数据集的内容，进行数据绑定。第 15 行关闭了与数据库的连接，但这个操作并不会影响数据集中的数据。第 19～23 行定义了排序事件的处理程序。这里使用系统默认的排序方法。

程序运行时，单击各个字段的标题时会对该字段进行排序。图 9-7 中是按照“价格”字段进行排序的运行结果。

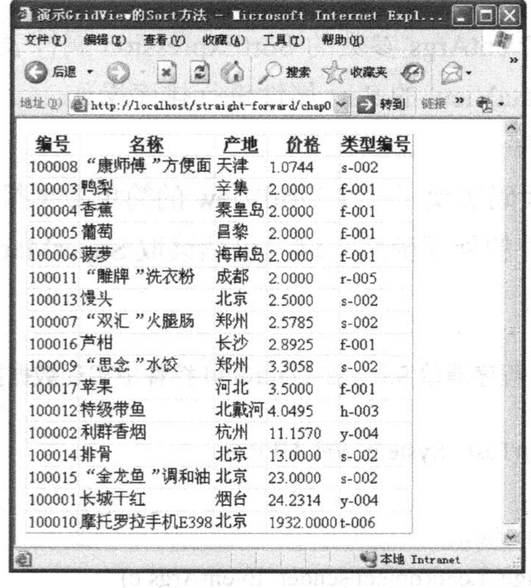

编号	名称	产地	价格	类型编号
100008	“康师傅”方便面	天津	1.0744	s-002
100003	鸭梨	辛集	2.0000	f-001
100004	香蕉	秦皇岛	2.0000	f-001
100005	葡萄	昌黎	2.0000	f-001
100006	菠萝	海南岛	2.0000	f-001
100011	“雕牌”洗衣粉	成都	2.0000	r-005
100013	馒头	北京	2.5000	s-002
100007	“双汇”火腿肠	郑州	2.5785	s-002
100016	芦柑	长沙	2.8925	f-001
100009	“思念”水饺	郑州	3.3058	s-002
100017	苹果	河北	3.5000	f-001
100012	特级带鱼	北戴河	4.0495	h-003
100002	利群香烟	杭州	11.1570	y-004
100014	排骨	北京	13.0000	s-002
100015	“金龙鱼”调和油	北京	23.0000	s-002
100001	长城干红	烟台	24.2314	y-004
100010	摩托罗拉手机E398	北京	1932.0000	t-006

图 9-7　在 DataGrid 控件中实现数据排序

9.4　DetailsView 控件

DetailsView 控件主要用来从与它联系的数据源中一次显示、编辑、插入或删除一条记录。通常，它将与 GridView 控件一起使用在主/详细方案中，GridView 控件用来显示主要的数据目录，而 DetailsView 控件显示每条数据的详细信息。

9.4.1　属性

DetailsView 控件提供了如表 9-3 所示的属性及说明。

表 9-3　DetailsView 控件的属性及说明

属　性	说　明
AllowPaging	获取或设置一个值，该值指示是否启用分页功能
AlternatingRowStyle	获取对 TableItemStyle 对象的引用，使用该对象可以设置 DetailsView 控件中的交替数据行的外观
AutoGenerateDeleteButton	获取或设置一个值，该值指示每个数据行都带有“删除”按钮的 CommandField 字段列是否自动添加到 DetailsView 控件
AutoGenerateSelectButton	获取或设置一个值，该值指示每个数据行都带有“选择”按钮的 CommandField 字段列是否自动添加到 DetailsView 控件
AutoGenerateInsertButton	获取或设置一个值，该值指示用来插入新记录的内置控件是否在 DetailsView 控件中显示
AutoGenerateRows	获取或设置一个值，该值指示对应于数据源中每个字段的行字段是否自动生成并在 DetailsView 控件中显示
BackImageUrl	获取或设置要在 DetailsView 控件的背景中显示的图像的 URL
BottomPagerRow	获取一个 DetailsView 对象，该对象表示 DetailsView 控件中的底部页导航行
Caption	获取或设置要在 DetailsView 控件的 HTML 标题元素中呈现的文本
CaptionAlign	获取或设置 DetailsView 控件中的 HTML 标题元素的水平或垂直位置
CellPadding	获取或设置单元格的内容和单元格的边框之间的空间量
CellSpacing	获取或设置单元格间的空间量
CommandRowStyle	获取对 TableItemStyle 对象的引用，该对象允许用户设置 DetailsView 控件中的命令行的外观
CurrentMode	获取 DetailsView 控件的当前数据输入模式
DataItem	获取绑定到 DetailsView 控件的数据项
DataItemCount	获取基础数据源中的项数
DataItemIndex	从基础数据源中获取 DetailsView 控件中正在显示的项的索引

(续表)

属　　性	说　　明
DataKey	获取一个 DataKey 对象，该对象表示所显示的记录的主键
DataKeyNames	获取或设置一个数组，该数组包含数据源的键字段的名称
DataMember	当数据源包含多个不同的数据项列表时，获取或设置数据绑定控件绑定到的数据列表的名称
DataSource	获取或设置对象，数据绑定控件从该对象中检索其数据项列表
DataSourceID	获取或设置控件的 ID，数据绑定控件从该控件中检索其数据项列表
DefaultMode	获取或设置 DetailsView 控件的默认数据输入模式
EditRowStyle	获取对 TableItemStyle 对象的引用，使用该对象可以设置 DetailsView 控件中为进行编辑而选中的行的外观
EmptyDataRowStyle	获取对 TableItemStyle 对象的引用，使用该对象可以设置当 DetailsView 控件绑定到不包含任何记录的数据源时会呈现的空数据行的外观
EmptyDataTemplate	获取或设置在 DetailsView 控件绑定到不包含任何记录的数据源时所呈现的空数据行的用户定义内容
EmptyDataText	获取或设置在 DetailsView 控件绑定到不包含任何记录的数据源时所呈现的空数据行中显示的文本
EnableSortingAndPagingCallbacks	获取或设置一个值，该值指示客户端回调是否用于排序和分页操作
FooterRow	获取表示 DetailsView 控件中的脚注行的 DetailsViewRow 对象
FooterStyle	获取对 TableItemStyle 对象的引用，使用该对象可以设置 DetailsView 控件中的脚注行的外观
GridLines	获取或设置 DetailsView 控件的网格线样式
HeaderRow	获取表示 DetailsView 控件中的标题行的 DetailsViewRow 对象
HeaderStyle	获取对 TableItemStyle 对象的引用，使用该对象可以设置 DetailsView 控件中的标题行的外观
HorizontalAlign	获取或设置 DetailsView 控件在页面上的水平对齐方式
InsertRowStyle	获取一个对 TableItemStyle 对象的引用，该对象允许用户设置在 DetailsView 控件处于插入模式时 DetailsView 控件中的数据行的外观
PageCount	获取在 DetailsView 控件中显示数据源记录所需的页数
PageIndex	获取或设置当前显示页的索引
PagerSettings	获取对 PagerSettings 对象的引用，使用该对象可以设置 DetailsView 控件中的页导航按钮的属性

(续表)

属　性	说　明
PagerStyle	获取对 TableItemStyle 对象的引用，使用该对象可以设置 DetailsView 控件中的页导航行的外观
PagerTemplate	获取或设置 DetailsView 控件中页导航行的自定义内容
Rows	获取表示 DetailsView 控件中数据行的 DetailsViewRow 对象的集合
RowStyle	获取对 TableItemStyle 对象的引用，使用该对象可以设置 DetailsView 控件中的数据行的外观
SelectedValue	获取 DetailsView 控件中选中行的数据键值
TopPagerRow	获取一个 GridViewRow 对象，该对象表示 GridView 控件中的顶部页导航行

DetailsView 控件提供了很多与 GridView 控件相似的属性，它们具有相同的作用，使用这些属性可以使程序对它的操作具有了很大的灵活性。但现在还没有必要完全记住这些属性，通过后面一些实例的讲解，读者会很快明白这些属性的用法。可以把这个当作工具，需要的时候查询即可。

9.4.2　在 DetailsView 控件中显示数据

默认情况下，在 DetailsView 控件中一次只能显示一行数据，如果有很多行数据，就需要使用 GridView 控件一次或分页显示。不过，DetailsView 控件也支持分页显示数据，即把来自数据源的控件利用分页的方式一次一行地显示出来，若一行数据的信息过多，利用这种方式显示数据的效果可能会更好。

若要启用 DetailsView 控件的分页行为，则需要把属性 AllowPaging 设置为 true，而其页面大小则是固定的，始终都是一行。

当启用 DetailsView 控件的分页行为时，可以通过 PagerSettings 属性来设置控件的分页界面。

下面通过一个示例来介绍如何在 DetailsView 控件中显示数据，以及如何启用分页功能。

例 9-6　DetailsView 控件中显示数据

(1) 在应用程序 chap09 中添加一个 ASP.NET 项目 9-6。

(2) 打开文件 web.config，在< connectionStrings >节中加入数据库连接字符串。

```
<connectionStrings>
    <add name="Pubs" connectionString="Data Source=zzl;Initial Catalog=BookSample;
        User ID=sa;Password=123"/>
</connectionStrings>
```

程序说明： 通过 Pubs 设置连接到 SQL Server 数据库 BookSample，数据库 BookSample 的详细信息参考本书提供的源代码。

(3) 从工具箱中向页面拖入一个 SqlDataSource 控件，并定义相关属性以从数据库中获得学生信息列表。

(4) 打开页面 Default.aspx，切换到“设计”视图，从工具箱中拖入一个 DetailsView 控件。

(5) 选中 DetailsView 控件，在“属性”窗口中设置属性 AutoGenerateRows 为 true。

(6) 选中 DetailsView 控件，单击右上角的按钮，在弹出的菜单中选择“自动套用格式”命令，在打开的“自动套用格式”对话框中选取“苜蓿地”样式。

(7) 选中 DetailsView 控件，单击右上角的按钮，在弹出的菜单中为 DetailsView 控件选择刚创建的 SqlDataSource 控件。

(8) 选中 DetailsView 控件，在“属性”窗口中设置属性 AllowPaging 为 true。

在浏览器中查看页面 Default.aspx，效果如图 9-8 所示。在 DetailsView 控件的底部显示了分页效果，用户单击这些数字按钮可以查看其他数据。

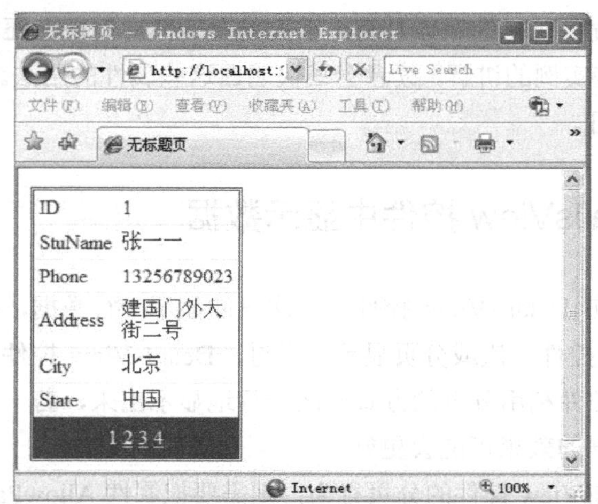

图 9-8　分页效果

9.4.3　在 DetailsView 控件中操作数据

本节将介绍如何在 DetailsView 控件中操作数据，与 GridView 控件相比，可以在 DetailsView 控件中进行插入操作。

DetailsView 控件本身自带了编辑数据的功能，只要把属性 AutoGenerateDeleteButton、AutoGenerateInsertButton 和 AutoGenerateEditButton 设置为 true 就可以启用 DetailsView 控件的编辑数据的功能，当然实际的数据操作过程还是在数据源控件中进行。

此外，程序员还可以利用 CommandField 字段或 TempleField 字段来自定义 DetailsView 控件的编辑数据的界面。

下面通过一个例子介绍如何实现 DetailsView 控件本身自带的编辑数据功能。

例 9-7　在 DetailsView 控件中编辑数据

(1) 在应用程序 chap09 中添加一个 ASP.NET 项目 9-7。

(2) 打开文件 web.config，在< connectionStrings >节中加入数据库连接字符串。

(3) 从工具箱中向页面拖入一个 SqlDataSource 控件，并定义其相关属性，代码如程序清单 9.9 所示。

程序清单 9.9　SqlDataSource 控件

```
1.  <asp:SqlDataSource ID="SqlDataSource1" runat="server" ConnectionString="<%$
      ConnectionStrings:Pubs %>"
2.              ProviderName="System.Data.SqlClient" DataSourceMode="DataSet"
3.              SelectCommand="SELECT * FROM [Students]"
4.              InsertCommand="insert into Students(StuName,Phone,Address,City,State) values
                (@StuName,@Phone,@Address,@City,@State);SELECT @ID = SCOPE_IDENTITY()"
5.              UpdateCommand="UPDATE Students SET StuName=@StuName, Phone=@Phone,
                  Address=@Address,City=@City, State=@State WHERE ID=@ID"
6.              DeleteCommand="DELETE Students WHERE ID=@ID"
7.                              >
8.            <InsertParameters>
9.              <asp:Parameter Name="StuName"    Type="String" />
10.               <asp:Parameter Name="Phone"      Type="String" />
11.               <asp:Parameter Name="Address"    Type="String" />
12.               <asp:Parameter Name="City"       Type="String" />
13.               <asp:Parameter Name="State"      Type="String" />
14.               <asp:Parameter Name="ID" Type="Int32" DefaultValue="1" />
15.             </InsertParameters>
16.             <UpdateParameters>
17.               <asp:Parameter Name="StuName"   Type="String" />
18.               <asp:Parameter Name="Phone"     Type="String" />
19.               <asp:Parameter Name="Address"   Type="String" />
20.               <asp:Parameter Name="City"      Type="String" />
21.               <asp:Parameter Name="State"     Type="String" />
22.               <asp:Parameter Name="ID" Type="Int32" DefaultValue="1" />
23.             </UpdateParameters>
24.             <DeleteParameters>
25.               <asp:Parameter Name="ID" Type="Int32" DefaultValue="1" />
26.             </DeleteParameters>
27.           </asp:SqlDataSource>
```

程序说明：这个 SqlDataSource 控件将实现 4 种功能：第一从数据库获得学生信息列表；第二向数据库中插入一条学生信息；第三更新一条学生信息；第四删除一条学生信息。第 3 行设置属性 SelectCommand 从数据表 Students 中获取数据，第 4 行设置属性 InsertCommand 向数据表 Students 中插入数据，第 5 行设置属性 UpdateCommand 更新数据表 Students 中的数据，第 6 行设置属性 DeleteCommand 删除数据表 Students 中的数据，第

8～15 行定义了插入 SQL 命令对应的参数，第 16～23 行定义了更新 SQL 命令对应的参数，第 24～26 行定义了删除 SQL 命令对应的参数。

(4) 打开页面 Default.aspx，切换到“设计”视图，从工具箱中拖入一个 DetailsView 控件。

(5) 选中 DetailsView 控件，在“属性”窗口中设置属性 AutoGenerateRows 为 false。

(6) 选中 DetailsView 控件，单击右上角的按钮，在弹出的菜单中选择“自动套用格式”命令，在打开的“自动套用格式”对话框中选取“苜蓿地”样式。

(7) 选中 DetailsView 控件，单击右上角的按钮，在弹出的菜单中为 DetailsView 控件选择刚创建的 SqlDataSource 控件。

(8) 选中 DetailsView 控件，在“属性”窗口中设置属性 AllowPaging 为 true。

(9) 选中 DetailsView 控件，在“属性”窗口中把属性 AutoGenerateDeleteButton、AutoGenerateInsertButton 和 AutoGenerateEditButton 设置为 true。

(10) 选中 DetailsView 控件，单击右上角的按钮，在弹出的菜单中选择“编辑字段”命令。在弹出的“字段”对话框中加入一个 BoundField 字段，并设置相关属性。

(11) 选中 DetailsView 控件，在“属性”对话框中设置属性 DataKeyName 为 ID。

在浏览器中查看页面 Default.aspx，效果如图 9-9 所示。

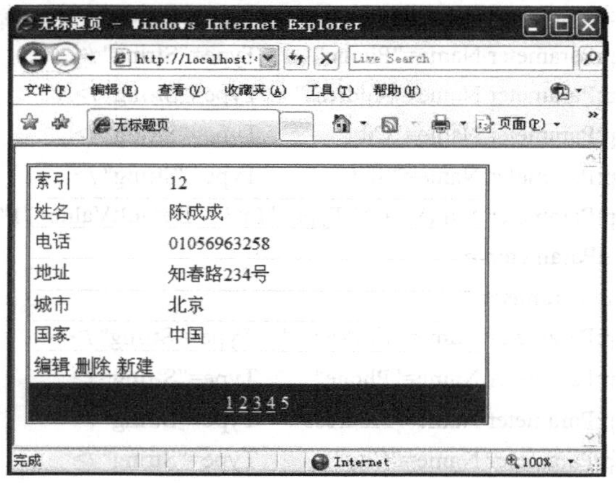

图 9-9　数据操作界面

图 9-9 显示了 DetailsView 控件自身所带的数据操作功能。单击“编辑”按钮则可进入该条数据的编辑界面，单击“删除”按钮则会把该条数据删除，单击“新建”按钮则会进入数据编辑界面，在这个界面中可以添加一条数据。

9.5　ListView 控件

ListView 控件，适用于任何具有重复结构的数据，而且 ListView 控件还允许用户编辑、插入和删除数据以及对数据进行排序和分页。

与 GridView 一样，ListView 控件可以显示使用数据源控件或 ADO.NET 获得的数据，但 ListView 控件会按照程序员的要求使用模板和样式定义的格式显示数据。利用 ListView 控件，可以逐项显示数据，也可以按组显示数据。还可以对显示的数据进行分页和排序，以及通过 ListView 控件进行数据的操作。

9.5.1　属性

ListView 控件提供了如表 9-4 所示的属性及说明。

表 9-4　ListView 控件的属性及说明

属　性	说　明
AlternatingItemTemplate	获取或设置 ListView 控件中交替数据项的自定义内容
ConvertEmptyStringToNull	获取或设置一个值，该值指示在数据源中更新数据字段时是否将空字符串值("")自动转换为 null 值
DataKeyNames	获取或设置一个数组，该数组包含了显示在 ListView 控件中的项的主键字段的名称
DataKeys	获取一个 DataKey 对象集合，这些对象表示 ListView 控件中的每一项的数据键值
EditIndex	获取或设置所编辑的项的索引
EditItem	获取 ListView 控件中处于编辑模式的项
EditItemTemplate	获取或设置处于编辑模式的项的自定义内容
EmptyDataTemplate	获取或设置在 ListView 控件绑定到不包含任何记录的数据源时所呈现的空模板的用户定义内容
EmptyItemTemplate	获取或设置在当前数据页的最后一行中没有可显示的数据项时，ListView 控件中呈现的空项的用户定义内容
EnableModelValidation	获取或设置一个值，该值指示验证程序控件是否会处理在插入或更新操作过程中出现的异常
GroupItemCount	获取或设置 ListView 控件中每组显示的项数
GroupPlaceholderID	获取或设置 ListView 控件中的组占位符的 ID
GroupSeparatorTemplate	获取或设置 ListView 控件中的组之间的分隔符的用户定义内容
GroupTemplate	获取或设置 ListView 控件中的组容器的用户定义内容
InsertItem	获取 ListView 控件的插入项
InsertItemPosition	获取或设置 InsertItemTemplate 模板在作为 ListView 控件的一部分呈现时的位置
InsertItemTemplate	获取或设置 ListView 控件中的插入项的自定义内容
ItemPlaceholderID	获取或设置 ListView 控件中的项占位符的 ID

(续表)

属　性	说　明
Items	获取一个 ListViewDataItem 对象集合，这些对象表示 ListView 控件中的当前数据页的数据项
ItemSeparatorTemplate	获取或设置 ListView 控件中的项之间的分隔符的自定义内容
ItemTemplate	获取或设置 ListView 控件中的数据项的自定义内容
LayoutTemplate	获取或设置 ListView 控件中的根容器的自定义内容
MaximumRows	获取要在 ListView 控件的单个页上显示的最大项数
SelectedDataKey	获取 ListView 控件中的选定项的数据键值
SelectedIndex	获取或设置 ListView 控件中的选定项的索引
SelectedItemTemplate	获取或设置 ListView 控件中的选定项的自定义内容
SelectedPersistedDataKey	获取或设置 ListView 控件中选择的持久项目的数据键值
SelectedValue	获取 ListView 控件中的选定项的数据键值
SortDirection	获取要排序的字段的排序方向
SortExpression	获取与要排序的字段关联的排序表达式
StartRowIndex	获取 ListView 控件中的数据页上显示的第一条记录的索引

ListView 控件提供了很多属性，使用这些属性可以使程序对它的操作具有了很大的灵活性。同样，现在还没有必要完全记住这些属性，通过后面一些实例的讲解，会很快明白这些属性的用法。可以把这个当作工具，需要的时候查询即可。

9.5.2　方法

ListView 控件提供了如表 9-5 所示的方法及说明。

表 9-5　ListView 控件的方法及说明

方　法	说　明
AddControlToContainer	将指定控件添加到指定容器
CreateChildControls	已重载。创建用于呈现 ListView 控件的控件层次结构
CreateDataItem	在 ListView 控件中创建一个数据项
CreateEmptyDataItem	在 ListView 控件中创建 EmptyDataTemplate 模板
CreateEmptyItem	在 ListView 控件中创建一个空项
CreateInsertItem	在 ListView 控件中创建一个插入项
CreateItem	创建一个具有指定类型的 ListViewItem 对象
CreateItemsInGroups	以组的形式创建 ListView 控件层次结构
CreateItemsWithoutGroups	创建不带有组的 ListView 控件层次结构
CreateLayoutTemplate	在 ListView 控件中创建根容器

(续表)

方　　法	说　　明
DeleteItem	从数据源中删除位于指定索引位置的记录
InsertNewItem	将当前记录插入数据源中
InstantiateEmptyDataTemplate	通过使用 EmptyDataTemplate 模板中包含的子控件，填充指定的 Control 对象
InstantiateEmptyItemTemplate	通过使用 EmptyItemTemplate 模板中包含的子控件，填充指定的 Control 对象
InstantiateGroupSeparatorTemplate	通过使用 GroupSeparatorTemplate 模板中包含的子控件，填充指定的 Control 对象
InstantiateGroupTemplate	通过使用 GroupTemplate 模板中包含的子控件，填充指定的 Control 对象
InstantiateInsertItemTemplate	通过使用 InsertItemTemplate 模板中包含的子控件，填充指定的 Control 对象
InstantiateItemSeparatorTemplate	通过使用 ItemSeparatorTemplate 模板中包含的子控件，填充指定的 Control 对象
InstantiateItemTemplate	通过使用其中一个 ListView 控件模板的子控件，填充指定的 Control 对象
RemoveItems	删除 ListView 控件的项或组容器中的所有子控件
SetPageProperties	设置 ListView 控件中的数据页的属性
Sort	根据指定的排序表达式和方向对 ListView 控件进行排序
UpdateItem	更新数据源中指定索引处的记录

9.5.3 为 ListView 控件创建模板

相比 GridView 控件，ListView 控件基于模板的模式为程序员提供了需要的可自定义和可扩展性，利用这些特性，程序员可以完全控制由数据绑定控件产生的 HTML 标记的外观。ListView 控件使用内置的模板可以指定精确的标记，同时还可以用最少的代码执行数据操作。

表 9-6 列举了 ListView 控件可支持的模板及说明。

表 9-6　ListView 控件可支持的模板及说明

模　　板	说　　明
LayoutTemplate	标识定义控件的主要布局的根模板。它包含一个占位符对象，如表行(tr)、div 或 span 元素。此元素将由 ItemTemplate 模板或 GroupTemplate 模板中定义的内容替换

(续表)

模　板	说　明
ItemTemplate	标识要为各个项显示的数据绑定内容
ItemSeparatorTemplate	标识要在各个项之间呈现的内容
GroupTemplate	标识组布局的内容。它包含一个占位符对象，如表单元格(td)、div 或 span。该对象将由其他模板(如 ItemTemplate 和 EmptyItemTemplate 模板)中定义的内容替换
GroupSeparatorTemplate	标识要在项组之间呈现的内容
EmptyItemTemplate	标识在使用 GroupTemplate 模板时为空项呈现的内容。例如，如果将 GroupItemCount 属性设置为 5，而从数据源返回的总项数为 8，则 ListView 控件显示的最后一行数据将包含 ItemTemplate 模板指定的 3 个项以及 EmptyItemTemplate 模板指定的 2 个项
EmptyDataTemplate	标识在数据源未返回数据时要呈现的内容
SelectedItemTemplate	标识为区分所选数据项与显示的其他项，而为该所选项呈现的内容
AlternatingItemTemplate	标识为便于区分连续项，而为交替项呈现的内容
EditItemTemplate	标识要在编辑项时呈现的内容。对于正在编辑的数据项，将呈现 EditItemTemplate 模板以替代 ItemTemplate 模板
InsertItemTemplate	标识要在插入项时呈现的内容。将在 ListView 控件显示的项的开始或末尾处呈现 InsertItemTemplate 模板，以替代 ItemTemplate 模板。通过使用 ListView 控件的 InsertItemPosition 属性，可以指定 InsertItemTemplate 模板的呈现位置

通过创建 LayoutTemplate 模板，可以定义 ListView 控件的主要(根)布局。LayoutTemplate 必须包含一个充当数据占位符的控件。例如，该布局模板可以包含 ASP.NET Table、Panel 或 Label 控件(它还可以包含 runat 属性设置为 server 的 table、div 或 span 元素)。这些控件将包含 ItemTemplate 模板所定义的每个项的输出，可以在 GroupTemplate 模板定义的内容中对这些输出进行分组。

在 ItemTemplate 模板中，需要定义各个项的内容。此模板包含的控件通常已绑定到数据列或其他单个数据元素。

使用 GroupTemplate 模板，可以选择对 ListView 控件中的项进行分组。对项分组通常是为了创建平铺的表布局。在平铺的表布局中，各个项将在行中重复 GroupItemCount 属性指定的次数。为创建平铺的表布局，布局模板可以包含 ASP.NET Table 控件以及将 runat 属性设置为 server 的 HTML table 元素。随后，组模板可以包含 ASP.NET TableRow 控件(或 HTML tr 元素)。而项模板可以包含 ASP.NET TableCell 控件(或 HTML td 元素)中的各个控件。

使用 EditItemTemplate 模板，可以提供已绑定数据的用户界面，从而使用户可以修改现有的数据项。使用 InsertItemTemplate 模板还可以定义已绑定数据的用户界面，以使用户能够添加新的数据项。

下面通过一个简单的示例来展示 ListView 控件的模板的应用。

例 9-8　ListView 控件的模板的应用

(1) 在应用程序 chap09 中添加一个 ASP.NET 项目 9-8。

(2) 打开文件 web.config，在< connectionStrings >节中加入数据库连接字符串。

(3) 从工具箱中向页面拖入一个 SqlDataSource 控件，并定义相关属性以用来从数据库中获得学生信息列表。设置 SqlDataSource 控件连接到 SQL Server 数据库 BookSample，数据库 BookSample 的详细信息参考本书提供的源代码。

(4) 打开页面 Default.aspx，切换到“设计”视图，从工具箱中拖入一个 ListView 控件。

(5) 切换“源”视图，修改 ListView 控件的定义代码，代码如程序清单 9.10 所示。

程序清单 9.10　ListView 控件的定义代码

```
1.   <asp:ListView runat="server" ID="ListView1"
2.     DataSourceID="SqlDataSource1">
3.   <LayoutTemplate>
4.     <table runat="server" id="table1">
5.         <tr runat="server" id="itemPlaceholder" ></tr>
6.     </table>
7.   </LayoutTemplate>
8.   <ItemTemplate>
9.     <tr runat="server">
10.        <td id="Td1" runat="server">
11.           <%-- 数据绑定 --%>
12.           <asp:Label ID="NameLabel" runat="server"
13.              Text='<%#Eval("StuName") %>' />
14.        </td>
15.     </tr>
16.     </ItemTemplate>
17.       </asp:ListView>
```

程序说明：第 3～7 行代码为 ListView 控件添加了 LayoutTemplate 模板，在其中添加了<table>标记，并设置标记<tr>来充当数据占位符。第 8～16 行代码在 ItemTemplate 模板中，定义了实际要显示数据内容的 Label 控件。

在浏览器中查看页面 Default.aspx，效果如图 9-10 所示。

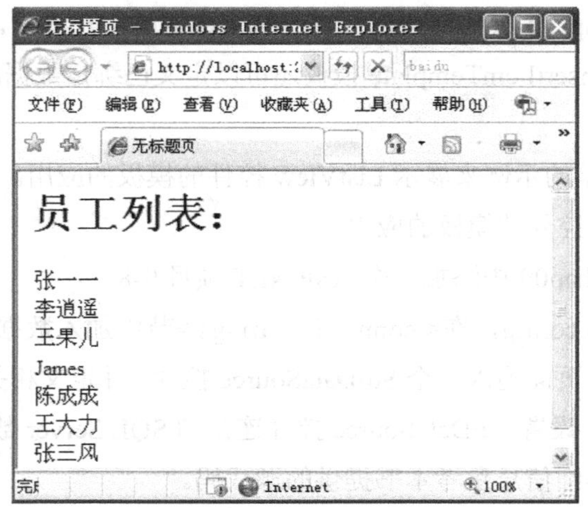

图 9-10　ListView 控件的运行效果图

查看运行后的源文件，代码如程序清单 9.11 所示。

程序清单 9.11　ListView 控件运行后的源代码

```
<table id="ListView1_table1">
 <tr>
            <td id="ListView1_ctrl0_Td1">
                <span id="ListView1_ctrl0_NameLabel">张一一</span>
    </td>
       </tr>
 <tr>
            <td id="ListView1_ctrl1_Td1">
     <span id="ListView1_ctrl1_NameLabel">李逍遥</span>
     </td>
       </tr>
  <tr>
            <td id="ListView1_ctrl2_Td1">
                <span id="ListView1_ctrl2_NameLabel">王果儿</span>
     </td>
       </tr>
  <tr>
            <td id="ListView1_ctrl3_Td1">
                <span id="ListView1_ctrl3_NameLabel">James</span>
     </td>
       </tr>
           <tr>
            <td id="ListView1_ctrl4_Td1">
                 <span id="ListView1_ctrl4_NameLabel">陈成成</span>
     </td>
       </tr>
```

```
        <tr>
          <td id="ListView1_ctrl5_Td1">
              <span id="ListView1_ctrl5_NameLabel">王大力</span>
    </td>
</tr>
    <tr>
          <td id="ListView1_ctrl6_Td1">
              <span id="ListView1_ctrl6_NameLabel">张三风</span>
    </td>
      </tr>
   </table>
```

程序说明：这段代码实际上就是一个完整的<table>标记的定义。

从以上代码可以看出使用 ListView 控件可以精确定义 HTML 标记，使用 ListView 控件可以非常方便地布局数据的显示格式。

9.6　Chart 控件

Chart 控件是 Visual Studio 2010 中新增的一个图表型控件。该控件在 Visual Studio 2008 时代就已经出现，但是需要通过下载然后将它注册配置到 Visual Studio 2008 中的工具箱中才能使用。而 Chart 控件现在已经内置于 Visual Studio 2010 中了，这意味着不用注册或接连任何配置文件项，就可以使用这个控件。所有的配置现在都由 ASP.NET 4.0 预先注册好了。在 Visual Studio 2010 开发环境中，我们会发现在如图 9-11 所示的工具箱“数据”项下，已经存在了一个新的内置 Chart 控件。我们可以像使用其他控件一样将它直接拖到设计视图中就可以使用了。

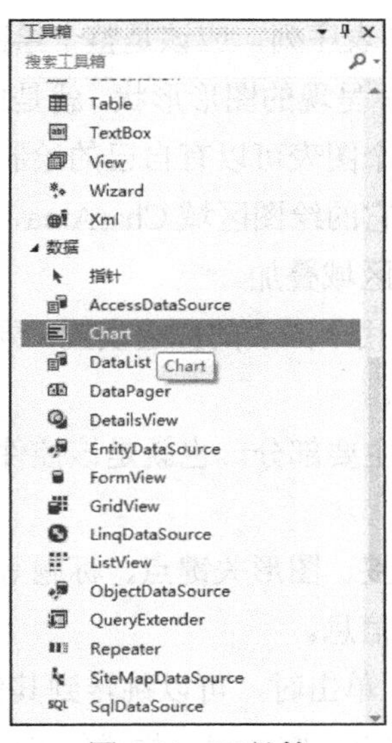

图 9-11　工具箱

Chart 控件功能非常强大，可实现柱状直方图、曲线走势图、饼状比例图等，甚至可以是混合图表，可以是二维或三维图表，可以带或不带坐标系，可以自由配置各条目的颜色、字体，等等。声明一个 Chart 控件的代码如下所示。

```
<asp:Chart ID="Chart1" runat="server">
    <Series>
        <asp:Series Name="Series1"> </asp:Series>            //定义名为 Series1 数据显示列
    </Series>
    <ChartAreas>
      <asp:ChartArea Name="ChartArea1"></asp:ChartArea> //定义名为"ChartArea1"的绘
                                                          图区域
    <ChartAreas>
    <Annotations>…… </Annotations>
    < Legends >……    </Legends>
    <Titles >……      </Titles>
</asp:Chart>
```

通过上面的代码，可以看出 Chart 控件的主要由以下几个部分组成。

(1) Annotations(图形注解集合)：它是对图形的以下注解对象的集合，所谓注解对象，类似于对某个点的详细或批注的说明。

(2) CharAreas(图表区域集合)：它可以理解为是一个图表的绘图区，例如，你想在一幅图上呈现两个不同属性的内容，可以建立两个 CharArea 绘图区域。当然，Chart 控件并不限制添加多少个绘图区域，可以根据需要进行添加。对于每一个绘图区域可以设置各自的属性。需要注意的是绘图区域只是一个可以绘图的区域范围，它本身并不包括各种属性数据。

(3) Legends(图例集合)：即标注图形中各个线条或颜色的含义，同样，一个图片也可以包含多个图例说明，分别说明各个绘图区域的信息。

(4) Series(图表序列集合)：图表序列，应该是整个绘图中最关键的内容了，简单地说，就是实际的绘图数据区域，其实际呈现的图形形状，就是由此集合中的每个图表来构成的，可以在集合中添加多个图表，每个图表可以有自己的绘制形状、样式、独立的数据等。需要注意的是，每个图表可以指定它的绘图区域 CharArea，让此图表呈现在某个绘图区域，也可以让几个图表在同一个绘图区域叠加。

(5) Titles(图表标题集合)：它用于图表的标题设置，同样可以添加多个标题，以及设置标题的样式及文字、位置等属性。

以上这些组成 Chart 控件的主要部分，也就是该控件的主要属性，除了这些还有以下两个比较常用的属性。

(1) Tooltip(提示)：用于在标签、图形关键点、标题等。当光标移动上去的时候，会显示给用户一些相关的详细或说明信息。

(2) Url(链接)：设置此属性，单击时，可以跳转到其他相应的页面。

对于简单的图表，我们只要 Char 控件默认生成的 Series 和 CharAreas 两个属性标签就可以了，不用对“ChartArea”进行太多的修改，只要在<asp:Series>中添加数据点就可以了。数据点被包含在<Points>和</Points>标签中，使用<asp:DataPoint/>来定义。数据点有以下几个重要的属性。

(1) AxisLabel：获取或设置为数据列或空点的 X 轴标签的文本。此属性仅在自定义标签尚未就有关 Axis 对象指定时使用。

(2) XValue：设置或获取一个图表上数据点的 X 轴坐标值。

(3) YValue：设置或获取一个图表中数据点的 Y 轴坐标值。

下面通过一个例子介绍如何使用 Chart 控件实现在网页中显示柱状图表。

例 9-9　在 Chart 控件中显示英超球队获胜场次统计柱状图表。

(1) 在应用程序 chap09 中添加一个 ASP.NET 项目 9-9。

(2) 从工具箱中向页面拖入一个 Chart 控件，并定义相关属性，代码如程序清单 9.12 所示。

程序清单 9.12　Chart 控件的定义代码

```
1.  <asp:Chart ID="Chart1" runat="server">
2.      <Series>
3.        <asp:Series Name="Series1" YValuesPerPoint="4">
4.            <Points>
5.                <asp:DataPoint AxisLabel="曼联" YValues="17"/ >
6.                <asp:DataPoint AxisLabel="阿森纳" YValues="15" />
7.                <asp:DataPoint AxisLabel="切尔西" YValues="6" />
8.                <asp:DataPoint AxisLabel="曼城" YValues="4" />
9.                <asp:DataPoint AxisLabel="埃弗顿" YValues="3" />
10.               <asp:DataPoint AxisLabel="桑德兰" YValues="3" />
11.               <asp:DataPoint AxisLabel="纽卡斯尔联" YValues="3" />
12.         </Points>
13.       </asp:Series>
14.     </Series>
15.     <ChartAreas>
16.         <asp:ChartArea Name="ChartArea1"></asp:ChartArea>
17.     </ChartAreas>
18. </asp:Chart>
```

程序说明

第 1 行定义了一个服务器图表控件 Chart1 控件。第 2～12 行使用<Series>和</Series>标签定义数据列范围。其中，第 3 行定义了数据列的名称和数据点 Y 轴具有的最大数目。第 4～12 行使用<Points>和</Points>标签包含需要显示的数据点；第 5～11 行，定义了 7 个数据点并设置 X 轴上的显示文字和 Y 轴上的数据点的值。第 15～17 行使用<ChartAreas>和</ChartAreas>标签定义副图区域。其中，第 16 行定义了一个绘图区域的名称“ChartArea1”。

在浏览器中查看页面 Default.aspx，效果如图 9-12 所示。

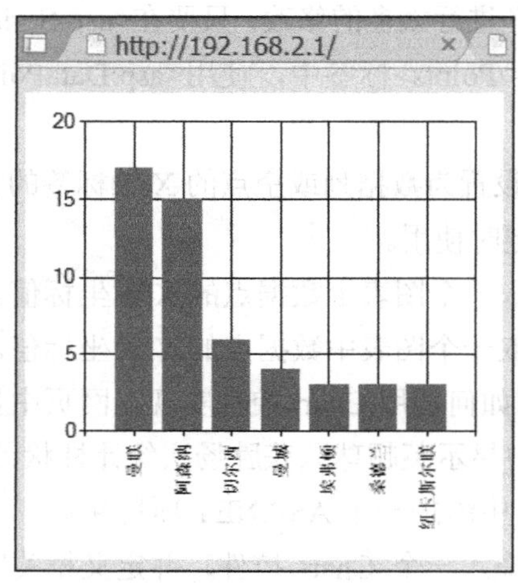

图 9-12　显示柱状图表

9.7　习　　题

9.7.1　填空题

1. 在 ASP.NET 中，不仅可以把数据显示控件绑定到传统的数据源，还可以绑定到几乎所有包含数据的结构。这些数据可以在________、________或者________得到。

2. ASP.NET 可以利用两种类型的数据绑定：________和________。

3. GridView 控件的属性分为两个主要部分，第一部分用于控制 GridView 控件的整体显示效果，包括________、________、________等；第二部分用于控制________。

4. 若要启用 DetailsView 控件的分页行为，则需要把属性________设置为 true，而其页面大小则是固定的，始终都是一行。

5. 相比 GridView 控件，ListView 控件基于模板的模式为程序员提供了需要的________和________，利用这些特性，程序员可以完全控制由数据绑定控件产生的 HTML 标记的外观。

9.7.2　选择题

1. ________不是 GridView 控件的分页模式。

　A. NextPrevious　　　　B. NextPreviousFirstLast
　C. Numeric　　　　　　D. NumericFirst

2. GridView 控件中 Columns 集合的字段包括________。

　　A. BoundField　　　　B. HyperLinkField

　　C. CommandField　　　　D. CheckBoxField

3. ListView 控件的模板包括________。

　　A. ItemTemplate　　　　B. SeparatorTemplate

　　C. HeaderTemplate　　　　D. FooterTemplate

4. 当启用 DetailsView 控件的分页行为时，则可以通过________属性来设置控件的分页界面。

　　A. PagerSettings　　　　B. AllowPaging

　　C. CommandRowStyle　　　　D. CaptionAlign

5. 在 ItemTemplate 模板中添加一个 linkbutton 控件，其 CommandName 属性值可以为________。

　　A. Edit　　B. Update　　C. Delete　　D. Cancel

9.7.3 问答题

1. 简述 SqlDataSource 控件。
2. 简述如何在 GridView 控件中实现数据排序。
3. 简述 ListView 控件支持的模板。

9.7.4 上机操作题

1. 使用 GridView 控件的 NextPreviousFirstLast 分页模式来显示 BookShopDB 数据库中的 Book 表。显示结果如图 9-13 所示。

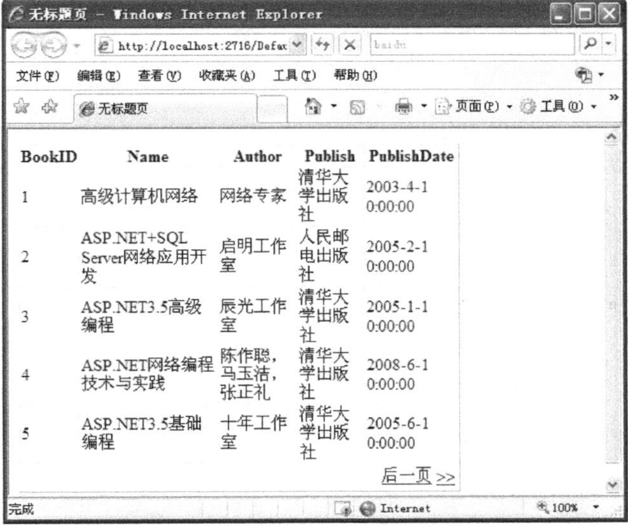

图 9-13　分页显示

2. 使用 GridView 控件来排序 BookShopDB 数据库中的 order 表。程序运行的界面如图 9-14 所示。

3. 使用 DetailsView 控件显示 BookShopDB 数据库中的 order 表。程序运行的结果如图 9-15 所示。

图 9-14　GridView 控件的排序功能

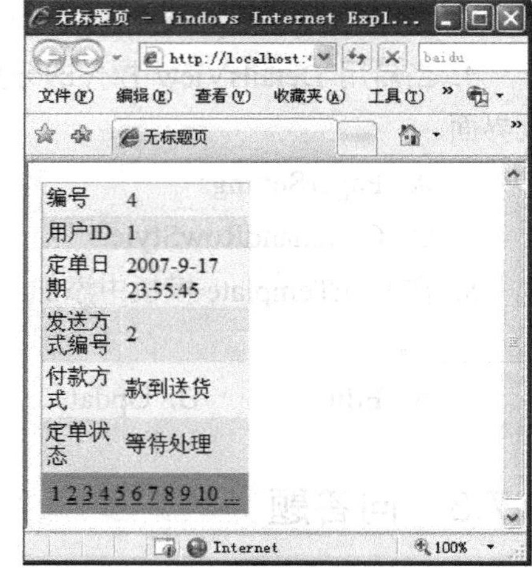

图 9-15　使用 DetailsView 控件显示表的数据

第10章　XML数据操作

在实际的Web项目中，并不是把所有的数据都存储在数据库中，有时还需要使用XML格式的数据(如简单的聊天系统，使用XML格式的数据可以提高系统的运行速度)，而且XML格式的数据更具有通用性，有利于系统间的数据交换。

本章重点：

- XML的基础知识
- 使用文档对象模型处理XML
- 使用流模式处理XML
- XML数据绑定

10.1　XML 概 述

关于XML的知识有很多，但由于本书并不是专门介绍XML的，所以基于篇幅的限制，下面就简要介绍一下XML的相关知识以引导读者对XML的学习。

10.1.1　XML的语法

XML语言对格式有着严格的要求，主要包括格式良好和有效性两种要求。格式良好有利于XML文档被正确地分析和处理，这一要求是相对于HTML语法的混乱而提出的，它大大提高了XML的处理程序、处理XML数据的正确性和效率。XML文档满足格式良好的要求后，会对文档进行有效性确认，有效性是通过对DTD或Schema的分析判断的。

一个XML文档由以下几个部分组成。

1. XML的声明

XML的声明具有如下形式。

```
<?xml version="1.0" encoding="GB2312"?>
```

XML标准规定声明必须放在文档的第一行。声明其实也是处理指令的一种，一般都具有以上代码的形式。表10-1列举了声明的常用属性和其赋值及说明。

表 10-1　XML 声明的属性及说明列表

属　　性	常 用 值	说　　明
Version	1.0	声明中必须包括此属性，而且必须放在第一位。它指定了文档所采用的 XML 版本号，现在 XML 的最新版本为 1.0 版本
Encoding	GB2312	文档使用的字符集为简体中文
	BIG5	文档使用的字符集为繁体中文
	UTF-8	文档使用的字符集为压缩的 Unicode 编码
	UTF-16	文档使用的字符集为 UCS 编码
Standalone	yes	文档是独立文档，没有 DTD 文档与之配套
	no	表示可能有 DTD 文档为本文档进行位置声明

2. 处理指令 PI

处理指令 PI 为处理 XML 的应用程序提供信息。处理指令 PI 的格式如下。

```
<? 处理指令名 处理指令信息?>
```

3. XML 元素

元素是组成 XML 文档的核心，其格式如下。

```
<标记>内容</标记>
```

XML 语法规定每个 XML 文档都要包括至少一个根元素。根标记必须是非空标记，包括整个文档的数据内容。数据内容则是位于标记之间的内容。

程序清单 10.1 是一个标准的 XML 文档。

程序清单 10.1　XML 文档

```
<?xml version="1.0" encoding=" GB2312" standalone="yes"?>
<?xml-stylesheet type="text/xsl" href="style.xsl"?>
<DocumentElement>
 <basic>
   <ID>1</ID>
   <NAME>张三丰</NAME>
   <CITY>上海</CITY>
   <PHONE>02145367890</PHONE>
   <CARRIER>医生</CARRIER>
   < POSITION >主任医师</ POSITION >
  </basic>
 <basic>
   <ID>2</ID>
   <NAME>李四海</NAME>
   <CITY>上海</CITY>
```

```
16.     <PHONE>02145456790</PHONE>
17.     <CARRIER>医生</CARRIER>
18.     < POSITION >技师</ POSITION >
19.   </basic>
20.   <basic>
21.     <ID>3</ID>
22.     <NAME>王五一</NAME>
23.     <CITY>上海</CITY>
24.     <PHONE>02123451890</PHONE>
25.     <CARRIER>教师</CARRIER>
26.     < POSITION >教授</ POSITION >
27.   </basic>
28. </DocumentElement>
```

程序说明：第 1 行为 XML 声明，表明该 XML 采用的版本是 1.0，字符编码为 GB2312，且是独立文档。第 2 行为处理指令，表明该文档使用 xsl 进行转换，处理的文档是 style.xsl。第 3～28 行为 XML 元素。

10.1.2 文档类型定义

文档类型定义(Document Type Definition，DTD)是一种规范，在 DTD 中可以向别人或 XML 的语法分析器解释 XML 文档标记集中每一个标记的含义。这就要求 DTD 必须包含所有将要使用的词汇列表，否则 XML 解析器无法根据 DTD 验证文档的有效性。

DTD 根据其出现的位置可以分为内部 DTD 和外部 DTD 两种。内部 DTD 是指 DTD 和相应的 XML 文档处在同一个文档中，外部 DTD 就是 DTD 与 XML 文档处在不同的文档中。程序清单 10.2 是包含内部 DTD 的 XML 文档。

程序清单 10.2 包含内部 DTD 的 XML 文档

```
<?xml version="1.0" encoding="gb2312"  standalone="yes"?>
<!DOCTYPE DocumentElement [
<!ELEMENT DocumentElement ANY>
<!ELEMENT basic (ID,NAME,CITY,PHONE,CARRIER,POSITION)>
<!ELEMENT ID (#PCDATA)>
<!ELEMENT NAME (#PCDATA)>
<!ELEMENT CITY (#PCDATA)>
<!ELEMENT PHONE (#PCDATA)>
<!ELEMENT CARRIER (#PCDATA)>
 <!ELEMENT POSITION (#PCDATA)>
 ]>
<?xml-stylesheet type="text/xsl" href="style.xsl"?>
<DocumentElement>
 <basic>
```

```
15.  <ID>1</ID>
16.  <NAME>张三丰</NAME>
17.  <CITY>上海</CITY>
18.  <PHONE>02145367890</PHONE>
19.  <CARRIER>医生</CARRIER>
20.  < POSITION >主任医师</ POSITION >
21.  </basic>
22.  <basic>
23.  <ID>2</ID>
24.  <NAME>李四海</NAME>
25.  <CITY>上海</CITY>
26.  <PHONE>02145456790</PHONE>
27.  <CARRIER>医生</CARRIER>
28.  < POSITION >技师</ POSITION >
29.  </basic>
30.  <basic>
31.    <ID>3</ID>
32.  <NAME>王五一</NAME>
33.  <CITY>上海</CITY>
34.  <PHONE>02123451890</PHONE>
35.  <CARRIER>教师</CARRIER>
36.  < POSITION >教授</ POSITION >
37.  </basic>
38.  </DocumentElement>
```

程序说明：第 2～9 行为该 XML 文档的 DTD，这里定义了 XML 文档中包含的词汇：DocumentElement、basic、ID、NAME、CITY、PHONE、CARRIER 和 POSITION，XML 文档的元素正是由这些词汇构成的。

从以上代码中可以看出描述 DTD 文档也需要一套语法结构，关键字是组成语法结构的基础。表 10-2 列举了构建 DTD 时常用的关键字及说明。

表 10-2　DTD 中常用的关键字及说明

关　键　字	说　　明
ANY	数据既可以是纯文本也可以是子元素，多用来修饰根元素
ATTLIST	定义元素的属性
DOCTYPE	描述根元素
ELEMENT	描述所有子元素
EMPTY	空元素
SYSTEM	表示使用外部 DTD 文档
#FIXED	ATTLIST 定义的属性的值是固定的
#IMPLIED	ATTLIST 定义的属性不是必须赋值的
#PCDATA	数据为纯文本

(续表)

关键字	说明
#REQUIRED	ATTLIST 定义的属性是必须赋值的
INCLUDE	表示包括的内容有效，类似于条件编译
IGNORE	与 INCLUDE 相应，表示包括的内容无效

此外，DTD 还提供了一些运算表达式来描述 XML 文档中的元素。常用的 DTD 运算表达式如表 10-3 所示，其中 A、B、C 代表 XML 文档中的元素。

表 10-3　DTD 中定义的表达式

表达式	说明
A+	元素 A 至少出现一次
A*	元素 A 可以出现很多次，也可以不出现
A?	元素 A 出现一次或不出现
(A B C)	元素 A、B、C 的间隔是空格，表示它们是无序排列
(A,B,C)	元素 A、B、C 的间隔是逗号，表示它们是有序排列
A|B	元素 A、B 之间是逻辑或的关系

DTD 能够对 XML 文档结构进行描述，但 DTD 也有如下缺点。

- DTD 不支持数据类型，而在实际应用中往往会有多种复杂的数据类型，如布尔型、时间等。
- DTD 的标记是固定的，用户不能扩充标记。
- DTD 使用不同于 XML 的独立的语法规则。

目前出现了一种新的 XML 描述方法——Schema，该方法受到微软的推崇，并在.NET 框架中有所应用。Schema 的出现完善了 DTD 的不足，它本身就是一种 XML 的应用形式。Schema 对于文档的结构、数据的属性、类型的描述是全面的。此外，Schema 还是 DTD 的一种扩展和补充，有利于继承以前的数据。尽管 Schema 有如此多的好处，但它还并不是一种成熟的技术，目前还没有统一的国际标准。因此这里就不对这项技术做详细的描述，有兴趣的读者可以自己去查阅相关资料。

10.1.3　可扩展样式语言

XSL 的英文是 eXtensible Stylesheet Language，翻译成中文就是可扩展样式语言。它是 W3C 制定的另一种表现 XML 文档的样式语言。XSL 是 XML 的应用，符合 XML 的语法规范，可以被 XML 的分析器处理。

XSL 是一种语言，通过对 XML 文档进行转换，然后将转换的结果表现出来。转换的过程是根据 XML 文档特性运行 XSLT(XSL Transformation)将 XML 文档转换成带信息的树形结果，然后按照 FO(Formatted Object)分析树，从而将 XML 文档表现出来。

XSL 转换 XML 文档分为两个步骤：建树和表现树。建树可以在服务器端执行，也可以在客户端执行。在服务器端执行时，把 XML 文档转换成 HTML 文档，然后发送到客户端。而若在客户端执行建树，客户端必须支持 XML 和 XSL。

XSLT 主要用来转换 XML 文档，在商业系统中它可以将 XML 文档转换成可以被各种系统或应用程序解读的数据。这非常有利于各种商业系统之间的数据交换。

下面通过一个例子来介绍如何利用 XSLT 转换 XML 文档。

例 10-1　利用 XSLT 转换 XML 文档

程序清单 10.1 有一句处理指令 PI，如下代码所示。

```
<?xml-stylesheet type="text/xsl" href="style.xsl"?>
```

以上指令中引用了一个名为 style 的 XSL 文档，程序清单 10.3 就是 XSL 文档的内容。

程序清单 10.3　style.xsl

```
<?xml version="1.0" encoding="gb2312"?>
<xsl:stylesheet version="1.0" xmlns:xsl="http://www.w3.org/1999/XSL/Transform">
<xsl:template match="DocumentElement">
 <html>
 <body>
       <table>
    <tr>
      <th>ID</th>
      <th>NAME</th>
       <th>CITY</th>
       <th>PHONE</th>
       <th>CARRIER</th>
       <th>POSITION</th>
    </tr>
     <xsl:for-each select="basic">
       <tr>
         <td>
           <xsl:value-of select="ID"/></td>
         <td>
           <xsl:value-of select="NAME"/></td>
         <td>
           <xsl:value-of select="CITY"/></td>
         <td>
           <xsl:value-of select="PHONE"/></td>
         <td>
           <xsl:value-of select="CARRIER"/></td>
         <td>
           <xsl:value-of select=" POSITION "/></td>
```

```
29.             </tr>
30.                 </xsl:for-each>
31.         </table>
32.       </body>
33.       </html>
34.     </xsl:template>
35.     </xsl:stylesheet>
```

程序说明：这个 XSL 文档把程序清单 10.1 中的 XML 文档转化为 HTML 文档，并以表格的形式显示出来。第 8～13 行定义了列名，第 15～30 行循环读取节点 basic 下的元素，并读取每个元素的值填充在表格中。

下面就测试一下以上代码的输出。打开 Visual Studio 2012，执行 XML |“显示 XSLT 输出”命令，并选择 basic.xml 文档，则会有如图 10-1 所示的效果。

图 10-1　style.xsl 转换为 basic.xml 的效果图

通过以上例子可以看出，XSLT 实际上就是通过模板将源文件文档按照模板的格式转换成结果文档的。模板定义了一系列的元素来描述源文档中的数据和属性等内容，在经过转换之后，建立树形结构。表 10-4 列举了 XSLT 中常用的模板及说明。

表 10-4　XSLT 中常用的模板及说明

模　板	说　明
xsl:apply-import	调用导入的外部模板，可以应用为部分文档的模板
xsl:apply-templates	应用模板，通过 select、mode 两个属性确定要应用的模板
xsl:attribute	为元素输出定义属性节点
xsl:attribute-set	定义一组属性节点
xsl:call-template	调用由 call-template 指定的模板
xsl:choose	根据条件调用模板
xsl:comment	在输出中加入注释
xsl:copy	复制当前节点到输出
xsl:element	在输出中创建新元素
xsl:for-each	循环调用模板匹配每个节点

(续表)

模　板	说　明
xsl:if	模板在简单情况下的条件调用
xsl:message	发送文本信息给消息缓冲区或消息对话框
xsl:sort	排序节点
xsl:stylesheet	指定样式单
xsl:template	指定模板
xsl:value-of	为选定节点加入文本值

10.1.4　XPath

XPath 是 XSLT 的重要组成部分。XPath 的作用在于为 XML 文档的内容定位，并通过 XPath 来访问指定的 XML 元素。在利用 XSL 进行转换的过程中，匹配的概念非常重要。在模板声明语句 xsl:template match = ""和模板应用语句 xsl:apply-templates select = ""中，用引号括起来的部分必须能够精确地定位节点。具体的定位方法则在 XPath 中给出。

之所以要在 XSL 中引入 XPath 的概念，目的就是在匹配 XML 文档结构树时能够准确地找到某一个节点元素。可以把 XPath 比作文件管理路径：通过文件管理路径，可以按照一定的规则查找到所需要的文件；同样，依据 XPath 所制定的规则，也可以很方便地找到 XML 结构文档树中的任何一个节点。显然这对 XSLT 来说是一个最基本的功能。

XPath 提供了如下一系列的节点匹配的方法。

- 路径匹配。路径匹配和文件路径的表示比较相似，通过一系列的符号来指定路径。
- 位置匹配。根据每个元素的子元素都是有序的原则来匹配。
- 亲属关系匹配。XML 是一个树形结构，因此在匹配时可以利用树形结构的“父子”关系。
- 条件匹配。利用一些函数的运算结果的布尔值来匹配符合条件的节点。

以上简要概述了一下有关 XML 的知识，有关 XML 的主要知识也就包括以上这些，有兴趣的读者可以按照以上的知识框架来深入学习。

10.2　.NET 中实现的 XML DOM

XML 语言仅仅是一种信息交换的载体，是一种信息交换的方法。而要使用 XML 文档则必须通过使用一种称为接口的技术。正如使用 ODBC 接口访问数据库一样，DOM 接口应用程序使得对 XML 文档的访问变得简单。

DOM(Document Object Model)是一个程序接口，应用程序和脚本可以通过这个接口访问和修改 XML 文档数据。

DOM 接口定义了一系列对象来实现对 XML 文档数据的访问和修改。DOM 接口将 XML 文档转换为树形的文档结构，应用程序通过树形文档对 XML 文档进行层次化的访问，从而实现对 XML 文档的操作，如访问树的节点、创建新节点等。

微软大力支持 XML 技术，在.NET 框架中实现了对 DOM 规范的良好支持，并提供了一些扩展技术，使得程序员对 XML 文档的处理更加简便。而基于.NET 框架的 ASP.NET，可以充分使用.NET 类库来实现对 DOM 的支持。

.NET 类库中支持 DOM 的类主要存在于 System.Xml 和 System.Xml.XmlDocument 命名空间中。这些类分为两个层次：基础类和扩展类。基础类包括了用来编写操纵 XML 文档的应用程序所需要的类；扩展类被定义为用来简化程序员的开发工作的类。

在基础类中包含了以下 3 个类。

- XmlNode 类用来表示文档树中的单个节点，它描述了 XML 文档中各种具体节点类型的共性，它是一个抽象类，在扩展类层次中有它的具体实现。
- XmlNodeList 类用来表示一个节点的有序集合，它提供了对迭代操作和索引器的支持。
- XmlNamedNodeMap 类用来表示一个节点的集合，该集合中的元素可以使用节点名或索引来访问，支持了使用节点名称和迭代器来对属性集合的访问，并且包含了对命名空间的支持。

扩展类中主要包括了几个由 XmlNode 类派生出来的类，如表 10-5 所示。

表 10-5　扩展类中包含的主要的类及说明

类	说　明
XmlAttribute	表示一个属性。此属性的有效值和默认值在 DTD 或架构中进行定义
XmlAttributeCollection	表示属性集合。这些属性的有效值和默认值在 DTD 或架构中进行定义
XmlComment	表示 XML 文档中的注释内容
XmlDocument	表示 XML 文档
XmlDocumentType	表示 XML 文档的 DOCTYPE 声明节点
XmlElement	表示一个元素
XmlEntity	表示 XML 文档中一个解析过或未解析过的实体
XmlEntityReference	表示一个实体的引用
XmlLinkedNode	获取紧靠该节点(之前或之后)的节点
XmlReader	表示提供对 XML 数据进行快速、非缓存、只进访问的读取器
XmlText	表示元素或属性的文本内容
XmlTextReader	表示提供对 XML 数据进行快速、非缓存、只进访问的读取器
XmlTextWriter	表示提供快速、非缓存、只进方法的编写器，该方法生成包含 XML 数据(这些数据符合 W3C 可扩展标记语言(XML)1.0 和 XML 中命名空间的建议)的流或文件
XmlWriter	表示提供快速、非缓存、只进方法的编写器，该方法生成包含 XML 数据(这些数据符合 W3C 可扩展标记语言(XML)1.0 和 XML 中命名空间的建议)的流或文件

下面介绍如何使用这些类实现对 XML 文档的操作。

10.2.1　创建 XML 文档

创建 XML 文档的方法有以下两种。

(1) 创建不带参数的 XmlDocument。下面的代码显示了如何创建一个不带参数的 XmlDocument。

```
XmlDocument doc = new XmlDocument();
```

创建文档后，可通过 Load 方法从字符串、流、URL、文本读取器或 XmlReader 派生类中加载数据到该文档中。还存在另一种加载方法，即 LoadXML 方法，此方法从字符串中读取 XML。

(2) 创建一个 XmlDocument 并将 XmlNameTable 作为参数传递给它。XmlNameTable 类是原子化字符串对象的表。该表为 XML 分析器提供了一种高效的方法，即对 XML 文档中所有重复的元素和属性名使用相同的字符串对象。创建文档时，将自动创建 XmlNameTable，并在加载此文档时用属性和元素名加载 XmlNameTable。如果已经有一个包含名称表的文档，且这些名称在另一个文档中会很有用，则可使用将 XmlNameTable 作为参数的 Load 方法创建一个新文档。使用此方法创建文档后，该文档使用现有 XmlNameTable，后者包含所有已从其他文档加载到此文档中的属性和元素。它可用于有效地比较元素和属性名。以下代码示例是创建带参数的 XmlDocument 实例。

```
System.Xml.XmlDocument doc = new XmlDocument(xmlNameTable);
```

10.2.2　将 XML 读入文档

XML 信息从不同的格式读入内存。读取源包括字符串、流、URL、文本读取器或 XmlReader 的派生类。

Load 方法将文档置入内存中并包含可用于从每个不同的格式中获取数据的重载方法。还存在 LoadXml 方法，该方法从字符串中读取 XML。

程序清单 10.4 显示了用 LoadXml 方法加载 XML 字符串，然后将 XML 数据保存到一个名为 data.xml 的文件。

程序清单 10.4　LoadXml 方法

```
XmlDocument doc = new XmlDocument();
doc.LoadXml(" <basic>" +
    "<ID>1</ID>" +
    "<NAME>张三 </NAME>" +
    "<CITY>上海</CITY>" +
```

```
6.         "<PHONE>02145367890</PHONE>" +
7.         "<CARRIER>医生</CARRIER>" +
8.         "<POSITION>主任医师</POSITION>" +
9.         "</basic>");
10.    doc.Save("data.xml");
```

程序说明：第 1 行定义了 XmlDocument 对象 doc，第 2～9 行利用 LoadXml 方法把包含 XML 格式字符串数据载入内存，第 10 行利用 Save 方法把该 XML 数据保存到 data.xml 中。

10.2.3 创建新节点

XmlDocument 具有用于所有节点类型的 Create 方法。为该方法提供名称(需要时)以及那些具有内容的节点(如文本节点)的内容或其他参数，这样便可创建节点。表 10-6 列举了 XmlDocument 的常用的创建节点的方法及说明。

表 10-6 XmlDocument 的常用的创建节点的方法及说明

方 法	说 明
CreateAttribute	创建具有指定名称的 XmlAttribute
CreateCDataSection	创建包含指定数据的 XmlCDataSection
CreateComment	创建包含指定数据的 XmlComment
CreateDocumentType	返回新的 XmlDocumentType 对象
CreateElement	创建 XmlElement
CreateEntityReference	创建具有指定名称的 XmlEntityReference
CreateNode	创建 XmlNode
CreateTextNode	创建具有指定文本的 XmlText

创建新节点后，有几个方法可用于将其插入到 XML 结构树中。表 10-7 列举了这些方法及说明。

表 10-7 向 XML 结构树中插入节点的方法及说明

方 法	说 明
InsertBefore	插入引用节点之前
InsertAfter	插入引用节点之后
AppendChild	将节点添加到给定节点的子节点列表的末尾
PrependChild	将节点添加到给定节点的子节点列表的开头
Append	将 XmlAttribute 节点追加到与元素关联的属性集合的末尾

10.2.4　修改 XML 文档

在.NET 框架下，使用 DOM，程序员可以有多种方法来修改 XML 文档的节点、内容和值。常用的修改 XML 文档的方法如下。

- 使用 XmlNode.Value 方法更改节点值。
- 通过用新节点替换节点来修改全部节点集。这可使用 XmlNode.InnerXml 属性完成。
- 使用 XmlNode.ReplaceChild 方法用新节点替换现有节点。
- 使用 XmlCharacterData.AppendData 方法、XmlCharacterData.InsertData 方法或 XmlCharacterData.ReplaceData 方法将附加字符添加到从 XmlCharacter 类继承的节点。
- 对从 XmlCharacterData 继承的节点类型使用 DeleteData 方法移除某个范围的字符来修改内容。
- 使用 SetAttribute 方法更新属性值。如果不存在属性，SetAttribute 创建一个新属性；如果存在属性，则更新属性值。

10.2.5　删除 XML 文档的节点、属性和内容

DOM 在内存中之后，可以删除树中的节点，或删除特定节点类型中的内容和值。

1. 删除节点

若要从 DOM 中移除节点，可以使用 RemoveChild 方法移除特定节点。移除节点时，此方法移除属于所移除的节点的子树(即如果它不是叶节点)。

若要从 DOM 中移除多个节点，可以使用 RemoveAll 方法移除当前节点的所有子级和属性。

如果使用 XmlNamedNodeMap，则可以使用 RemoveNamedItem 方法移除节点。

2. 删除属性集合中的属性

可以使用 XmlAttributeCollection.Remove 方法移除特定属性；也可以使用 XmlAttributeCollection.RemoveAll 方法移除集合中的所有属性，使元素不具有任何属性；或者使用 XmlAttributeCollection.RemoveAt 方法移除属性集合中的属性(通过使用其索引号)。

3. 删除节点属性

使用 XmlElement.RemoveAllAttributes 移除属性集合；使用 XmlElement.RemoveAttribute 方法按名称移除集合中的单个属性；使用 XmlElement.RemoveAttributeAt 按索引号移除集合中的单个属性。

4. 删除节点内容

可以使用 DeleteData 方法移除字符，此方法从节点中移除某个范围的字符。如果要完全移除内容，则移除包含此内容的节点。如果要保留节点，但节点内容不正确，则修改内容。

10.2.6　保存 XML 文档

可以使用 Save 方法保存 XML 文档。Save 方法有以下 4 个重载版本。

- Save(string filename)：将文档保存到文件 filename 的位置。
- Save(System.IO.Stream outStream)：保存到流 outStream 中，流的概念存在于文件操作中。
- Save(System.IO.TextWriter writer)：保存到 TextWriter 中，TextWriter 也是文件操作中的一个类。
- Save(XmlWriter w)：保存到 XmlWriter 中。

10.2.7　使用 XPath 导航选择节点

使用 XPath 导航可以方便地查询 DOM 中的信息：DOM 包含的方法允许使用 XPath 导航查询 DOM 中的信息。可以使用 XPath 查找单个特定节点，或查找与某个条件匹配的所有节点。如果不使用 XPath，则检索 DOM 中的一个或多个节点将需要大量导航代码。而使用 XPath 只需要一行代码。

DOM 类提供两种 XPath 选择方法。SelectSingleNode 方法返回符合选择条件的第一个节点。SelectNodes 方法返回包含匹配节点的 XmlNodeList。

程序清单 10.5 显示了如何使用 XPath 从一个名为 doc 的 XmlDocument 对象中查询出所有 basic 节点的信息。

程序清单 10.5　使用 XPath

```
1.   XmlDocument doc = new XmlDocument();
2.   doc.Load("basic.xml");
3.   XmlNodeList nodeList;
4.   XmlNode root = doc.DocumentElement;
5.   nodeList=root.SelectNodes("//basic");
6.   foreach (XmlNode basic in nodeList)
7.   {
8.      basic.LastChild.InnerText="无职称";
9.   }
10.  doc.Save("basic1.xml");
```

程序说明：第 1 行声明了 XmlDocument 对象 doc；第 2 行调用方法 Load 把 XML 文档 basic.xml 载入到内存，basic.xml 的内容如程序清单 10.1 所示；第 3 行定义了节点列表 nodeList；

第 4 行定义了根节点 root，并把 DOM 的根节点赋给它；第 5 行调用方法 SelectNodes 查找 basic 节点列表并装入 nodeList；第 6～9 行循环节点列表 nodeList 并修改最后一个子节点内容；第 10 行调用了 Save 方法保存 basic1.xml。

10.3　DataSet 与 XML

DataSet 是基于 XML 的，它具有多种 XML 特性，如 DataSet 对象以 XML 流的形式传输，DataSet 对象可以读取 XML 数据文件或数据流等。此外，DataSet 对象和 XMLDataDocument 对象可以同时操作内存中的同一数据，而且无论哪个对象对该数据进行修改都会反映到另外一个对象中，这也就是所谓的数据同步。

10.3.1　把 XML 数据读入 DataSet 对象

DataSet 对象提供了一个名为 ReadXmlSchema 的方法，利用该方法可以从已经存在的 XML Schema 中建立数据模式。ReadXmlSchema 方法包含以下几种重载版本。

- ReadXmlSchema(string fileName)：从指定的文件中读取 XML Schema。
- ReadXmlSchema(System.IO.Stream stream)：从流中读取 XML Schema。
- ReadXmlSchema(System.IO.TextReader reader)：读取存在于 TextReader 中的 XML Schema。
- ReadXmlSchema(XmlReader reader)：读取存在于 XmlReader 中的 XML Schema。

程序清单 10.6 显示了如何利用 ReadXmlSchema 方法来读取 XML Schema。

程序清单 10.6　利用 ReadXmlSchema 方法读取 XML Schema

```
DataSet dataSet = new DataSet();
dataSet.ReadXmlSchema(Server.MapPath("basic.xml"));
DataSet dataSet1 = new DataSet();
System.IO.FileStream fs = new System.IO.FileStream("basic.xml",
 System.IO.FileMode.Open);
dataSet1.ReadXmlSchema(fs);
fs.Close();
DataSet dataSet2 = new DataSet();
System.IO.StreamReader streamReader = new System.IO.StreamReader(Server.MapPath("basic.xml"));
dataSet2.ReadXmlSchema(streamReader);
streamReader.Close();
DataSet dataSet3 = new DataSet();
System.IO.FileStream fs = new System.IO.FileStream("basic.xml", System.IO.FileMode.Open);
System.Xml.XmlTextReader xmlReader = new XmlTextReader(fs);
dataSet3.ReadXmlSchema(xmlReader);
xmlReader.Close();
```

程序说明：第 1 行和第 2 行代码是通过文件名来读取 XML 文档的，其中第 1 行定义了 DataSet 对象 dataSet，第 2 行调用了 ReadXmlSchema 方法读取 basic.xml 文档。第 3～6 行使用流对象来读取 XML 文档，其中，第 3 行定义了 DataSet 对象 dataSet1，第 4 行定义了流对象来打开文档 basic.xml，第 5 行调用了 ReadXmlSchema 方法读取流对象，第 6 行为关闭流。第 7～10 行使用 StreamReader 对象来读取 XML 文档，其中，第 7 行定义了 DataSet 对象 dataSet2，第 8 行定义了 StreamReader 对象，第 9 行调用方法 ReadXmlSchema 读取 StreamReader 对象。第 11～15 行使用 XmlReader 对象读取 XML 文档，其中，第 11 行定义了 DataSet 对象 dataSet3，第 12 行定义了流，第 13 行定义了 XmlTextReader 对象，第 14 行调用方法 ReadXmlSchema 读取 XmlTextReader 对象，第 15 行为关闭该对象。

此外，DataSet 对象还提供了一个 ReadXml 方法来读取 XML 文件或流。ReadXml 方法对于每一种 XML 数据来源(流、文件、TextReader 和 XmlReader)都提供了两种形式的重载函数：一种是仅包含一个指定 XML 数据来源的参数，另一种是包含指定 XML 数据来源的参数和指定读取数据时生成数据模式 Schema 的行为，如程序清单 10.7 所示。

程序清单 10.7　ReadXml 方法

```
1.  DataSet dataSet = new DataSet();
2.  dataSet.ReadXml(Server.MapPath("basic.xml"));
    //或
3.  dataSet.ReadXml(Server.MapPath("basic.xml"),XmlReadMode.Auto);
```

程序说明：第 1 行声明了 DataSet 对象 dataSet，第 2 行直接调用 ReadXml 方法读取 basic.xml 文档，第 3 行使用了 ReadXml 方法的另外一种重载方法。

其中生成数据模式 Schema 的行为可以由枚举类型 XmlReadMode 的值来判断。XmlReadMode 取值包括以下几种。

- Auto：默认值。执行下列操作中的最合适的操作：如果数据是 DiffGram，则将 XmlReadMode 设置为 DiffGram；如果数据集已经有架构，或者文档包含内联架构，则将 XmlReadMode 设置为 ReadSchema；如果数据集还没有架构且文档也不包含内联架构，则将 XmlReadMode 设置为 InferSchema。
- DiffGram：读取 DiffGram，将 DiffGram 中的更改应用到 DataSet。
- Fragment：针对 SQL Server 的实例读取 XML 片段。
- IgnoreSchema：忽略任何内联架构并将数据读入现有的 DataSet 架构。
- InferSchema：忽略任何内联架构，从数据推断出架构并加载数据。
- InferTypedSchema：忽略任何内联架构，从数据推断出强类型架构并加载数据。
- ReadSchema：读取任何内联架构并加载数据。

10.3.2　把 DataSet 写出 XML 数据

DataSet 对象使用一个 GetXml 方法来将数据导出为一个 XML 字符串，使用 GetXmlSchema 方法将数据的组织模式导出为一个 XML Schema 字符串，如程序清单 10.8 所示。

程序清单 10.8　GetXml 方法和 GetXmlSchema 方法

```
1.    DataSet dataSet = new DataSet();
2.    .../
3.    string xmlString = dataSet.GetXml();//导出数据为 XML 格式
4.    string xmlSchema = dataSet.GetXmlSchema();//导出数据的组织形式
```

程序说明： 第 1 行定义了一个 DataSet 对象 dataSet；第 2 行执行一些操作为 dataSet 对象填充数据，此处代码省略；第 3 行调用方法 GetXml 把数据导出为 XML 格式的字符串，并存储在 xmlString 中；第 4 行调用方法 GetXmlSchema 把数据的组织模式导出，并存储在 xmlSchema 中。

此外，DataSet 还提供了 WriteXml 和 WriteXmlSchema 方法来把 DataSet 对象中的数据和 Schema 以 XML 的形式写出，如程序清单 10.9 所示。

程序清单 10.9　WriteXml 和 WriteXmlSchema 方法

```
//写出 XML 数据
1.    DataSet dataSet = new DataSet();
2.    ...        //执行一些操作为 dataSet 对象填充数据，此处代码省略
3.            System.IO.FileStream fs = new System.IO.FileStream("basic1.xml",
                 System.IO.FileMode.Create);
4.            dataSet.WriteXml(fs);
5.            fs.Close();
//写出数据组织形式
6.    DataSet dataSet = new DataSet();
7.    ...        //执行一些操作为 dataSet 对象填充数据，此处代码省略
8.           System.IO.FileStream fs = new System.IO.FileStream("basic2.xml",
               System.IO.FileMode.Create);
9.            dataSet.WriteXmlSchema(fs);
10.            fs.Close();
```

程序说明： 第 1～5 行把 DataSet 对象中的数据写到文件 basic1.xml 中，第 6～10 行把 DataSet 对象的数据组织形式保存到文件 basic2.xml 中。

10.4　XML 数据绑定

ASP.NET 提供了一个 XML 控件，该控件可以方便地在页面上显示 XML 数据。XML 控件具有以下两个属性。

- DocumentSource 属性用来指定要显示的 XML 数据文件。
- TransformSource 属性用来指定转换 XML 数据的 XSL 文件。

在页面的“设计”视图中拖入一个 XML 控件，可以在“属性”窗口中指定以上两个属性对应的文件，然后就可以在 XML 控件中根据 XSL 文件的转换来显示出 XML 数据文件。

例 10-2　XML 控件的使用

创建步骤如下。

(1) 创建一个 ASP.NET 项目 chap10。

(2) 把前面创建的文件 basic.xml 和 style.xsl 复制到该项目下。

(3) 打开页面文件 Default.aspx，切换到“设计”视图，在其中拖入一个 XML 控件。

(4) 选中 XML 控件，在“属性”窗口中设置属性 DocumentSource 为 basic.xml，设置属性 TransformSource 为 style.xsl。

在浏览器中查看 Default.aspx 页面，效果如图 10-2 所示。

图 10-2　XML 控件显示 XML 数据的效果

尽管使用 XML 控件可以方便地显示 XML 数据，但如果想把数据显示在诸如 GridView 控件中，可以使用前面介绍的 XML 类，尤其是使用 DataSet 可以实现 XML 数据在 GridView 控件中的显示。还有更方便的方法，那就是使用 XmlDataSource 控件，这是一个数据源控件，它允许从一个文件读取 XML 数据，然后把这些数据填充到 GridView 控件中。

XmlDataSource 控件的工作原理与前面介绍的 SqlDataSource 的一样，不过 XmlDataSource 控件还是有以下两点不同。

- XmlDataSource 控件从 XML 文件中获取信息，而不是从数据库中获取信息。
- XmlDataSource 控件返回的信息是分层次的，而且级别可以是无限级别的。而 SqlDataSource 返回的信息只能是一个表格形式的。

除了以上两点不同，XmlDataSource 控件与其他数据源控件的特性和用法一样。

可以利用 XmlDataSource 控件把 XML 数据绑定到 GridView 控件等表格控件中。要在像 GridView 控件这样的表格控件中显示 XML 数据，就必须使用 XPath 来指定要在 GridView 控件中显示的数据项。这是因为 XML 文件是有层次的，XmlDataSource 控件只是把数据从 XML 文件中获得，并不能为 GridView 控件指明要显示的数据项，因此需要在 GridView 控件的列定义中利用 XPath 来指明要显示的数据项。

例 10-3　利用 XmlDataSource 控件把 XML 数据绑定到 GridView 控件中

创建步骤如下。

(1) 在项目 chap10 中添加一个页面 WebForm1.aspx。

(2) 打开页面文件 WebForm1.aspx，切换到“设计”视图，在其中拖入一个

XmlDataSource 控件。

(3) 选中 XmlDataSource 控件，在“属性”窗口中设置属性 DataFile 为 basic.xml。

(4) 在页面中拖入一个 GridView 控件，把属性 DataSourceID 设置为前面定义的 XmlDataSource 控件。

在浏览器中查看 WebForm1.aspx 页面，效果如图 10-3 所示。

图 10-3　使用 XmlDataSource 控件在 GridView 控件中显示 XML 数据

利用 XmlDataSource 控件把 XML 数据绑定到 TreeView 等层次控件中相对比较容易。由于 TreeView 控件是把数据分层次显示，与 XML 描述的形式相似，因此这些控件显示 XML 数据就比较容易。

例 10-4　利用 XmlDataSource 控件把 XML 数据绑定到 TreeView 控件中

创建步骤如下。

(1) 在项目 chap10 中添加一个页面 WebForm2.aspx。

(2) 创建一个名为 XMLFile1.xml 的 XML 文件，内容如下。

```
<?xml version="1.0" standalone="yes"?>
<SuperProProductList xmlns="SuperProProductList" >
  <Category Name="硬件">
    <Product ID="1" Name="椅子">
      <Price>49.33</Price>
    </Product>
    <Product ID="2" Name="汽车">
      <Price>43398.55</Price>
    </Product>
  </Category>
  <Category Name="软件">
    <Product ID="3" Name="ASP.NET 学习">
      <Price>49.99</Price>
    </Product>
  </Category>
</SuperProProductList>
```

(3) 打开页面文件 WebForm2.aspx，切换到“设计”视图，在其中拖入一个

XmlDataSource 控件。

(4) 选中 XmlDataSource 控件，在“属性”窗口中设置属性 DataFile 为 XMLFile1.xml。

(5) 在页面中拖入一个 TreeView 控件，在“属性”窗口中指明 DataSourceID 为前面创建的 XmlDataSource 控件。

在浏览器中查看 Default.aspx 页面，效果如图 10-4 所示。

在图 10-4 中可以看到，在默认情况下，TreeView 控件只是把 XML 数据的结构给显示出来。要显示具体的数据内容还需要在 TreeView 控件的定义代码中指明数据项的绑定。

(6) 切换到“源”视图，编辑要在 TreeView 控件中显示的数据项，代码如程序清单 10.10 所示。

程序清单 10.10　TreeView 控件的定义

```
1.  <asp:TreeView ID="TreeView1" runat="server" DataSourceID="XmlDataSource1">
2.        <DataBindings>
3.            <asp:TreeNodeBinding DataMember="SuperProProductList" Text="产品列表" />
4.            <asp:TreeNodeBinding DataMember="Category" TextField="Name" />
5.            <asp:TreeNodeBinding DataMember="Product" TextField="Name" />
6.            <asp:TreeNodeBinding DataMember="Price" TextField="#InnerText" />
7.        </DataBindings>
8.  </asp:TreeView>
```

程序说明： 第 2～7 行在<DataBindings>中为每个绑定节点指明具体绑定的数据项。

在浏览器中查看 Default.aspx 页面，效果如图 10-5 所示。

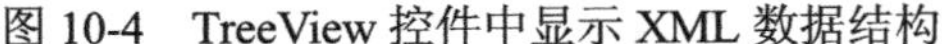

图 10-4　TreeView 控件中显示 XML 数据结构

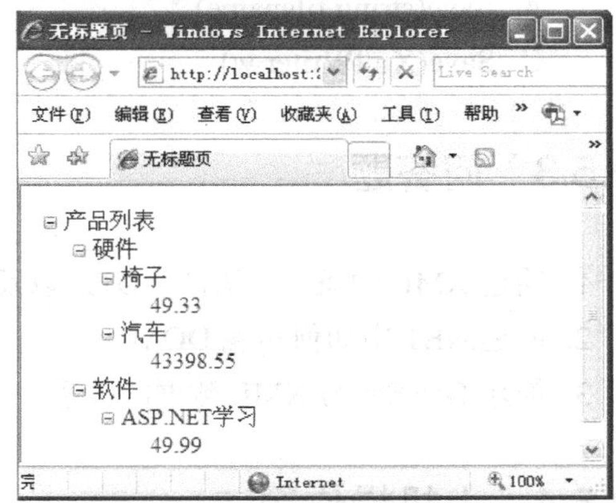

图 10-5　TreeView 控件显示 XML 文件中的具体数据

10.5　习　　题

10.5.1　填空题

1. XML 语言对格式有着严格的要求，主要包括________和________两种要求。

2. XML 语法规定每个 XML 文档都要包括至少一个________。根标记必须是________，包括整个文档的数据内容。数据内容则是位于________之间的内容。

3. DTD 根据其出现的位置可以分为________和________。

4. DOM 接口定义了一系列对象来实现对 XML 文档数据的________和________。DOM 接口将 XML 文档转换为________，应用程序通过________对 XML 文档进行________的访问，从而实现对 XML 文档的操作，如访问树的节点、创建新节点等。

5. 创建 XML 文档的方法有两种：________和________。

10.5.2 选择题

1. ________常用值是 GB2312。
   A. 简体中文　B. 繁体中文　C. 压缩的 Unicode 编码　D. UCS 编码
2. DTD 文档中 DOCTYPE 表示________。
   A. 元素的属性　B. 根元素　C. 子元素　D. 空元素
3. XSLT 中 xsl:attribute 用来定义________。
   A. 属性节点　B. 加入注释　C. 创建新元素　D. 排序节点
4. XmlDocument 对象中可以用来创建节点的方法有________。
   A. CreateAttribute　B. CreateComment　C. CreateElement　D. 以上都是
5. XmlDocument 对象中 Save 方法的重载为________。
   A. Save(string filename)　B. Save(System.IO.Stream outStream)
   C. Save(XmlWriter w)　D. 以上都是

10.5.3 问答题

1. 简述 XML 的概念、语法、DTD 以及 XSLT。
2. 简述.NET 中如何实现 DOM。
3. 简述 DataSet 与 XML 数据的关系。

10.5.4 上机操作题

1. 使用 XmlWriter 类创建一个 Poem.xml 文件，该文件的内容如下所示：

```
<?xml version="1.0" encoding="utf-8"?>
<poems>
  <poem>
    <title>短歌行</title>
    <author>曹操</author>
  </poem>
```

```
  <poem>
    <title>陇上行</title>
    <author>李太白</author>
  </poem>
  <poem>
    <title>无题</title>
    <author>李商隐</author>
  </poem>
</poems>
```

2. 使用 XmlReader 把 Poem.xml 文件读到内存中，并显示到网页上，如图 10-6 所示。

3. 创建一个页面，在页面中拖入一个 GridView 控件和一个 XmlDataSource 控件，利用这两个控件来显示前面创建的 XML 文档，如图 10-7 所示。

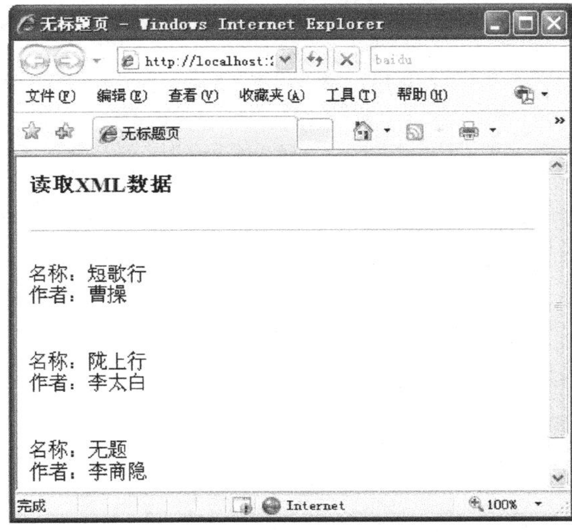

图 10-6　读取 Poem.xml 文件

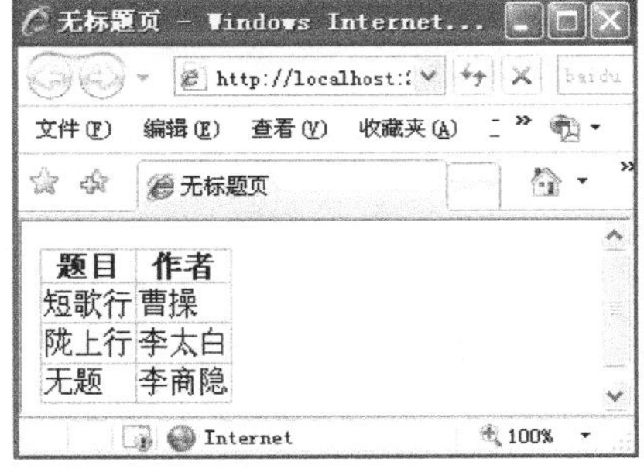

题目	作者
短歌行	曹操
陇上行	李太白
无题	李商隐

图 10-7　显示 Poem.xml 文件

第11章 LINQ 技术

LINQ 技术为 C#语言提供了强大的查询功能，它引入了标准的、容易学习的查询和更新数据的模式，可以对其技术进行扩展以支持几乎任何类型的数据存储。.NET 框架 4.5 包含了 LINQ 提供程序的程序集，这些程序集将支持 LINQ 与.NET 框架、数据库、ADO.NET 数据集以及 XML 数据一起使用。

本章重点：

- LINQ 概述
- 基于 C#的 LINQ 查询技术
- LINQ 到 ADO.NET 数据库操作技术

11.1 概 述

LINQ 是 Language Integrated Query 的缩写，中文名字是语言集成查询，最初在代号为 Orcas 的 Visual Studio 2008 中发布，它提供给程序员一个统一的编程概念和语法，程序员不需要关心将要访问的是关系数据库还是 XML 数据，或远程的对象，它都采用同样的访问方式。

LINQ 是一系列技术，包括 LINQ、DLINQ、XLINQ 等。其中 LINQ 到对象是对内存进行操作，LINQ 到 SQL 是对数据库的操作，LINQ 到 XML 是对 XML 数据进行操作。图 11-1 描述了 LINQ 技术的体系结构。

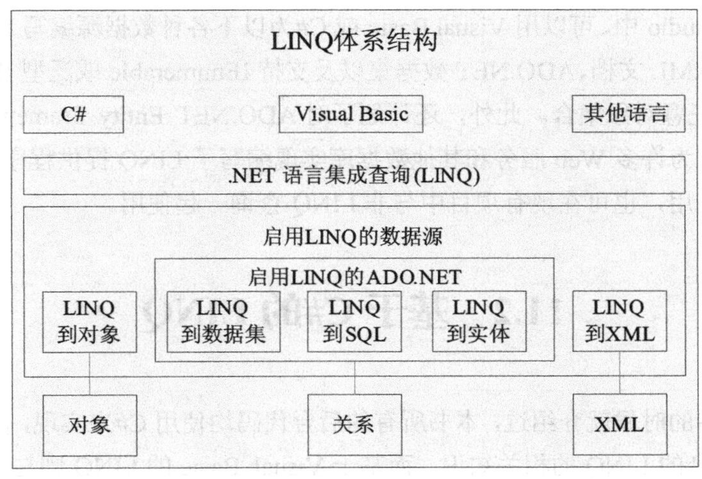

图 11-1 LINQ 体系结构

LINQ 技术采用类似于 SQL 语句的句法，它的句法结构是以 from 开始，结束于 select 或 group 子句。开头的 from 子句可以跟随 0 个或者更多个 from 或 where 子句。每个 from 子句都是一个产生器，它引入了一个迭代变量在序列上搜索；每个 where 子句是一个过滤器，它从结果中排除一些项。最后的 select 或 group 子句指定了依据迭代变量得出的结果的外形。select 或 group 子句前面可有一个 orderby 子句，它指明返回结果的顺序。最后 into 子句可以通过把一条查询语句的结果作为产生器插进子序列查询中的方式来拼接查询。

例如程序清单 11.1。

程序清单 11.1　从数组中查询到符合条件的字符串

```
1.  string[] aBunchOfWords = {"One","Two", "Hello", "World", "Four", "Five"};
2.  var result =
3.  from s in aBunchOfWords     //从 aBunchOfWords 数组中查询字符串
4.  where s.Length == 5         //条件是字符串长度为 5
5.  select s;                   //返回查询结果
6.  foreach (var s in result)   //输出结果
7.  {
8.     Response.Write(s);
9.  }
```

程序说明：这段代码利用 LINQ 技术从数组 aBunchOfWords 查询出长度为 5 的字符串，最后把查询结果输出到客户端。其中第 1 行定义了要查询的数据对象，第 2～5 行定义查询，第 6～9 行执行查询，把查询的结果输出到客户端。

从以上例子可以看出，LINQ 在对象领域和数据领域之间架起了一座桥梁。传统上，针对数据的查询都是以简单的字符串表示，而没有编译时类型检查或 Intellisense 支持。此外，还必须针对以下各种数据源学习不同的查询语言：SQL 数据库、XML 文档、各种 Web 服务等。LINQ 使查询成为与 C#和 Visual Basic 一样的语言构造。可以使用语言关键字和熟悉的运算符针对强类型化对象集合编写查询。

在 Visual Studio 中，可以用 Visual Basic 或 C#为以下各种数据源编写 LINQ 查询：SQL Server 数据库、XML 文档、ADO.NET 数据集以及支持 IEnumerable 或泛型 IEnumerable<(Of <(T>)>)接口的任意对象集合。此外，还计划了对 ADO.NET Entity Framework 的 LINQ 支持，并且第三方为许多 Web 服务和其他数据库实现编写了 LINQ 提供程序。LINQ 查询既可在新项目中使用，也可在现有项目中与非 LINQ 查询一起使用。

11.2　基于 C#的 LINQ

在本书开始的时候就介绍过，本书所有的后台代码均使用 C#来实现，因此下面将详细介绍一下基于 C#的 LINQ 的相关知识。而基于 Visual Basic 的 LINQ 则与之类似，本书将不再赘述。

11.2.1 LINQ 查询介绍

查询是一种从数据源检索数据的表达式。查询通常用专门的查询语言来表示。随着时间的推移，人们已经为各种数据源开发了不同的语言。例如，用于关系数据库的 SQL 和用于 XML 的 XQuery。因此，开发人员不得不针对他们必须支持的每种数据源或数据格式而学习新的查询语言。LINQ 通过提供一种跨各种数据源和数据格式使用数据的一致模型，简化了这一情况。在 LINQ 查询中，始终会用到对象。可以使用相同的基本编码模式来查询和转换 XML 文档、SQL 数据库、ADO.NET 数据集、.NET 集合中的数据以及对其有 LINQ 提供程序可用的任何其他格式的数据。

LINQ 的查询操作通常由以下 3 个不同的操作组成。

(1) 获得数据源。

(2) 创建查询。

(3) 执行查询。

程序清单 11.2 演示了查询操作的 3 个部分。

程序清单 11.2 LINQ 查询的演示

```
1. string[] weeks = {"Sunday","Monday", "Tuesday", "Wednesday", "Thursday", "Friday","Saturday"};
2. var result =
3. from s in weeks            //从 weeks 数组中查询字符串
4. where s.Length == 5        //条件是字符串长度为 5
5. select s;                  //返回查询结果
6. foreach (var s in result)  //输出结果
7. {
8.     Response.Write(s);
9. }
```

程序说明：第 1 行获得数据源，第 2～5 行定义查询，第 6～9 行执行查询。

在 LINQ 中，查询的执行与查询本身截然不同，如果只是创建查询变量，则不会检索出任何数据。

在 LINQ 查询中，数据源必须支持泛型 IEnumerable(T)接口，在上面的示例代码中由于数据源是数组，而它隐式支持泛型接口，因此它可以用 LINQ 进行查询。

对于支持 IEnumerable(T)或派生接口的类型称为“可查询类型”。可查询类型不需要进行修改或特殊处理就可以用 LINQ 数据源。如果源数据还没有作为可查询类型出现在内存中，则 LINQ 提供程序必须以此方式表示源数据。

例如，LINQ 到 XML 将 XML 文档加载到可查询的 XElement 类型中：

```
//从一个 XML 文档创建数据源
//using System.Xml.Linq;
XElement contacts = XElement.Load(@"c:\myContactsList.xml");
```

在 LINQ 到 SQL 中，首先手动或使用对象关系设计器在设计时创建对象关系映射。针对这些对象编写查询，然后由 LINQ 到 SQL 在运行时处理与数据库的通信。在下面的代码中，Customer 表示数据库中的特定表，并且 Customer 支持派生自 IQueryable(T)的泛型接口。

```
//从一个 SQL Server 数据库创建数据源
//using System.Data.Linq;
DataContext db = new DataContext(@"c:\northwind\northwnd.mdf");
Customer c=db.Customers.Single(x=>x.CustomerID=="19283");
```

总之，LINQ 数据源是支持泛型 IEnumerable(T)接口或从该接口继承的接口的任意对象。

查询用来指定要从数据库中检索的信息，查询还可以指定在返回这些信息之前如何对其进行排序、分组和结构化。查询存储在查询变量中，并用查询表达式进行初始化。

查询变量本身支持存储查询命令，而只有执行查询才能获取数据信息。查询分为以下两种。

(1) 延迟执行。在定义完查询变量后，实际的查询执行会延迟到在 foreach 语句中循环访问查询变量时发生。

(2) 强制立即执行。对一系列源元素执行聚合函数的查询必须首先循环访问这些元素。Count、Max、Average 和 First 就属于此类型查询。由于查询本身必须使用 foreach 以便返回结果，因此这些查询在执行时不使用显示 foreach 语句。此外，这些类型的查询返回单个值，而不是 IEnumerable 集合。

11.2.2　基本查询操作

本节将简要介绍 LINQ 查询表达式，以及在查询中执行的一些典型类型的操作。

LINQ 查询表达式与 SQL 和 XQuery 的形式非常类似，熟悉 SQL 和 XQuery 的用法的读者学习本节会比较轻松。

(1) 获取数据源

在 LINQ 查询中，第一步是指定数据源，通过使用 from 子句来引入数据源和范围变量，如程序清单 11.3。

程序清单 11.3　from 子句示例

```
1.  var queryAllCustomers = from cust in customers
2.  select cust;
```

程序说明： 第 1 行代码定义了一个 from 子句。

范围变量类似于 foreach 循环中的迭代变量，但在查询表达式中，实际上不发生迭代。执行查询时，范围变量将用于对 customers 中的每个后续元素的引用。因为编译器可以推断 cust 的类型，所以不必显示指定此类型。

(2) 筛选

最常用的查询操作是应用布尔表达式形式的筛选器。此筛选器使查询只返回那些表达式结果为 true 的元素。使用 where 子句生成结果。实际上，筛选器指定从源序列中排除哪些元素，如程序清单 11.4。

程序清单 11.4　where 子句示例

```
1. var queryLondonCustomers = from cust in customers
2. where cust.City == "London"
3. select cust;
```

程序说明：第 2 行代码定义了 where 子句。

如果要使用多个筛选条件，则可以使用逻辑运算符号，如&&、||等。例如，若要只返回位于 London 和姓名为 Devon 的客户，则代码如下所示。

```
where cust.City=="London" && cust.Name == "Devon"
```

(3) 排序

使用 orderby 子句可以很方便地将返回的数据进行排序。orderby 子句将使返回的序列中的元素按照被排序的类型的默认比较器进行排序，如程序清单 11.5 所示。

程序清单 11.5　排序子句示例

```
1. var queryLondonCustomers3 =
2. from cust in customers
3. where cust.City == "London"
4. orderby cust.Name ascending
5. select cust;
```

程序说明：第 4 行代码定义了 orderby 子句。

此外，在代码中 ascending 表示按顺序排列，为默认方式；descending 表示逆序排列，若要把筛选的数据进行逆序排列，则必须在查询语句中加上该修饰符。

(4) 分组

使用 group 子句，可以按指定的键对结果进行分组，如程序清单 11.6 所示。

程序清单 11.6　group 子句示例

```
//按 City 进行分组
var queryCustomersByCity =
from cust in customers
group cust by cust.City;
foreach (var customerGroup in queryCustomersByCity)
{
   Console.WriteLine(customerGroup.Key);
   foreach (Customer customer in customerGroup)
```

```
9.      {
10.         Console.WriteLine("    {0}", customer.Name);
11.     }
12. }
```

程序说明：第 4 行代码定义了 group 子句，指定结果应按 City 分组，以便位于 London 或其他城市的所有客户位于各自组中。

在使用 group 子句结束查询时，结果采用列表形式。列表中的每个元素是一个具有 Key 成员及根据该键分组的元素列表的对象。在循环访问生成组序列的查询时，必须使用嵌套的 foreach 循环。外部循环用于循环访问每个组，内部循环用于循环访问每个组的成员。

如果必须引用组操作的结果，可以使用 into 关键字来创建可进一步查询的标识符，如程序清单 11.7 所示。

程序清单 11.7　引用分组查询结果

```
1. var custQuery =
2. from cust in customers
3. group cust by cust.City into custGroup
4. where custGroup.Count() > 2
5. orderby custGroup.Key
6. select custGroup;
```

程序说明：第 3 行把查询结果放进 custGroup，第 6 行引用查询结果。

以上这些 LINQ 查询操作与使用 SQL 操作数据库非常相似，基本上所有的 T-SQL 的功能在 LINQ 都有所体现，可见 LINQ 的强大功能。

11.3　LINQ 到 ADO.NET

LINQ 到 ADO.NET 主要是用来操作关系数据的，包括 LINQ 到 DataSet、LINQ 到 SQL 和 LINQ 到实体。其中，LINQ 到 DataSet 可以将更丰富的查询功能建立到 DataSet 中；LINQ 到 SQL 提供运行时的基础结构，用于将关系数据库作为对象管理；LINQ 到实体则通过实体数据模型，把关系数据在.NET 环境中公开为对象，这将使得对象层成为实现 LINQ 支持的理想目标。

LINQ 到 SQL 是操纵数据库的重要技术，本节将着重介绍有关 LINQ 到 SQL 的知识。

在 LINQ 到 SQL 中，关系数据库的数据模型映射到开发人员所使用的编程语言表示的对象模型。当应用程序运行时，LINQ 到 SQL 会将对象模型中的语言集成查询转换为 SQL，然后将它们发送到数据库进行执行。当数据库返回结果时，LINQ 到 SQL 会将它们转换回可以使用读者自己的编程语言处理的对象。

11.3.1　LINQ 到 SQL 基础

通过使用 LINQ 到 SQL，可以使用 LINQ 技术像访问内存中的集合一样访问 SQL 数据库，如程序清单 11.8 所示。

程序清单 11.8　访问数据库

```
1. BookSample bookSample= new BookSample (@"BookSample.mdf");
2. var stuNameQuery =
3. from stu in bookSample. Students
4. where stu.City == "北京"
5. select cust.StuName;
6. foreach (var student in stuNameQuery)
7. {
8.     Response.Write (student);
9. }
```

程序说明：第 1 行代码创建 bookSample 对象表示 BookSample 数据库；第 2～5 行定义的查询将 Students 表作为目标，筛选出了来自北京的 Students 行，并选择了一个表示 StuName 的字符串以进行检索；第 6～9 行为执行查询。

使用 LINQ 到 SQL 可以完成使用 T-SQL 可执行的几乎所有功能，LINQ 到 SQL 可以完成的常用功能包括选择、插入、更新和删除。

以上四大功能正是 LINQ 到 SQL 全都能够实现的对应用数据库程序开发的所有执行的功能，因此，在掌握了 LINQ 技术后，就不需要再针对特殊的数据库学习特别的 SQL 语法了(不同的数据库 SQL 语法有很多的不同，正是基于这一点才引发了 LINQ 技术的出现)。

LINQ 到 SQL 的使用主要可以分为以下两步。

1. 创建对象模型

要实现 LINQ 到 SQL，首先必须根据现有关系数据库的元数据创建对象模型。对象模型就是按照开发人员所用的编程语言来表示的数据库，有了这个用当前开发表示数据库的对象模型，下面才能创建查询语句以操作数据库。关于如何创建对象模型，在后面的章节会详细介绍。

2. 使用对象模型

在创建了对象模型后，就可以在该模型中描述信息请求和操作数据了。下面是使用已创建的对象模型的典型步骤。

(1) 创建查询以从数据库中检索信息。

(2) 重写 Insert、Update 和 Delete 的默认行为。

(3) 设置适当的选项以检测和报告并发冲突。

(4) 建立继承层次结构。

(5) 提供合适的用户界面。

(6) 调试并测试应用程序。

以上只是使用对象模型的典型步骤，其中很多步骤都是可选的，在实际应用中，有些步骤可能并不会使用到。

11.3.2 对象模型和对象模型的创建

对象模型是关系数据库在编程语言中表示的数据模型，对对象模型的操作就是对关系数据库的操作。表 11-1 列举了 LINQ 到 SQL 对象模型中最基本的元素及其与关系数据库模型中的元素的关系。

表 11-1 LINQ 到 SQL 对象模型中最基本的元素

LINQ 到 SQL 对象模型	关系数据模型
实体类	表
类成员	列
关联	外键关系
方法	存储过程或函数

创建对象模型，就是基于关系数据库来创建这些 LINQ 到 SQL 对象模型中最基本的元素。

创建对象模型有以下 3 种方法。

(1) 使用对象关系设计器。对象关系设计器提供了用于从现有数据库创建对象模型的丰富用户界面，它包含在 Visual Studio 2012 中，最适合小型或中型数据库。

(2) 使用 SQLMetal 代码生成工具。这个工具适合大型数据库的开发，因此对于普通读者来说，这种方法就不常用了。

(3) 直接编写创建对象的代码。

下面就详细介绍一下如何使用对象关系设计器创建对象模型。

对象关系设计器(O/R 设计器)提供了一个可视化设计界面，用于创建基于数据库中对象的 LINQ 到 SQL 的实体类和关联(关系)。换句话说，O/R 设计器用于在应用程序中创建映射到数据库中的对象的对象模型。它还生成一个强类型 DataContext，用于在实体类与数据库之间发送和接收数据。O/R 设计器还提供了相关功能，用于将存储过程和函数映射到 DataContext 方法以便返回数据和填充实体类。最后，O/R 设计器提供了对实体类之间的继承关系进行设计的能力。

下面就通过一个例子来说明如何使用对象关系设计器来创建 LINQ 到 SQL 实体类。

在介绍这个例子之前，首先介绍一下强类型 DataContext 的知识。

强类型 DataContext 对应于类 DataContext，它表示 LINQ 到 SQL 框架的主入口点，充当 SQL Server 数据库与映射到数据库的 LINQ 到 SQL 实体类之间的管道。DataContext 类包含用于连接数据库以及操作数据库数据的连接字符串信息和方法。默认情况下，

DataContext 类包含多个可以调用的方法，例如用于将已更新数据从 LINQ 到 SQL 类发送到数据库的 SubmitChanges 方法。还可以创建其他映射到存储过程和函数的 DataContext 方法。也就是说，调用这些自定义方法将运行数据库中 DataContext 方法所映射到的存储过程或函数。与可以添加方法对任何类进行扩展一样，也可以将新方法添加到 DataContext 类。DataContext 类提供了如表 11-2 和表 11-3 所示的属性和方法及说明。

表 11-2　DataContext 类的属性及说明

属　　性	说　　明
ChangeConflicts	返回调用 SubmitChanges 时导致并发冲突的集合
CommandTimeout	增大查询的超时期限，如果不增大则会在默认超时期限间出现超时
Connection	返回由框架使用的连接
DeferredLoadingEnabled	指定是否延迟加载一对多关系或一对一关系
LoadOptions	获取或设置与此 DataContext 关联的 DataLoadOptions
Log	指定要写入 SQL 查询或命令的目标
Mapping	返回映射所基于的 MetaModel
ObjectTrackingEabled	指示框架跟踪此 DataContext 的原始值和对象标识
Transaction	为.NET 框架设置要用于访问数据库的本地事务

表 11-3　DataContext 类的方法及说明

方　　法	说　　明
CreateDatabase	在服务器上创建数据库
CreateMethodCallQuery(TResult)	基础结构。执行与指定的 CLR 方法相关联的表值数据库函数
DatabaseExists	确定是否可以打开关联数据库
DeleteDataBase	删除关联数据库
ExecuteCommand	直接对数据库执行 SQL 命令
ExecuteDynamicDelete	在删除重写方法中调用，以向 LINQ 到 SQL 重新委托生成和执行删除操作的动态 SQL 的任务
ExecuteDynamicInsert	在插入重写方法中调用，以向 LINQ 到 SQL 重新委托生成和执行插入操作的动态 SQL 的任务
ExecuteDynamicUpdate	在更新重写方法中调用，以向 LINQ 到 SQL 重新委托生成和执行更新操作的动态 SQL 的任务
ExecuteMethodCall	基础结构。执行数据库存储过程或指定的 CLR 方法关联的标量函数
ExecuteQuery	已重载，直接对数据库执行 SQL 查询
GetChangeSet	提供对由 DataContext 跟踪的已修改对象的访问
GetCommand	提供有关由 LINQ 到 SQL 生成的 SQL 命令的信息
GetTable	已重载，返回表对象的集合
Refresh	已重载，使用数据库中数据刷新对象状态

(续表)

方　法	说　明
SubmitChanges	已重载，计算要插入、更新或删除的已修改对象的集合，并执行相应命令以实现对数据库的更改
Translate	已重载，将现有 IDataReader 转换为对象

例 11-1　使用对象关系设计器来创建 LINQ 到 SQL 实体类

创建步骤如下。

(1) 在解决方案 chap11 中新建一个 ASP.NET 应用程序项目 11-1。

(2) 在解决方案资源管理器窗口中，右击项目 11-1，在弹出的快捷菜单中执行“添加”|“新建项”命令，在弹出的“添加新项”对话框中选择“LINQ to SQL 类”模板，然后单击“添加”按钮，在项目 11-1 下就添加了一个名为 DataClasses1.dbml 的文件。这个文件是中间数据库标记语言文件，它将提供对象关系设计器的界面。

(3) 打开 DataClasses1.dbml 文件，就可以看到对象关系设计器的界面。在这个界面中，可以通过拖曳方式来定义与数据库相对应的实体和关系。

(4) 打开“服务器资源管理器”窗口，建立可以使用的数据库连接(这时，SQL Server 2008 服务器需要打开)，在数据库 BookSample(数据库在前面的章节中已经创建)中，把表 Students(在前面的章节中已经创建)拖曳到对象关系设计器的界面上，这时就会生成一个实体类，该类包含了与表 Students 的字段对应的属性。把实体类的名称修改为 Student，表示一个学生。

(5) 打开文件 DataClasses1.disigner.cs，该文件包含 LINQ 到 SQL 实体类以及自动生成的强类型 DataClasses1DataContext 的定义。由于代码过多，这里就不再粘贴出来了，读者可以参考本书提供的源代码。

注意：

文件 DataClasses1.disigner.cs 包含的全是自动生成的代码，因此可以不用管这些代码的含义，如果想要编写自己的 DataContext 方法，再仔细阅读这些代码。最好不要修改这个文件中的代码。

这样实体类 Student 就创建完毕了，在其他代码中就可以像使用其他类型的类一样使用该类了。

此外，在项目 11-1 中打开 web.config 文件，可以看到在<connectionStrings>节自动生成了数据库连接字符串。这个数据库连接字符串将被 DataContext 类用于连接数据。

11.3.3　查询数据库

创建了对象模型后，就可以查询数据库了。下面就介绍如何在 LINQ 到 SQL 项目中开发和执行查询。

LINQ 到 SQL 中的查询与 LINQ 中的查询使用相同的语法，只不过它们操作的对象有所差异，LINQ 到 SQL 查询中引用的对象映射到数据库中的元素。表 11-4 列出了两者的相似和不同之处。

表 11-4 LINQ 到 SQL 中的查询与 LINQ 中的查询的相似和不同

项	LINQ 查 询	LINQ 到 SQL 查询
保存查询的局部变量的返回类型(对于返回序列的查询而言)	泛型 IEnumerable	泛型 IQueryable
指定数据源	使用开发语言直接指定	
筛选	使用 Where/where 子句	
分组	使用 Group…by/groupby	
选择	使用 Select/select 子句	
延迟执行与立即执行	按照返回类型不同来划分	
实现关联	使用 Join/join 子句	可以使用 Join/join 子句，但使用 AssociationAttribute 属性更有效
远程执行与本地执行	没有	根据查询实际执行的位置来划分
流式查询与缓存查询	在本地内存情况中不使用	没有

LINQ 到 SQL 会将编写的查询转换成等效的 SQL 语句,然后把它们发送到服务器进行处理。具体来说，应用程序将使用 LINQ 到 SQL API 来请求查询执行，LINQ 到 SQL 提供程序随后会将查询转换成 SQL 文本，并委托 ADO 提供程序执行。ADO 提供程序将查询结果作为 DataReader 返回，而 LINQ 到 SQL 提供程序将 ADO 结果转换成用户对象的 IQueryable 集合。

在前面一节创建了一个名为 Student 的实体类，程序清单 11.9 就是从其中执行查询的代码。

程序清单 11.9 从实体类 Student 中获取查询到的数据

```
1. DataClasses1DataContext data = new DataClasses1DataContext();
2. var StudentsQuery = from student in data.Student
3. select student;
4. GridView1.DataSource = StudentsQuery
5. this.GridView1.DataBind();
```

程序说明：这段代码从实体类Student中获取查询到的数据，并将数据绑定到GridView1中显示。第 1 行代码定义了数据库对象；第 2 行和第 3 行定义查询，从实体类 Student 中获取数据；第 4 行和第 5 行执行数据绑定。

LINQ 到 SQL 的查询根据其执行的位置不同可以分为远程查询执行和本地查询执行。

(1) 远程查询执行。这是数据库引擎对数据库执行的查询。这种查询的执行方式有以下两个优点。

- 不会检索到不需要的数据。
- 由于利用了数据库索引，有数据库引擎执行的查询通常更为高效。

在 LINQ 到 SQL 中，EntitySet(TEntity)类实现了 IQueryable 接口，这种方式确保了可以以远程方式执行此类查询。

如果数据库有数千行数据，则在处理其中很小一部分时就不需要将它们全部都检索出来。这时就可以使用远程查询执行，如程序清单 11.10 所示。

程序清单 11.10　远程查询

```
1.  Northwnd db = new Northwnd(@"northwnd.mdf");
2.  Customer c = db.Customers.Single(x => x.CustomerID == "19283");
3.  foreach (Order ord in c.Orders.Where(o => o.ShippedDate.Value.Year == 1998))
4.  {
5.      // Do something
6.  }
```

程序说明：第 1 行代码定义了数据库对象；第 2 行代码采用 Lambda 表达式来编写查询，表示从数据表 Customers 获得一行数据，获得数据的条件是 CustomerID 等于 19283；第 3～6 行执行查询，查询的执行过程在数据库引擎上进行。

(2) 本地查询执行。这是在本地执行查询，即对本地缓存进行查询，如程序清单 11.11 所示。在某些情况下，可能需要在本地缓存中保留完整的相关实体集，为此，EntitySet (TEntity)类提供了 Load 方法，用于显示加载 EntitySet(TEntity)的所有成员。在 EntitySet(TEntity)加载后，后续查询将在本地执行，这样也有以下两个优点。

- 如果此完整集必须在本地使用或使用多次，则可以避免远程查询和与之相关的延迟。
- 实体可以序列化为完整的实体。

程序清单 11.11　在本地执行查询

```
1.  Northwnd db = new Northwnd(@"northwnd.mdf");
2.  Customer c = db.Customers.Single(x => x.CustomerID == "19283");
3.  c.Orders.Load();
4.  foreach (Order ord in c.Orders.Where(o => o.ShippedDate.Value.Year == 1998))
5.  {
6.     // Do something
7.  }
```

程序说明：第 3 行代码利用 Load 方法把获得的实体数据加载到本地，第 4～7 行在本地执行查询。

LINQ 到 SQL 的查询知识就这么多，下面通过几个实例来介绍 LINQ 到 SQL 查询的综合应用。

例 11-2　将信息作为只读信息进行检索

可以通过把类 DataContext 的对象的属性 ObjectTrackingEnabled 设置为 false 来实现只读处理，如程序清单 11.12 所示。

程序清单 11.12　将信息作为只读信息进行检索

```
1. DataClasses1DataContext data = new DataClasses1DataContext();
2.             data.ObjectTrackingEnabled = false;
3.             var StudentsQuery = from student in data.Student
4.                                 select student;
5.             GridView1.DataSource = StudentsQuery;
6.             this.GridView1.DataBind();
```

程序说明：第 2 行代码把属性 ObjectTrackingEnabled 设置为 false，这样检索到的数据就不能被修改。

例 11-3　聚合查询

LINQ 到 SQL 支持 Average、Count、Max、Min 和 Sum 等聚合运算符。本例将以前面创建的实体类 Student 为对象来进行聚合查询，如程序清单 11.13 所示。

程序清单 11.13　对类 Student 进行聚合查询

```
1. DataClasses1DataContext data = new DataClasses1DataContext();
2.             data.ObjectTrackingEnabled = false;
3.             int num = (from student in data.Student
4.                        where student.City = "北京"
5.                                 select student).Count();
```

程序说明：第 3～5 行利用方法 Count 定义聚合查询以计算出来自“北京”的学生的数量。

通过以上两个例子可以看出 LINQ 到 SQL 的查询与 LINQ 查询没有什么本质区别，只不过操作的对象改变了而已。

11.3.4　更改数据库

本节介绍如何对数据库进行更改。程序员可以利用 LINQ 到 SQL 对数据库进行插入、更新和删除操作。在 LINQ 到 SQL 中执行插入、更新和删除操作的方法是：向对象模型中添加对象、更改和移除对象模型中的对象，然后 LINQ 到 SQL 会把所做的操作转化成 SQL，最后把这些 SQL 提交到数据库执行。在默认情况下，LINQ 到 SQL 就会自动生成动态 SQL 来实现插入、读取、更新和操作，不过有时还可能需要程序员自定义应用程序以满足实际的业务需要。

1. 插入操作

向数据库插入行的操作步骤如下。

(1) 创建一个包含要提交到行数据的新对象。

(2) 将这个新对象添加到与数据库中目标表关联的 LINQ 到 SQL Table 集合。

(3) 将更改提交到数据库。

在例 11-1 中创建了一个名为 Student 的实体类，程序清单 11.14 将向该实体类的对象插入一条数据。

程序清单 11.14　向数据表 Student 中插入数据

```
1.  DataClasses1DataContext data = new DataClasses1DataContext();
2.  Student stu = new Student();
3.  stu.StuName = "王大力";
4.  stu.Phone = "02178568909";
5.  stu.Address = "陆家嘴";
6.  stu.City = "上海";
7.  stu.State = "中国";
8.  data.Student.InsertOnSubmit(stu);
9.  try
10.  {
11.     data.SubmitChanges();
12.  }
13.  catch (Exception ee)
14.   {
15.               //
16.   }
```

程序说明：第 2 行代码声明了一个 Student 类的对象 stu，第 3～7 行对其属性赋值，第 8 行调用了 InsertOnSubmit 方法向 LINQ 到 SQL Table(TEntity)集合中插入该条数据，第 11 行调用了方法 SubmitChanges 提交更改。这样，在数据库的数据表 Student 中就会插入一条新的数据。

2. 更新操作

更新数据库中的行的操作步骤如下。

(1) 查询数据库中要更新的行。

(2) 对得到的 LINQ 到 SQL 对象中成员值进行所需要的更改。

(3) 将更改提交到数据库。

下面仍然利用在例 11-1 中创建的名为 Student 的实体类进行举例，将通过实体类 Student 将数据库中表 Student 的一行数据进行更新，代码如程序清单 11.15 所示。

程序清单 11.15　更新数据表 Student 中的一条数据

```
1.  //查询到要更新的行
2.  DataClasses1DataContext data = new DataClasses1DataContext();
3.  var query =
4.  from stu in data.Student
5.  where stu.ID == 1
6.  select stu;
7.  //执行查询并更新想要更新的列
8.  foreach (Student stu in query)
9.  {
10.     stu.StuName = "张三一";
11.     stu.City = "上海";
12. }
13. //提交更新
14. try
15. {
16.     data.SubmitChanges();
17. }
18. catch (Exception e)
19. {
20.     //
21. }
```

程序说明：第 3～6 行定义了一个查询，这个查询将从数据库中把要更新的数据取出；第 8～12 行执行查询并更新相应的数据；第 16 行提交更新。

3. 删除操作

可以通过将对应的 LINQ 到 SQL 对象从其与表相关的集合中删除来删除数据库中的行。不过，LINQ 到 SQL 不支持且无法识别级联删除操作。如果要在对行有约束的表中删除行，则必须完成以下任务之一。

- 在数据库的外键约束中设置 ON DELETE CASCADE 规则。
- 使用自己的代码首先删除阻止删除父对象的子对象。

删除数据库中的行的操作步骤如下。

(1) 查询数据库中要删除的行。

(2) 调用 DeleteOnSubmit 方法。

(3) 将更改提交到数据库。

下面仍然利用在例 11-1 中创建的名为 Student 的实体类进行举例，将通过实体类 Student 将数据库中的表 Student 中的一行数据进行删除，代码如程序清单 11.16 所示。

程序清单 11.16　删除表 Student 中的一行数据

```
1.  //查询到要删除的行
2.  DataClasses1DataContext data = new DataClasses1DataContext();
3.  var deleteStudents =
4.  from stu in data.Student
5.  where stu.ID == 1
6.  select stu;
7.  foreach (var stu in deleteStudents)
8.  {
9.      data.Student.DeleteOnSubmit(stu);
10. }
11. try
12. {
13.     data.SubmitChanges();
14. }
15. catch (Exception e)
16. {
17.     //
18. }
```

程序说明：第 3～6 行定义一个查询，这个查询将从数据库中把要更新的数据取出；第 7～10 行执行查询并删除相应的数据；第 13 行提交更新。

以上介绍的插入、修改和删除的操作步骤中都有一个关键步骤就是提交更改，在代码中体现如下。

```
db.SubmitChanges();
```

其实，无论对对象做了多少更改，都只是更改内存中的副本，并未对数据库中实际数据做任何更改，只有直接对 DataContext 显示调用 SubmitChanges，所做的更改才会有效果。

当进行此调用时，DataContext 会设法将所做的更改转化为等效的 SQL 命令，可以使用自己的自定义逻辑来重写这些操作，但提交顺序是由 DataContext 的一项称为“更改处理器”的服务来协调的。事件的顺序如下。

(1) 当调用 SubmitChanges 时，LINQ 到 SQL 会检查已知对象的集合以确定新实例是否已附加到它们。如果已附加，这些新实例将添加到被跟踪对象的集合。

(2) 所有具有挂起更改的对象将按照它们之间的依赖关系排序成一个对象序列。如果一个对象的更改依赖于其他对象，则这个对象将排在其依赖项之后。

(3) 在即将传输任何实际更改时，LINQ 到 SQL 会启动一个事务来封装由各条命令组成的系列。

(4) 对对象的更改会逐个转换为 SQL 命令，然后发送到服务器。

此时，如果数据库检测到任何错误，都会造成提交进程停止并引发异常。将回滚对数据库的所有更改，就像未进行过提交一样。DataContext 仍具有所有更改的完整记录。因此可以设法修正问题并重新调用 SubmitChanges，就像下面的代码示例中那样。

```
try
{
        db.SubmitChanges();
 }
 catch (Exception e)
 {
    //出现异常就做一些修正
    //做完修正后再提交更改
db.SubmitChanges();
}
```

11.3.5　存储过程

存储过程是一组为了完成特定功能的 SQL 语句集，经编译后存储在数据库中。LINQ 到 SQL 在对象模型中使用方法来表示数据库中的存储过程，可以通过应用 FunctionAttribute 属性和 ParameterAttribute 属性(如果需要)将方法指定为存储过程。

使用 Visual Studio 2012 的对象关系设计器可以很容易把存储过程映射为对象模型中的方法。可以直接把存储过程拖放到方法窗口，这样就能生成与该存储过程对应的方法。如图 11-2 所示。在图中，把存储过程 StoredProcedure1 拖放到最右边的方法窗口就会直接生成与该存储过程对应的方法 StoredProcedure1(System.String city)。

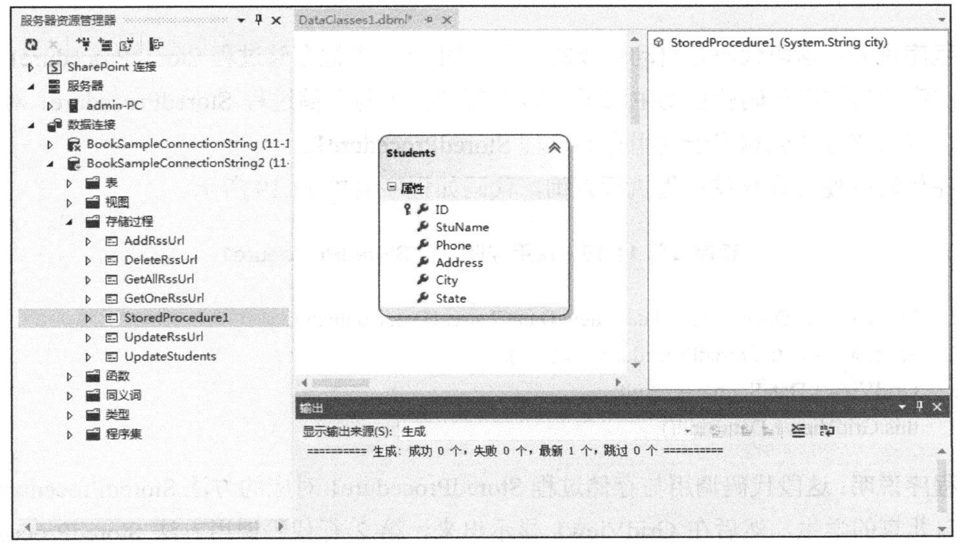

图 11-2　存储过程对应的方法生成

其中存储过程 StoredProcedure1 的代码如程序清单 11.17 所示。

程序清单 11.17　存储过程 StoredProcedure1

```
ALTER PROCEDURE dbo.StoredProcedure1
  (
    @City Varchar(50)
  )
AS
/* SET NOCOUNT ON */
SELECT ID, StuName, Phone, Address, City, State
FROM Students
WHERE (City = @City)
RETURN
```

程序说明：这段代码是 SQL Server 中用 SQL 语言编写的存储过程，它的功能是根据输入的城市来获取数据并返回。

而在对象模型的后台生成的该方法的定义代码如程序清单 11.18 所示。

程序清单 11.18　与存储过程 StoredProcedure1 对应的方法

```
1.  [Function(Name="dbo.StoredProcedure1")]
2.          public ISingleResult<StoredProcedure1Result> StoredProcedure1([Parameter(Name="City",
              DbType="VarChar(50)")] string city)
          {
3.              IExecuteResult result = this.ExecuteMethodCall(this,
                  ((MethodInfo)(MethodInfo.GetCurrentMethod())), city);
4.              return ((ISingleResult<StoredProcedure1Result>)(result.ReturnValue));
5.          }
```

程序说明：这段代码是自动生成的，当在图 11-2 中把存储过程 StoredProcedure1 拖曳到方法窗口后这段代码就自动生成了。第 2 行定义了与存储过程 StoredProcedure1 对应的方法，调用该方法就相当于调用存储过程 StoredProcedure1。

在代码中使用该存储过程执行查询，代码如程序清单 11.19 所示。

程序清单 11.19　调用存储过程 StoredProcedure1

```
1.  DataClasses1DataContext data = new DataClasses1DataContext();
2.  var result = data.StoredProcedure1("北京");
3.  GridView1.DataSource = result;
4.  this.GridView1.DataBind();
```

程序说明：这段代码调用与存储过程 StoredProcedure1 对应的方法 StoredProcedure1 获取来自北京的学生，然后在 GridView1 显示出来。第 2 行代码调用方法 StoredProcedure1 的过程就相当于调用存储过程 StoredProcedure1 从而可以获得相应的数据。

运行效果如图 11-3 所示。

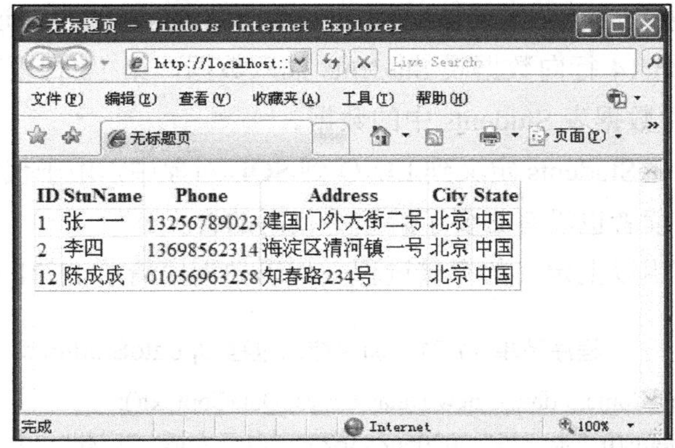

图 11-3　调用存储过程 StoredProcedure1 的查询结果

通过上面的例子可以看出，在 LINQ 到 SQL 中可以很方便地使用存储过程。这样，在程序开发中就可以完成比较复杂的数据库操作，因为存储过程可以执行复杂的数据库操作，因此在 LINQ 到 SQL 中也可以通过封装存储过程来完成靠单个 SQL 语句无法完成的功能。

由于直接利用 LINQ 到 SQL 技术生成的动态 SQL 有时并不能完全满足实际的业务要求，而封装在存储过程中的插入、修改和删除操作可以进行自定义的业务逻辑操作，因此可以考虑把这些操作封装在存储过程中，而在前台利用 LINQ 到 SQL 技术调用与存储过程对应的方法来实现这些操作。

例如，存在一个名为 UpdateStudents 的存储过程，代码如程序清单 11.20 所示。

程序清单 11.20　存储过程 UpdateStudents

```
ALTER PROCEDURE dbo.UpdateStudents
/*对表 Students 进行更新操作：插入、修改和删除*/
 (
 @ID int,
 @StuName varchar(50),
 @Phone varchar(20),
 @Address varchar(200),
 @City varchar(50),
 @State varchar(50),
 @Flag int/*操作标识：1 表示插入，2 表示修改，3 表示删除*/
 )
AS
if  @Flag = 1
Insert into Students(StuName,Phone,Address,City,State)
  values(@StuName,@Phone,@Address,@City,@State)
 if @Flag = 2
     Update Students set StuName=@StuName,Phone=@Phone,Address=@Address,City
       =@City,State=@State where ID=@ID
 if @Flag = 3
  Delete from Students where ID=@ID
return
```

程序说明：这段代码定义了存储过程 UpdateStudents，该存储过程实现了对数据表 Students 进行更新。第 14 行向数据表 Students 插入数据，第 16 行更新数据表 Students 中的数据，第 18 行删除数据表 Students 中的数据。

把存储过程 UpdateStudents 定义到 LINQ 到 SQL 对象中，由于代码是自动生成的，因此就不再详细介绍，读者也没有必要了解这些代码的含义。

在应用程序中使用以上定义的存储过程，代码如程序清单 11.21 所示。

程序清单 11.21　调用存储过程 UpdateStudents

```
1.  DataClasses1DataContext data = new DataClasses1DataContext();
2.  data.UpdateStudents(0, "张三风", "02056893625", "白云大道", "广州", "中国", 1);
```

程序说明：第 2 行代码调用与存储过程 UpdateStudents 对应的方法 UpdateStudents 来向数据表 Students 中插入一条数据。

运行以上代码后，可以在数据库中看到表 Students 中插入了一条新数据。

11.4　LinqDataSource 控件

LinqDataSource 控件为用户提供了一种将数据控件连接到多种数据源的方法，其中包括数据库数据、数据源类和内存中集合。通过使用 LinqDataSource 控件，用户可以针对所有这些类型的数据源指定类似于数据库检索的任务(选择、筛选、分组和排序)。可以指定针对数据库表的修改任务(更新、删除和插入)。

用户可以使用 LinqDataSource 控件连接存储在公共字段或属性中的任何类型的数据集合。对于所有数据源来说，用于执行数据操作的声明性标记和代码都是相同的。用户可以使用相同的语法，与数据库表中的数据或数据集合(与数组类似)中的数据进行交互。

若要显示 LinqDataSource 控件中的数据，可将数据绑定控件绑定到 LinqDataSource 控件中。例如，将 DetailsView 控件、GridView 控件或 ListView 控件绑定到 LinqDataSource 控件中。为此，将数据绑定控件的 DataSourceID 属性设置为 LinqDataSource 控件的 ID。

数据绑定控件将自动创建用户界面以显示 LinqDataSource 控件中的数据。它还提供用于对数据进行排序和分页的界面。在启用数据修改后，数据绑定控件会提供用于更新、插入和删除记录的界面。

通过将数据绑定控件配置为不自动生成数据控件字段，可以限制显示的数据(属性)。然后可以在数据绑定控件中显式定义这些字段。虽然 LinqDataSource 控件会检索所有属性，但数据绑定控件仅显示指定的属性。

例 11-4　使用 LinqDataSource 控件和 ReviewDataContext 控件显示数据，并对数据进行编辑操作

创建步骤如下：

(1) 在解决方案 chap11 中新建一个 ASP.NET 应用程序项目 11-2。

(2) 按照例 11-1 中的步骤创建 ReviewsDataContext.dbml 文件。

(3) 从“工具箱”的“数据”选项卡中，将 LinqDataSource 控件拖动到网页的 form 元素内，ID 属性保留为 LinqDataSource1。

(4) 将 ContextTypeName 属性设置为_11_2.ReviewsDataContext，将 TableName 属性设置为 Students，将 AutoPage 设置为 true，将 EnableUpdate、EnableInsert 和 EnableDelete 属性设置为 true。

(5) 在工具箱的“数据”选项卡中，双击 DetailsView 控件以将其添加到页面中。ID 属性保留为 DetailsView1。

(6) 将 DataSourceID 属性设置为 LinqDataSource1，将 DataKeyNames 属性设置为“ID”，将 AllowPaging 设置为 true。为了生成编辑、新建和删除按钮，将 AutoGenerateEditButton、AutoGenerateInsertButton 和 AutoGenerateDeleteButton 属性设置为 true。

运行效果如图 11-4 所示。

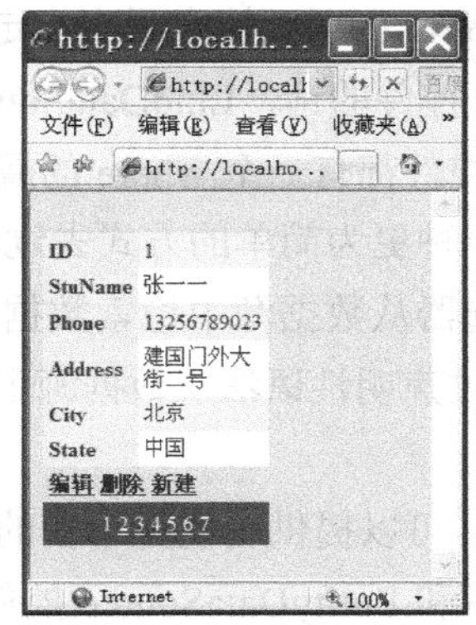

图 11-4 第一条记录

单击“编辑”按钮，如图 11-5 所示。把“张一一”改为“张无忌”，单击“更新”按钮，网页如图 11-6 所示。

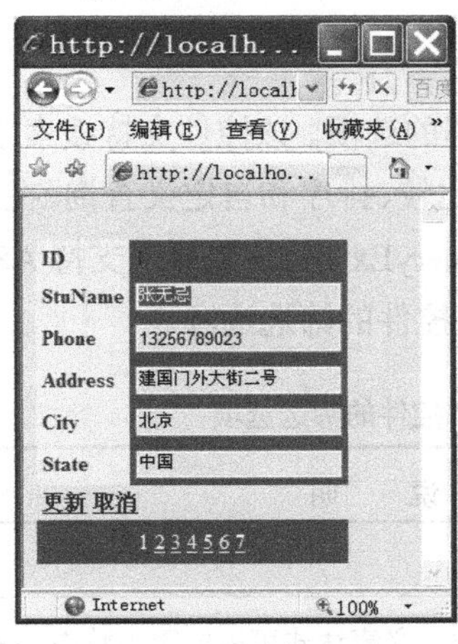

图 11-5 编辑记录

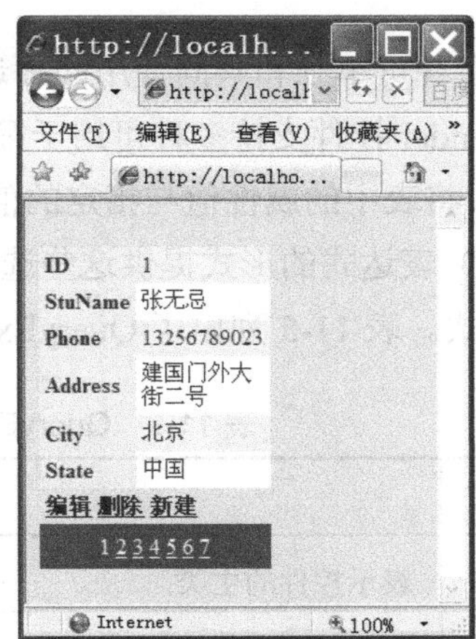

图 11-6 更新记录

读者可以自己验证“删除”和“新建”操作，这里就不再介绍了。

11.5　QueryExtender 控件

任何以数据驱动的 Web 网站，创建搜索页面都是一项常见而重复的工作。通常情况下，开发人员需要创建一个带 where 条件的 select 查询，由页面的输入控件提供查询参数。从.NET 2.0 框架开始，在 DataSource 的数据访问控件集的帮助下，数据访问变得相对的容易。但是，已有的数据源控件对于创建复杂过滤条件的查询页面仍然无法轻易地完成。因此，微软公司在 ASP.NET 4.0 中引入了一个扩展查询的控件——QueryExtender。

QueryExtender 控件是为了简化 LinqDatasource 控件或 EntityDataSource 控件返回的数据过滤而设计的，它主要是将过滤数据的逻辑从数据控件中分离出来。QueryExtender 控件的使用非常的简单，只需要往页面上增加一个 QueryExtender 控件，指定其数据源是哪个控件并设置过滤条件就可以了。比如，当在页面中显示产品的信息时，你可以使用该控件去显示那些在某个价格范围的产品，也可以搜索用户指定名称的产品。

当然，不使用 QueryExtender 控件的话，LinqDataSource 和 EntityDataSource 控件也都是可以过滤数据的。因为这两个控件都有一个 where 的属性，能指定过滤数据的条件。但是 QueryExtender 控件提供的是一种更为简单的方式去过滤数据。

QueryExtender 控件使用筛选器从数据源中检索数据，并且在数据源中不使用显式的 Where 子句。利用该控件，能够通过声明性语法从数据源中筛选出数据。使用 QueryExtender 控件有以下优点。

(1) 与编写 Where 子句相比，可以提供功能更丰富的筛选表达式。

(2) 提供一种 LinqDataSource 和 EntityDataSource 控件均可使用的查询语言。例如，如果将 QueryExtender 与这些数据源控件配合使用，则可以在网页中提供搜索功能，而不必编写特定于模型的 Where 子句或 SQL 语句。

(3) 能够与 LinqDataSource 控件或 EntityDataSource 控件配合使用或与第三方数据源配合使用。

(4) 支持多种可单独和共同使用的筛选选项。

QueryExtender 控件支持多种可用于筛选数据的选项。该控件支持搜索字符串、搜索指定范围内的值、将表中的属性值与指定的值进行比较、排序和自定义查询。在 QueryExtender 控件中以 LINQ 表达式的形式提供这些选项。QueryExtender 控件还支持 ASP.NET 动态数据专用的表达式。表 11-5 列出了 QueryExtender 控件的筛选选项。

表 11-5　QueryExtender 控件的筛选选项

表 达 式	说　明
QueryExtender	表示控件的主类
CustomExpression	为数据源指定用户定义的表达式。自定义表达式可以位于函数中，并且可以从页面标记中调用

(续表)

表 达 式	说　　明
OrderByExpression	将排序表达式应用于 IQueryable 数据源对象
PropertyExpression	根据 WhereParameters 集合中的指定参数创建 Where 子句
RangeExpression	确定值大于还是小于指定的值，或者值是否在两个指定的值之间
SearchExpression	搜索一个或多个字段中的字符串值，并将这些值与指定的字符串值进行比较
ThenByExpressions	应用 OrderByExpression 表达式后将排序表达式应用于 IQueryable 数据源对象
DynamicFilterExpression	使用指定的筛选器控件生成数据库查询
ControlFilterExpression	使用在源数据绑定控件中选择的数据键生成数据库查询

例 11-5　利用 LinqDataSource 控件和 QueryExtender 控件实现在页面对指定的学生进行模糊筛选查询。

创建步骤如下。

(1) 在解决方案 chap11 中新建一个 ASP.NET 应用程序项目 11-3。

(2) 按照上例中的步骤创建 StudentDataContext.dbml 文件。

(3) 双击"Default.aspx"文件，在"设计"视图中上添加一个 TextBox 控件、一个 GridView 控件、一个 LinqDataSource 控件、一个 QueryExtender 控件和一个 Button 控件。

(4) 切换到"源视图"，在<form>和</form>标记间编写关键的 QueryExtender 控件的定义代码如程序清单 11.22 所示。

程序清单 11.22　QueryExtender 控件的定义

```
1.  <asp:QueryExtender ID="QueryExtender1" runat="server" TargetControlID="LinqDataSource1">
2.      <asp:SearchExpression DataFields="NAME" SearchType="StartsWith">
3.          <asp:ControlParameter ControlID="TextBox1" />
4.      </asp:SearchExpression>
5.  </asp:QueryExtender>
```

程序说明：第 1 行定义了一个服务器查询扩展控件 QueryExtender1 并设置其获取数据的关联控件为 LinqDataSource1。第 2～4 行定义了该控件搜索字符串筛选表达式 SearchExpression。其中，第 2 行设置绑定搜索字段为 Student 表中的 StuName 字段，设置搜索类型为从字段的任意位置开始搜索；第 3 行设置从文本框控件 TextBox1 获得查询的控件参数。

运行效果如图 11-7 所示。

图 11-7　模糊查询

在网页上的“学生姓名”文本框中输入“王”，单击“搜索”按钮，在下方的 GridView 控件中显示查询出来的所有符合条件的结果。

11.6　习　　题

11.6.1　填空题

1. LINQ 是_______的缩写，中文名称是_______。
2. LINQ 查询操作包括_______、_______和_______3 个操作。
3. 查询包括_______和_______两种查询。
4. LINQ 到 SQL 对象模型中，实体类对应于关系数据类型中的_______，类成员对应于关系数据类型中的_______，关联对应于关系数据类型中的_______，方法对应于关系数据类型中的_______。
5. 存储过程是一组为了完成特定功能的 SQL 语句集，经编译后存储在数据库中。LINQ 到 SQL 在对象模型中使用_______来表示数据库中的存储过程，可以通过应用_______属性和_______属性(如果需要)将_______指定为存储过程。

11.6.2　选择题

1. 创建对象模型的方法有_______。

   A. 使用对象关系设计器　　　　B. 使用 SQLMetal 代码生成工具

   C. 直接编写创建对象的代码　　D. 以上全是

2. LINQ 到对象是对________进行操作。

A. 内存　　B. 数据库　　C. XML 数据　　D. 文档数据

3. LINQ 技术可以处理的数据形式包括________。

A. XML 文档　　B. SQL 数据库　　C. ADO.NET 数据集　　D. 以上全是

4. 实体类对应数据库中的________。

A. 表　　B. 列　　C. 外键关系　　D. 存储过程或函数

5. ________表示 LINQ 到 SQL 框架的主入口点。

A. DataContext　　B. DataSet　　C. DataGrid　　D. DataTable

11.6.3　问答题

1. 简述 LINQ 查询与 ADO.NET 的区别和不同之处。
2. 简述类 DataContext。
3. 简述 LINQ 到 SQL 的查询过程。

11.6.4　上机操作题

1. 在数据库 BookSample 中创建一个数据表 RSSUrl，如表 11-6 所示。创建一个 ASP.NET 项目 exe，在其中添加一个 LINQ 到 SQL 类，把表 RSSUrl 从服务器管理中拖曳到对象关系设计器中。

表 11-6　表 RSSUrl

序　号	字　段	类　型	说　明
1	ID	Int	编码
2	Name	varchar	网站名称
3	Url	varchar	网站地址
4	CreateDate	Datatime	创建日期

2. 利用 LINQ 技术，向表 RSSUrl 中插入一条数据，Name=网络大全，Url=http://www.hao123.com，CreateDate = System.Date.Now，ID 为系统自动生成。

3. 利用 LINQ 技术，修改前面向表 RSSUrl 中插入的数据，使 Name=网址大全。

4. 编写一个存储过程 GetAllRssUrl，代码如程序清单 11.23 所示，并从服务器管理中拖曳到对象关系设计器中，以获得与该存储过程对应的方法定义，然后调用该存储过程以获得所有网址信息，并在 GridView 控件中显示，如图 11-8 所示。

程序清单 11.23　存储过程 GetAllRssUrl

```
set ANSI_NULLS ON
```

```
2.    set QUOTED_IDENTIFIER ON
3.    go
4.    ALTER PROCEDURE [dbo].[GetAllRssUrl]
5.    AS
6.    /* SET NOCOUNT ON */
7.     Select * from RSSUrl
```

程序说明：第 7 行代码为该存储过程主体，用来从表 RSSUrl 中获得所有网址信息。

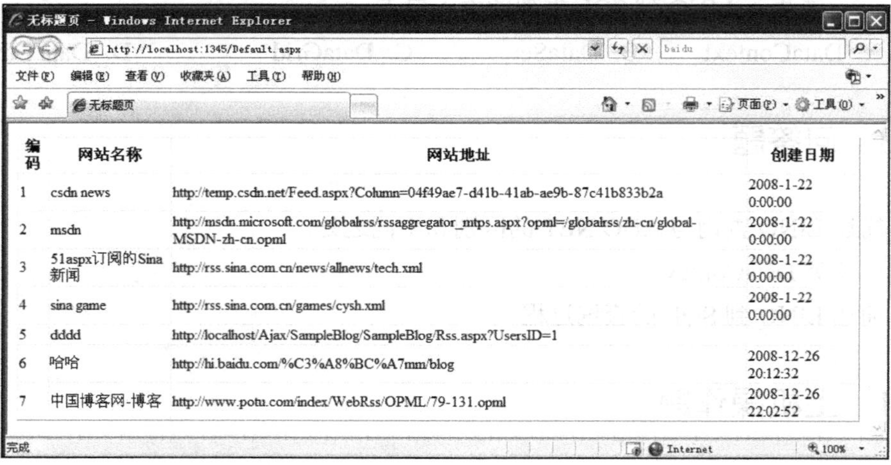

编码	网站名称	网站地址	创建日期
1	csdn news	http://temp.csdn.net/Feed.aspx?Column=04f49ae7-d41b-41ab-ae9b-87c41b833b2a	2008-1-22 0:00:00
2	msdn	http://msdn.microsoft.com/globalrss/rssaggregator_mtps.aspx?opml=/globalrss/zh-cn/global-MSDN-zh-cn.opml	2008-1-22 0:00:00
3	51aspx订阅的Sina新闻	http://rss.sina.com.cn/news/allnews/tech.xml	2008-1-22 0:00:00
4	sina game	http://rss.sina.com.cn/games/cysh.xml	2008-1-22 0:00:00
5	dddd	http://localhost/Ajax/SampleBlog/SampleBlog/Rss.aspx?UsersID=1	
6	哈哈	http://hi.baidu.com/%C3%A8%BC%A7mm/blog	2008-12-26 20:12:32
7	中国博客网-博客	http://www.potu.com/index/WebRss/OPML/79-131.opml	2008-12-26 22:02:52

图 11-8　GetAllRssUrl 存储过程的运行效果图

第12章　配置ASP.NET应用程序

ASP.NET 程序的配置主要包括设置应用程序的目录结构和设置相应的配置文件，其中设置配置文件主要针对 global.asax 和 web.config 配置文件。本章主要介绍如何设置配置文件。

本章重点：

- 使用 web.config 配置 Web 程序
- 使用 global.asax 配置 Web 程序

12.1　使用 web.config 进行配置

在 ASP.NET 4.5 应用程序中，可以在系统提供的配置文件 Web.config 中对该应用程序进行配置，可以配置的信息包括错误信息显示方式、会话存储方式和安全设置等。

Web.config 文件是一个 XML 文本文件，它用来储存 ASP.NET Web 应用程序的配置信息(如最常用的设置 ASP.NET Web 应用程序的身份验证方式等)，可以出现在应用程序的每一个目录中。当读者通过 ASP.NET 4.5 新建一个 Web 应用程序后，默认情况下会在根目录自动创建一个默认的 Web.config 文件。

由于 ASP.NET 4.5 的 Machine.config 文件自动注册所有的 ASP.NET 标识、处理器和模块，所以在 Visual Studio 2012 中创建新的 ASP.NET 应用项目时，会发现默认的 Web.config 文件既干净又简洁而不像以前的版本有 100 多行代码。如果想修改配置的设置，可以在 Web.config 文件下的 Web.Release.config 文件中进行重新配置。它可以提供重写或修改 Web.config 文件中定义的设置。在运行时对 Web.config 文件的修改不需要重启服务就可以生效(注：<processModel>节例外)。

Web.config 文件是可以扩展的。我们可以自定义新配置参数并编写配置节处理程序以对它们进行处理。其中，配置内容被包含在 web.config 文件中的标记<configuration>和</configuration>之间，在 web.config 文件中的注释语句包含在符号<!--和-->中。web.config 文件的配置分为配置节处理程序声明部分、<appSettings>和配置节设置等部分。

配置节处理程序声明一般位于配置文件顶部的<configSections>和</configSections>标记之间。每个声明都包含在一个<section>标记中，它们被用来指定提供特定配置数据集的节的名称和处理该节中配置数据的.NET 框架类的名称。在默认的 web.config 文件中没有<configSections>和</configSections>标记，用户如果需要可以自己添加。配置节处理程序声明部分的语法定义如下所示。

```
<configSections>
        <section />
        <sectionGroup />
        <remove />
        <clear/>
</configSections>
```

其中，各子元素的作用如下。

- section：定义配置节处理程序与配置元素之间的关联。
- sectionGroup：定义配置节处理程序与配置节之间的关联。
- remove：移除对继承的节和节组的引用。
- clear：移除对继承的节和节组的所有引用，只允许由当前 section 和 sectionGroup 元素添加的节和节组。

<appSettings>和</appSettings>用于定义自己需要的应用程序设置项，其语法定义如下所示。

```
<appSettings>
  <add key="[key]" Value="[value]"/>
</appSettings>
```

其中，标签<add>包含如下两个属性。

- key：指定该设置项的名字，便于在程序中引用。
- value：指定该设置项的值。

程序清单 12.1 所示的例子中，设置关键字 Application Name 的值为“我的程序”。

程序清单 12.1　配置 appSettings

```
1.  <configuration>
2.        <appSettings>
3.            <add key="Application Name" value="我的程序" />
4.        </appSettings>
5.  </configuration>
```

程序说明：第 3 行 key 的值为 Application Name，在程序中，可以使用这个名字来引用该项。该项的值在 value 中指定，这里为“我的程序”。

配置节设置区域一般位于<configSections>标记后，它包含实际的配置设置，其根节点为<system.web>和</system.web>标记。在配置节设置部分可以完成大多数网站参数的设置。在配置节中可以包括很多的配置段，常用的几个配置段的含义如下。

- <sessionstat>和</sessionstat>：负责配置 http 模块的会话状态。
- <globalization>和</globalization>：配置应用的公用设置。
- <compilation>和</compilation>：配置 ASP.NET 的编译环境。
- <trace>和</trace>：配置 ASP.NET 的错误跟踪服务。

- <security>和</security>：ASP.NET 的安全配置。
- <iisprocessmodel>和</iisprocessmodel>：在 IIS 上配置 ASP.NET 的处理模式。
- <browercaps>和</browercaps>：配置浏览器的兼容部件。
- <appSettings>和</appSettings>：可以定义自己需要的应用程序设置项。
- <authentication>和</authentication>：进行安全配置工作，例如身份验证模式的配置。
- <customErrors>和</customErrors>：用于自定义错误信息。
- <authorization>和</authorization>：设置应用程序的授权策略。

下面将主要介绍如何配置身份验证和授权以及如何在程序中获取 web.config 文件中的内容。其他配置段的内容本书就不再详细介绍。

12.1.1　身份验证和授权

配置节设置部分的<authentication>和</authentication>可以设置应用程序的身份验证策略。可以选择的模式有如下几种。

- Windows：IIS 根据应用程序的设置执行身份验证。
- Forms：在程序中为用户提供一个用于身份验证的自定义窗体(Web 页)，然后在应用程序中验证用户的身份。用户身份验证信息存储在 cookie 中。
- Passport：身份验证是通过 Microsoft 的集中身份验证服务执行的，它为成员站点提供单独登录和核心配置文件服务。
- None：不执行身份验证。

当用户指定了身份验证模式为 Forms 时，需要添加元素<forms>，使用该元素可以对 cookie 验证进行设置。<forms>标签支持以下几个属性。

- Name：它用来指定完成身份验证的 HTTP cookie 的名称，其默认值为 ASPXAUTH。
- LoginUrl：它定义如果不通过有效验证时重定向到的 URL 地址。
- Protection：指定 cookie 数据的保护方式。可设置为 All、None、Encryption 和 Validation。其中 All 表示通过加密 cookie 数据和对 cookie 数据进行有效性验证两种方式来对 cookie 进行保护；None 表示不保护 cookie；Encryption 表示对 cookie 内容进行加密；Validation 表示对 cookie 内容进行有效性验证。
- TimeOut：指定 cookie 失效的时间。超时后将需要重新进行登录验证获得新的 cookie。

程序清单 12.2 是关于身份验证的实际配置内容。

程序清单 12.2　身份验证的实际配置内容

```
1. <authentication mode="Forms" >
2.         <forms name=".ASPXAUTH" loginUrl="error.aspx" protection="All" timeout="30" />
3.  </authentication>
```

程序说明：第 2 行设置身份验证模式为窗体验证模式(Forms)，如果验证不通过将重定向到 error.aspx 登录页面，设置 cookie 保护模式为 All，并设置 cookie 失效时间为 30 分钟。

完成以上设置后，需要在工程中添加一个名字为 error.aspx 的 Web 页面文件，在该页面中通常告诉用户出错信息，提出修改意见。后面会介绍关于进行窗体验证模式身份验证的实例。

12.1.2　在代码中获取 web.config 应用程序设置

在配置了 web.config 文件后，可以在程序中读取这些设置信息。下面通过一个实例演示如何从 web.config 文件中读取应用程序设置。ASP.NET 中增加了一个元素 connectionStrings，它用来存储连接信息。使用此元素来存储连接字符串，替代了 appSettings 元素。下面就使用该元素来存储连接字符串。具体步骤如下。

(1) 创建一个名为 http://localhost/MyRoot/chap12 的网站。

(2) 在解决方案资源管理器中，右击网站名称，从弹出的快捷菜单中选择“添加新项”选项，弹出“添加新项”对话框。

(3) 在“模板”窗口中，单击“Web 配置文件”。此时，“名称”文本框中的文件名为 web.config。可以为该文件提供其他名称，这是默认名称。.config 文件扩展名可防止 ASP.NET 下载相应文件。

(4) 单击“添加”按钮创建该文件，然后将其打开进行编辑，在文件中开始增加如下的内容，具体如程序清单 12.3 所示。

程序清单 12.3　在代码中获取 web.config 应用程序设置

```
<?xml version="1.0"?>
<!--
    注意: 除了手动编辑此文件以外，还可以使用
    Web 管理工具来配置应用程序的设置。可以使用 Visual Studio 中的
     “网站” | “Asp.Net 配置”选项。
    设置和注释的完整列表在
    machine.config.comments 中，该文件通常位于
    \Windows\Microsoft.Net\Framework\v2.x\Config 中
-->
<configuration>
<appSettings/>
 <connectionStrings>
    <add name="BookSampleConnectionString" connectionString="Data Source=zzl;Initial Catalog
      =BookSample;Persist Security Info=True;User ID=sa;Password=123"
      providerName="System.Data.SqlClient" />
 </connectionStrings>
<connectionStrings/>
<system.web>
 <!--
```

```
19.                 设置 compilation debug="true" 将调试符号插入
20.                 已编译的页面中。但由于这会
21.                 影响性能，因此只在开发过程中将此值
22.                 设置为 true。
23.         -->
24.         <compilation debug="true"/>
25.         <!--
26.                 通过 <authentication> 节可以配置 ASP.NET 使用的
27.                 安全身份验证模式，
28.                 以标识传入的用户。
29.         -->
30.         <authentication mode="Windows"/>
31.         <!--
32.                 如果在执行请求的过程中出现未处理的错误，
33.                 则通过 <customErrors> 节可以配置相应的处理步骤。具体来说，
34.                 开发人员通过该节可以配置
35.                 要显示的 html 错误页
36.                 以代替错误堆栈跟踪。

37.         <customErrors mode="RemoteOnly" defaultRedirect="GenericErrorPage.htm">
38.                 <error statusCode="403" redirect="NoAccess.htm" />
39.                 <error statusCode="404" redirect="FileNotFound.htm" />
40.         </customErrors>
41.         -->
42.     </system.web>
43. </configuration>
```

程序说明：第 1 行表明 xml 的版本是 1.0，现在 xml 只有 1.0 版，这里表明版本号是为了和以后的 xml 版本兼容。第 2～9 行、第 18～23 行、第 25～29 行、第 31～41 行是系统自动添加的注释信息。读者以后可以在这些地方添加自己的注释信息。第 10～15 行定义了一个数据库连接字符串，这个字符串在前面章节中多次用过，这里就不再介绍了。第 37～40 行定义了如何处理在程序执行时发生的未被捕获的异常。默认情况下不会对这些异常进行处理。

现在在网页文件中增加一个 GridView 控件，源代码如程序清单 12.4 所示。

程序清单 12.4　ConfigTest.aspx 文件

```
<%@ Page Language="C#" AutoEventWireup="true" CodeFile="ConfigTest.aspx.cs" Inherits
   ="ConfigTest" %>
<!DOCTYPE html >
<html xmlns="http://www.w3.org/1999/xhtml" >
<head runat="server">
    <title>演示配置文件的使用</title>
</head>
<body>
```

```
8.         <form id="form1" runat="server">
9.         <div>
10.        <asp:GridView id="GridView1" runat="server" Width="920px" Height="528px"></asp:GridView>
11.        </div>
12.        </form>
13. </body>
14. </html>
```

程序说明：第 10 行定义了一个 GridView 控件，用于进行数据绑定，显示连接字符串指定的数据库的内容。

在 ConfigTest.aspx.cs 文件的 Page_Load 事件中添加如程序清单 12.5 所示的代码，用于读取 web.config 文件中的 SQLConnectionString 的设置值，并用来连接数据库。

程序清单 12.5　Page_Load 事件处理代码

```
1.  protected void Page_Load(object sender, EventArgs e)
2.  {
3.      Configuration rootWebConfig = WebConfigurationManager.OpenWebConfiguration("~/"); ;

4.      ConnectionStringSettings connString;

5.      if (0 < rootWebConfig.ConnectionStrings.ConnectionStrings.Count)
6.      {
7.          connString = rootWebConfig.ConnectionStrings.ConnectionStrings[1];
8.          if (connString.ConnectionString != "")
9.          {
10.             SqlConnection myConnection = new SqlConnection(connString.ConnectionString);
11.             myConnection.Open();

12.             SqlDataAdapter myCommand = new SqlDataAdapter("select * from Students",
                 myConnection);
13.             DataSet ds = new DataSet();
14.             myCommand.Fill(ds);

15.             GridView1.DataSource=new DataView(ds.Tables[0]);
16.             GridView1.DataBind();
17.         }
18.     }
19. }
```

程序说明：第 3 行打开 Configuration 对象。第 4 行声明 ConnectionStringSettings 对象。第 5 行进行判断，如果连接字符串大于 0 则继续查找连接信息，否则返回 Nothing。第 8

行获取连接信息。第 10～16 行连接数据库，通过 DataAdapter 和 DataSet 获取数据，然后绑定到 GridView 控件。因为程序中使用了 WebConfigurationManager，因此还需要引入命名空间 System.Web.Configuration。

运行该程序，结果如图 12-1 所示。

图 12-1　使用 web.config 配置连接字符串

12.2　使用 global.asax 进行配置

在每一个 ASP.NET 应用程序中都包含一个名为 global.asax 的文件。它主要负责一些高级别的应用程序事件，如应用程序的开始和结束、会话状态的开始和结束等。开发人员可以在 global.asax 中编写一些处理程序级别的事件的代码，并且将这个文件放置于程序所在的虚拟目录中。当第一次程序中的任何资源或者 URL 被请求时，ASP.NET 将自动将这个文件编译成一个.NET Framework 类(继承自 HttpApplication 类)。任何外部的用户将无法直接下载或者浏览 global.asax 文件。global.asax 文件中包括以下几个程序的级别事件。

- Application_Start：ASP.NET 程序开始执行时触发该事件。
- Application_End：ASP.NET 程序结束执行时触发该事件。
- Session_Start：一个 session 开始执行时触发该事件。
- Session_End：一个 session 结束执行时触发该事件。
- Application_BeginRequest：一个请求开始执行时触发该事件。
- Application_EndRequest：一个请求结束执行时触发该事件。
- Application_Error：ASP.NET 程序出错时触发该事件。

12.2.1　编写 Application_Start 和 Application_End 事件处理代码

当位于应用程序 namespace 的任何资源或者 URL 被首次访问时，ASP.NET 系统将自动解析 global.asax 文件并把它编译为动态的.NET 框架类(此类派生自 HttpApplication 基类并加以扩展)。在创建 HttpApplication 派生类实例的同时，还将引发 Application_Start 事件。随后 HttpApplication 实例将处理页面的一个个请求或者响应，同时触发 Application_BeginRequest 或者 Application_EndRequest 事件，直到最后一个实例退出时才引发 Application_End 事件。

在 Application_Start 事件中可以进行一些系统资源的申请和初始化等操作，在 Application_End 事件中可以进行释放系统资源的操作。下面的实例在 global.asax.cs 文件的 Application_Start 事件中添加了代码，保存每次 ASP.NET 程序运行的时间。

在进行编码之前，首先需要在 SQL Server 中创建一个数据库，名为 WebManagementDB，该数据库包含一张用户表 log，表共有 4 列，分别表示编号、开始时间、结束时间和错误信息。该表的设计视图如图 12-2 所示。该表在程序开始运行时数据为空，每运行一次网站程序，就会向该表中加入数据。

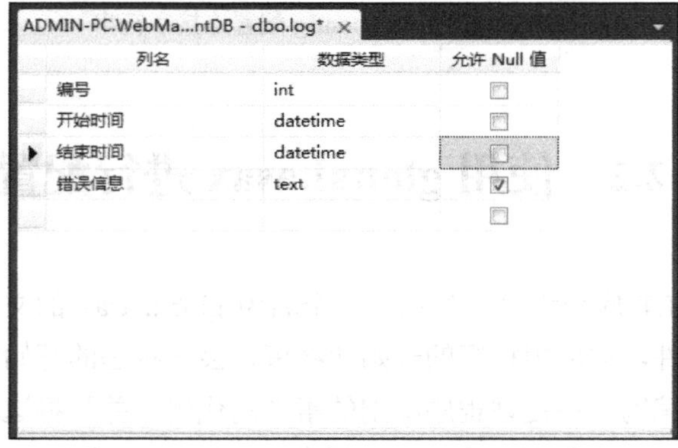

图 12-2　log 表设计视图

注意：

数据库创建完毕之后，不要忘了把 ASP.NET 账户映射到该数据库，并把适当的权限赋给该账户。

下面来介绍如何在网站中添加 global.asax 文件。步骤如下。

(1) 右击“解决方案管理器”中的网站，在弹出的快捷菜单中选择“添加新项”选项，弹出如图 12-3 所示的对话框。

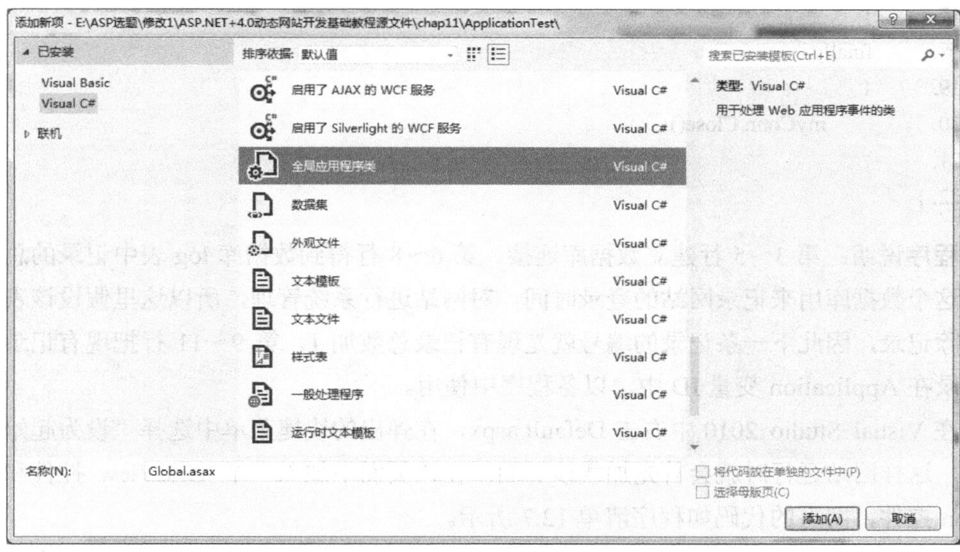

图 12-3　“添加新项”对话框

(2) 在“添加新项”对话框中选择“全局应用程序类”，单击“添加”按钮，把一个 Global.asax 文件添加到网站中。

(3) 处理该文件的 Application_Start 事件。通过把在 Application_Start 事件中记录的时间写入数据库，就可以知道网站是什么时候开始运行的。具体代码如程序清单 12.6 所示。

程序清单 12.6　Application_Start 事件处理代码

```
void Application_Start(object sender, EventArgs e)
{
    string sqlconn = "Data Source=HZIEE-2E53F913F;Initial Catalog
        =WebManagementDB;Integrated Security=True";
    System.Data.SqlClient.SqlConnection myConn = new System.Data.SqlClient.SqlConnection(sqlconn);
    myConn.Open();
    string strSelect = "Select COUNT(*) From log";
    System.Data.SqlClient.SqlCommand sel = new System.Data.SqlClient.SqlCommand(strSelect,
      myConn);
    int count = Convert.ToInt32(sel.ExecuteScalar()) + 1;
    Application.Lock();
    Application["ID"] = count;
    Application.UnLock();
    string strComm = "INSERT INTO log(开始时间) Values ('" +
          DateTime.Now.ToString() + "')";
    System.Data.SqlClient.SqlCommand myCommand = new
        System.Data.SqlClient.SqlCommand(strComm, myConn);
    try
    {
        myCommand.ExecuteNonQuery();
```

```
17.        }
18.        finally
19.        {
20.            myConn.Close();
21.        }
22. }
```

程序说明：第 3～5 行建立数据库连接。第 6～8 行得到数据库 log 表中记录的总数，因为这个数据库用来记录网站的登录时间，对网站进行系统管理，所以这里假设该表中不会删除记录，因此下一条记录的编号就是现有记录总数加 1。第 9～11 行把现有记录的编号记录在 Application 变量 ID 中，以备程序中使用。

在 Visual Studio 2010 中右击 Default.aspx，在弹出的快捷菜单中选择“设为起始页”选项，这样网站运行时就会首先加载该页面。在该页面中加入一个 GridView 控件和一个 Button 控件，网页的代码如程序清单 12.7 所示。

程序清单 12.7　Default.aspx 文件

```
1.  <%@ Page Language="C#" AutoEventWireup="true"  CodeFile="Default.aspx.cs" Inherits="_Default" %>
2.  <!DOCTYPE html >
3.  <html xmlns="http://www.w3.org/1999/xhtml" >
4.  <head runat="server">
5.      <title>演示 Application 开始和结束事件</title>
6.  </head>
7.  <body>
8.      <form id="form1" method="post" runat="server">
9.      <asp:Button id="Button1" runat="server" Text="显示记录" OnClick="Button1_Click"></asp:Button>
10.         <p></p>
11.         <asp:GridView id="GridView1" runat="server" Width="544px"
            Height="160px"></asp:GridView>
12.     </form>
13. </body>
14. </html>
```

程序说明：第 9 行定义了一个 Button 控件，通过该控件可以执行显示数据库记录的命令。数据库的记录显示在一个 GridView 控件中，该控件在第 11 行确定。

在网页的“设计”视图中双击“显示记录”按钮，创建该按钮的 Click 事件。该事件代码如程序清单 12.8 所示。

程序清单 12.8　Click 事件处理代码

```
protected void Button1_Click(object sender, EventArgs e)
{
        string sqlconn = "Data Source=HZIEE-2E53F913F;Initial Catalog
          =WebManagementDB;Integrated Security=True";
        SqlConnection myConnection = new SqlConnection(sqlconn);
```

```
5.        myConnection.Open();
6.        SqlDataAdapter myCommand = new SqlDataAdapter("select * from log", myConnection);
7.        DataSet ds = new DataSet();
8.        myCommand.Fill(ds);
9.        GridView1.DataSource = new DataView(ds.Tables[0]);
10.       GridView1.DataBind();
11. }
```

程序说明：第 3 行定义了数据库连接字符串，第 6～8 行填充数据集，第 9 行和第 10 行把该数据集绑定到 GridView 控件上。这部分代码比较简单，这里就不再详细介绍了。

运行该程序，单击“显示记录”按钮，显示网站的开始时间，如图 12-4 所示。

图 12-4　Application_Start 测试程序

12.2.2　编写 Session_Start 和 Session_End 事件处理代码

当服务器接收到应用程序中的 URL 格式的 HTTP 请求时，将触发 Session_Start 事件，并建立一个 Session 对象。当调用 Session.Abandon 方法时或者在 TimeOut 时间内用户没有刷新操作，将触发 Session_End 事件。

下面首先创建一个名为 http://localhost/Straight-forward/chap12/SessionTest 的网站，然后在 global.asax.cs 文件中编写代码，最后打开 IE，在 IE 中输入该网址。此时，发生 Session_Start 事件，在线人数加 1，访问用户数也加 1。当某用户离开或者会话超时后会发生 Session_End 事件，在该事件中将在线人数减 1。

创建网站时，系统将自动创建一个 Default.aspx 网页，在该网页上增加两个 Label 控件，分别用来显示在线的人数和网站的访问量。该网页的代码如程序清单 12.9 所示。

程序清单 12.9　显示网站的在线人数和访问量

```
<%@ Page Language="C#" AutoEventWireup="true"  CodeFile="Default.aspx.cs" Inherits="_Default" %>
```

```
2.  <!DOCTYPE html >
3.  <html xmlns="http://www.w3.org/1999/xhtml" >
4.  <head runat="server">
5.      <title>演示 Session</title>
6.  </head>
7.  <body>
8.      <form id="form1" runat="server">
9.      您好，本网站现有
10.     <asp:Label runat = "server" ID = "Label1"></asp:Label>人同时在线。
11.     <p></p>
12.     本网站的访问量为：
13.     <asp:Label runat = "server" ID = "Label2"></asp:Label>
14.     </form>
15.  </body>
16.  </html>
```

程序说明：第 10 行和第 13 行分别定义了一个 Label 控件，分别用来显示网站同时在线的人数和网站的访问量。

在 global.asax 文件的 Application_Start、Session_Start 和 Session_End 中加入如程序清单 12.10 所示的代码。

程序清单 12.10　Global.asap 文件中的部分代码

```
1.  void Application_Start(object sender, EventArgs e)
2.  {
3.      Application.Lock();
4.      Application["OnlineNum"] = 0;
5.      Application["TotalNum"] = 0;
6.      Application.UnLock();
7.  }
8.  void Session_Start(object sender, EventArgs e)
9.  {
10.     Session.Timeout = 1;
11.     Application.Lock();
12.     Application["OnlineNum"] = (int)Application["OnlineNum"] + 1;
13.     Application["TotalNum"] = (int)Application["TotalNum"] + 1;
14.     Application.UnLock();
15.  }
16.  void Session_End(object sender, EventArgs e)
17.  {
18.     Application.Lock();
19.     Application["OnlineNum"] = (int)Application["OnlineNum"] - 1;
20.     Application["TotalNum"] = (int)Application["TotalNum"] - 1;
21.     Application.UnLock();
22.  }
```

程序说明：第 1～7 行在 Application_Start 事件中初始化网站的同时在线人数和访问量。

第 10 行设置超时时间为 1 分钟，第 11～14 行更新计数器。第 16～21 行在 Session 结束时更新计数器和页面。

在网页代码的 Page_Load 中输入如下代码。

```
Label1.Text = Application["OnlineNum"].ToString();
Label2.Text = Application["TotalNum"].ToString();
```

这两行代码都很简单，这里就不再介绍了。运行该程序，结果如图 12-5 所示。

打开 IE，在地址栏中输入 http://localhost/Straight-forward/chap12/SessionTest，页面如图 12-6 所示。

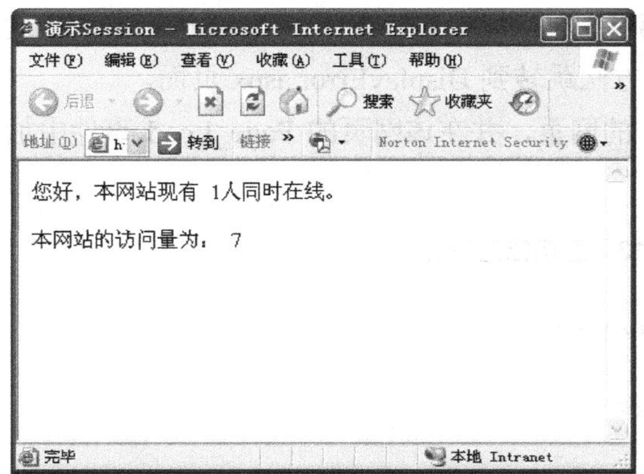

图 12-5　程序运行效果

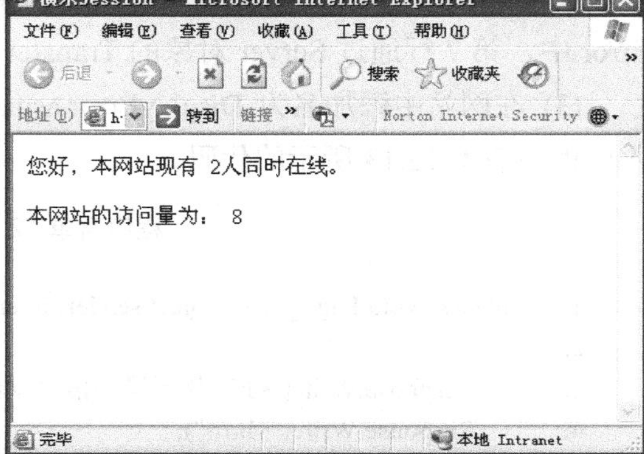

图 12-6　通过 IE 浏览该网站

12.2.3　编写错误处理程序

global.asax 文件中的 Application_Error 事件在 ASP.NET 程序出错时被触发。可以在该事件中进行错误处理。下面通过一个例子来进一步了解这部分内容。具体步骤如下。

(1) 在网站 http://localhost/Straight-forward/chap12/SessionTest 中增加一个名为 RaiseError.aspx 的网页，在该网页的 Page_Load 事件中添加如程序清单 12.11 所示的代码。

程序清单 12.11　产生一个应用程序的错误

```
1.  private void Page_Load(object sender, System.EventArgs e)
2.  {
3.          string sqlconn = "Data Source=HZIEE-2E53F913F123;Initial Catalog
              =WebManagementDB;Integrated Security=True";
4.        SqlConnection myConnection = new SqlConnection(sqlconn);
5.        myConnection.Open();
6.  }
```

程序说明： 这段程序的目的就是制作一个错误。第 3 行的连接字符串中，Data Source 和前面的不同，这个服务器是不存在的。第 5 行执行 Open 命令时就会出错。

(2) 在 Application_Error 事件中，添加如程序清单 12.12 所示的代码。

程序清单 12.12　编写错误处理程序

```
1. protected void Application_Error(Object sender, EventArgs e)
2. {
3.      string msg = Server.GetLastError().ToString();
4.      Application.Lock();
5.      Application["Error"] = msg;
6.      Application.UnLock();
7.      Server.Transfer("DisplayError.aspx");
8. }
```

程序说明：第 3 行调用 Server.GetLastError()方法可以返回上一次发生错误的异常对象，然后通过 ToString()可以获得错误的信息。第 4～6 行把错误信息保存到 Application 变量 Error 中，第 7 行通过 Server 对象的 Transfer 方法跳转到 DisplayError.aspx 页面。

(3) 在网站中添加名为 DisplayError.aspx 的网页，并在该网页的 Page_Load 事件中加入如程序清单 12.13 所示的代码。

程序清单 12.13　显示错误信息

```
1. protected void Page_Load(object sender, EventArgs e)
2. {
3.       Response.Write("<h3>显示错误信息</h3>");
4.       Response.Write("<hr/>");
5.       Response.Write(Application["Error"].ToString());
6. }
```

程序说明：第 5 行显示程序的错误信息，这部分信息在前面通过 Server 对象的 GetLastError 捕获。

(4) 按 Ctrl+F5 键运行 RaiseError.aspx 网页，结果如图 12-7 所示。

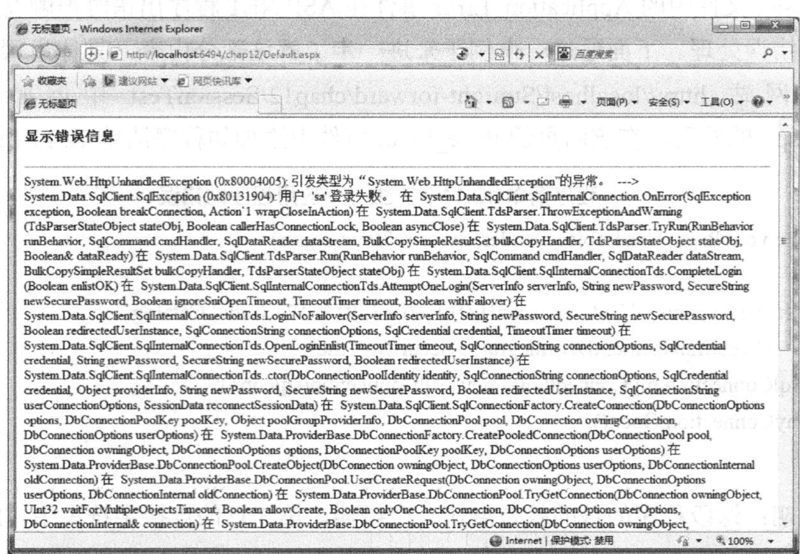

图 12-7　产生一个应用程序的错误

当然，程序中也可以使用如程序清单 12.14 所示的 try…catch 语句处理代码，这样就不会引发 Application_Error 事件。

程序清单 12.14　用 try…catch 语句处理代码

```
1.  private void Page_Load(object sender, System.EventArgs e)
2.  {
3.      string sqlconn = "Data Source=HZIEE-2E53F913F123;Initial Catalog
          =WebManagementDB;Integrated Security=True";
4.      SqlConnection myConnection = new SqlConnection(sqlconn);

5.      try
6.      {
7.          myConnection.Open();
8.      }
9.      catch(Exception ee)
10.     {
11.         Response.Write(ee.ToString());
12.     }
13. }
```

程序说明：第 5～12 行说明了如何使用 try….catch 语句捕获异常，第 11 行把捕获到的异常显示出来。

12.3　习　　题

12.3.1　填空题

1. 在 web.config 文件中，配置内容被包含在 web.config 文件中的标记________和________之间。

2. <forms>标签支持的属性包括________、________、________和________。

3. 当服务器接收到应用程序中的 URL 格式的 HTTP 请求时，将触发________事件，并建立一个________对象。当调用________方法时或者在 TimeOut 时间内用户没有刷新操作，将触发________事件。

4. 当位于应用程序 namespace 的任何资源或者 URL 被首次访问时，ASP.NET 系统将自动解析________文件并把它编译为动态的.NET 框架类。在创建________派生类实例的同时，还将引发________事件。随后 HttpApplication 实例将处理页面的一个个请求或者响应，同时触发________或者________事件，直到最后一个实例退出时才引发 ________事件。

12.3.2 选择题

1. configSections 元素包含的子元素有________。

A. section　　B. sectionGroup

C. remove　　D. clear

2. 配置节设置部分的<authentication>和</authentication>可以设置应用程序的身份验证策略。可以选择的模式有________。

A. Windows　　B. Forms　　C. Passport　　D. None

3. customErrors 元素中，错误模式不包括的模式有________。

A. on　　B. RemoteOnly

C. off　　D. none

4. Sessionstate 元素的 mode 属性可以取的值包括________。

A. Off　　B. Inproc　　C. StateServer　　D. SqlServer

5. <authorization>和</authorization>段用于设置应用程序的授权策略，可以使用子元素________和________设置该段允许或拒绝不同的用户或角色访问。

A. allow　　B. accept

C. refuse　　D. deny

12.3.3 问答题

1. 简单说明<authentication>和</authentication>配置段的作用。
2. 简述 Application_Start 和 Application_End 事件的触发过程。
3. 简述应用程序的身份验证策略有哪些。

12.3.4 上机操作题

1. 在 web.config 文件中设置连接字符串，连接到 WebManagementDB 数据库，编写代码来获取连接字符串，并使用 GridView 控件把 log 表的内容显示到网页上。程序运行的结果如图 12-8 所示。

编号	开始时间	结束时间	错误信息
1	2008-7-3 23:15:06		
2	2008-7-4 22:41:59		

图 12-8　显示 log 表内容

2. 编写 Application_Start 事件处理代码，初始化 Application 变量，设置一条信息，显示网站的初始运行时间，如图 12-9 所示。

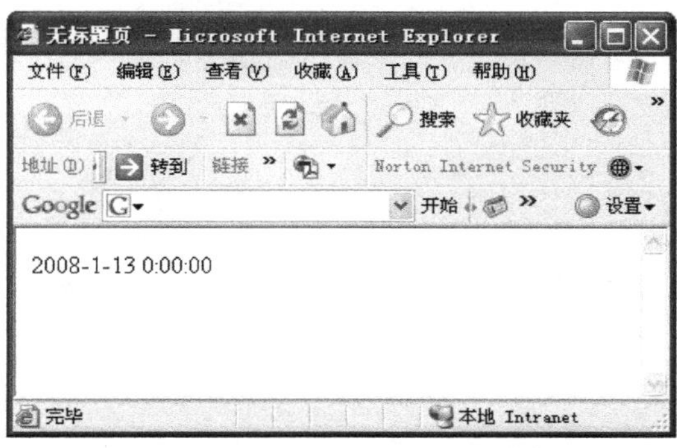

图 12-9　显示程序运行的开始时间

第13章　网 络 书 店

电子商务平台如今风靡整个互联网，网上购物平台已经成为门户网站的必备交互平台，而且近年来也出现了很多专业的电子商务平台，如阿里巴巴、淘宝网等。电子商务平台提供方便快捷的商务环境，既有利于商家更方便了买家，方便了商品和资金的流通。本章将要介绍的网络书店商务平台是电子商务平台中比较专业的一种，主要是面向书籍买卖的业务活动。网络书店提供一个存在于网络上的虚拟的书店，买家可以到网站上去浏览书店提供的书籍(这些书籍包含详细的描述信息)，就像到真正的书店浏览书籍一样，看到自己喜欢的书籍就可以向系统下订单，商家看到订单后根据用户提供的信息来处理这些订单，用户可以时时跟踪订单的处理过程直到得到购买的书籍。本章将介绍如何利用ASP.NET 4.5、AJAX、LINQ 到 SQL 和 SQL Server 2012 数据库来实现一个网上书店系统，这个系统主要实现网上下订单和购书的功能。

本章重点：

- 网络书店的需求分析和设计
- 网络书店的数据库设计
- 网络书店的数据访问和存储层设计
- 网络书店的业务逻辑层设计
- 网络书店的表示层设计

13.1　功 能 分 析

网络书店的主要功能就是让用户能够足不出户就可以购买到自己想要的书籍，所以网络书店系统主要提供如下的功能。

- 书籍浏览。提供书籍的浏览功能，让用户看到当前网络书店提供的书籍种类。
- 书籍搜索。提供书籍搜索的接口，让用户能够迅速搜索到自己想要的书籍。
- 购物车。提供盛放用户在当前浏览中选中的书籍的功能。
- 订单。由购物车的书籍清单来生成，用户可以时时跟踪该订单以查看自己的购物情况。
- 站内邮箱。以方便用户与网络书店管理员、用户与用户之间的交流。
- 书籍评论。提供书籍评论留言板功能，让用户能够对书籍发表评论。

网络书店提供的功能如图 13-1 所示。

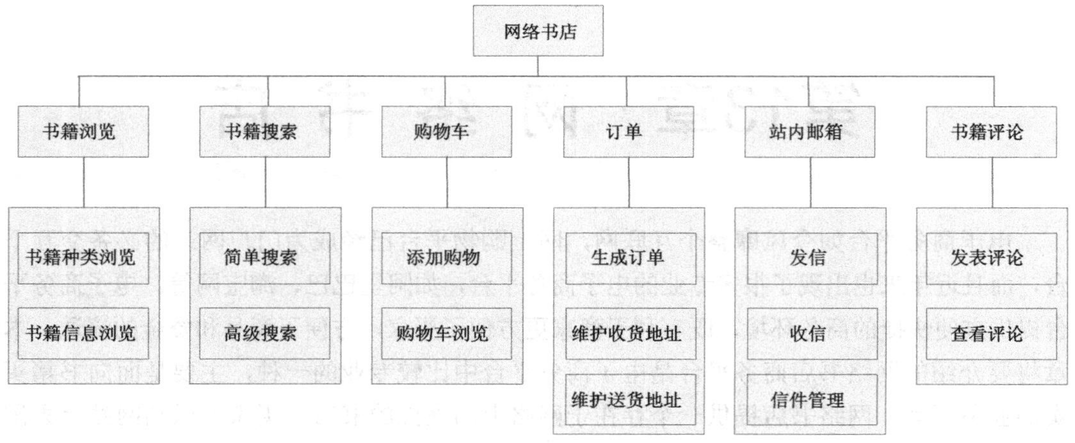

图 13-1　网络书店系统的功能分析

以上功能分析主要是针对买家用户提出来的。为了维护网络书店系统，系统还应该为管理员提供如下功能。

- 书籍信息维护。用来维护书籍的基本信息，包括添加书籍信息、修改书籍信息等。
- 书籍分类维护。用来维护书籍分类信息，包括添加书籍分类、修改书籍分类等。
- 订单监管。提供书店管理员来处理用户订单的功能。

13.2　系统设计

下面根据网络书店系统的功能需求来设计网络书店系统。

13.2.1　系统模块的划分

根据功能需求分析，可以把系统划分为如下几个模块。

1. 书籍模块

书籍模块用来实现有关书籍的所有功能。包括以下 3 个子模块。

- Book 模块。用来实现书籍信息的维护管理，包括添加书籍信息、浏览书籍信息、搜索书籍信息、修改书籍信息和删除书籍信息等操作功能。
- 分类模块。用来实现书籍分类管理的维护，包括添加分类、修改分类、删除分类等。
- 评论模块。用来实现书籍评论管理的维护，包括添加评论、浏览评论和删除评论等。

书籍模块的功能设计如图 13-2 所示。

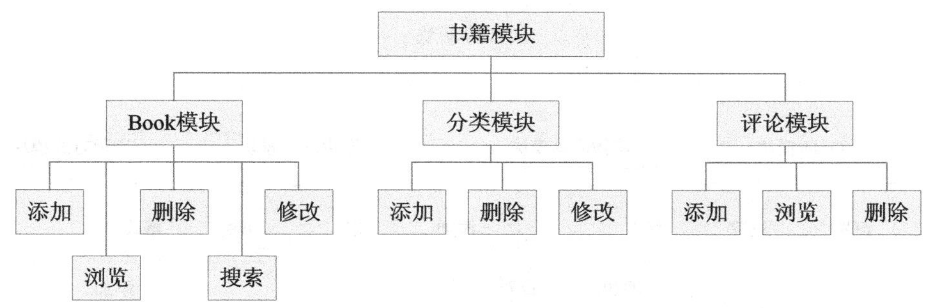

图 13-2　书籍模块的功能设计

2. 购物车模块

购物车模块用来实现暂时存放买家用户待购书籍的功能，就像去超市买东西所提的购物篮和所推的购物车的功能一样。购物车模块实现的功能包括：向购物车中放书籍、更新购物车中的书籍数量、删除购物车中某类书籍和浏览购物车内容。

购物车模块的功能设计如图 13-3 所示。

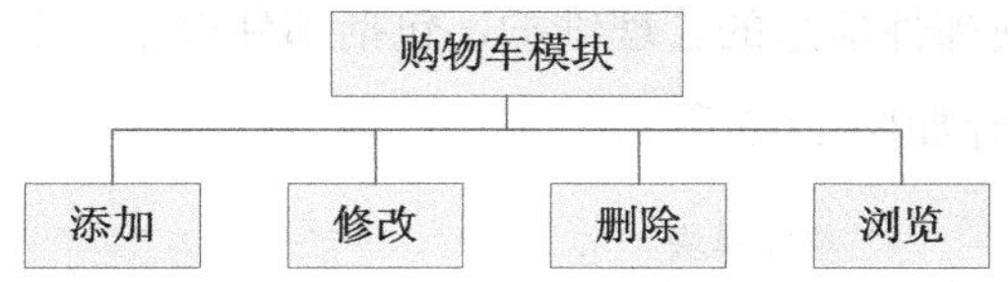

图 13-3　购物车模块的功能设计

3. 订单模块

订单模块用来实现买家用户向商家用户提供购物信息的依据，也就是提供买了什么种类的书籍、每类书籍的数量、发货方式以及收货地址等信息功能。订单模块主要包括以下 4 个子模块。

- Order 模块。用来实现订单主体信息的维护管理，包括添加订单、修改订单、删除订单和浏览订单等功能。
- 购物清单模块。用来实现订单购物清单信息的维护管理，包括添加购物清单、查看购物清单等功能。
- 送货地址模块。用来实现订单送货地址信息的维护管理，包括添加地址信息、浏览地址信息。修改地址信息和删除地址信息等功能。
- 送货方式模块。用来实现订单送货方式信息的维护管理，包括添加送货方式、浏览送货方式等功能。

订单模块的功能设计如图 13-4 所示。

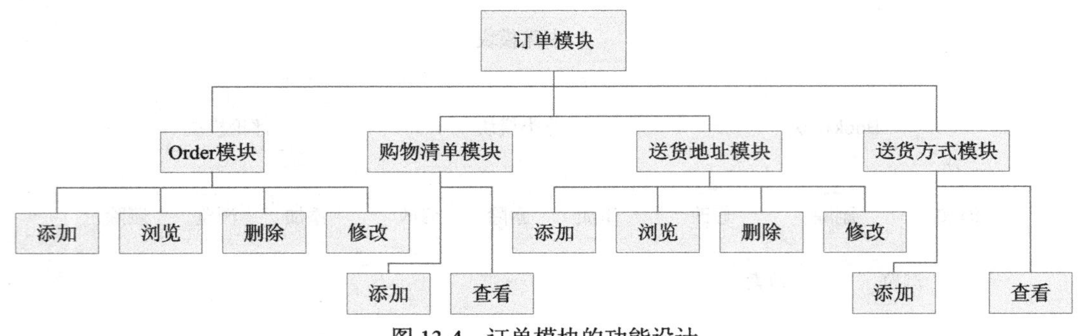

图 13-4　订单模块的功能设计

4. 邮件模块

邮件模块用来实现系统用户和用户、用户和管理员之间的交流。邮件模块包含以下两个子模块。

- 文件夹模块。实现邮件文件夹的管理，这里系统会自动生成 4 个文件夹，用户可以维护文件里的内容，主要功能包括浏览文件等。
- 邮件模块。实现邮件信息的管理维护，包括邮件接收、发送、删除等功能。

邮件模块的功能设计如图 13-5 所示。

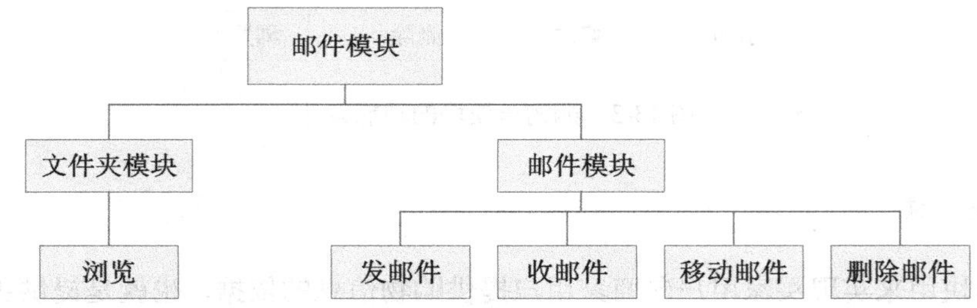

图 13-5　邮件模块的功能设计

5. 用户模块

由于网络书店系统要提供给买家用户和商家用户来使用，同时还要为系统管理员提供管理接口，因此该系统有必要提供一个维护用户信息的模块。该模块提供用户信息的维护、用户角色的配置等功能，以达到对用户使用系统时权限的控制。

用户模块包括以下两个子模块。

- 用户信息模块。提供用户信息的添加、修改、删除和浏览等功能。
- 角色模块。提供角色信息的添加、修改、删除和浏览等功能。

用户模块的功能设计如图 13-6 所示。

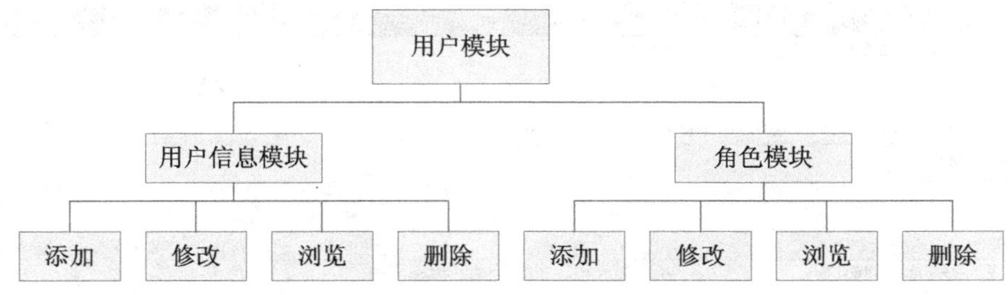

图 13-6　用户模块的功能设计

13.2.2　系统框架设计

本节介绍网络书店的系统框架设计。

1. 主界面

网络书店系统提供了一个展现系统内容的主界面，如图 13-7 所示。

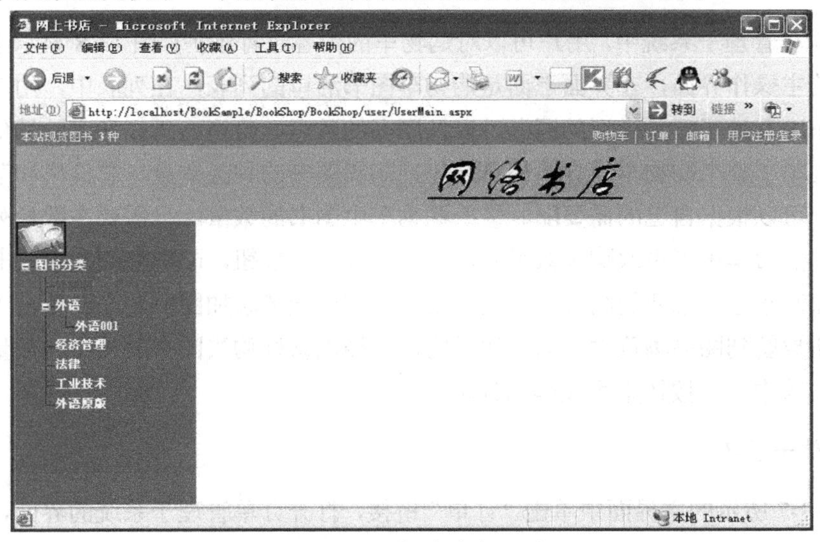

图 13-7　网络书店主界面

主界面主要分为 4 个区域：最上面区域为头区域，在头区域的左端显示了本网络书店中包含的图书种类，在右端列举了网络书店系统的子系统连接，包括购物车子系统、订单子系统、邮箱子系统和用户注册/登录子系统；中间区域显示网站系统的名字和标识；下面区域分为两个区域，左边区域是系统操作的导航栏目，最上面是图书搜索的导航，下面是图书分类导航树，右边区域用来显示被选中的图书分类的图书信息列表。

2. 购物车子系统

在图 13-7 所示的主界面中单击“购物车”链接，打开购物车管理子系统的界面，如图 13-8 所示。

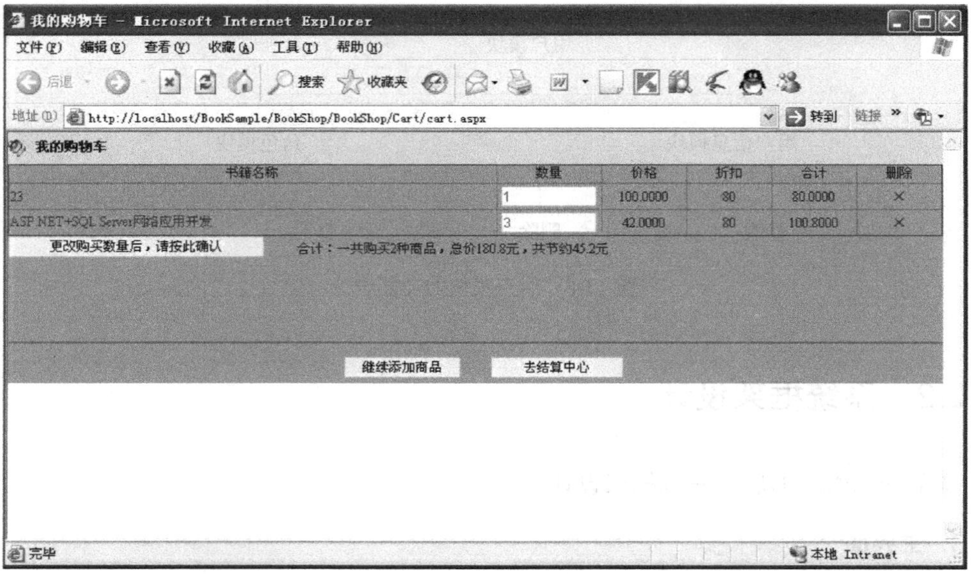

图 13-8　购物车管理子系统

在购物车管理子系统中，用户可以对购物车的内容进行维护。图 13-8 显示了购物车管理子系统的主操作界面，在界面上面是购物车图书清单的列表，在列表中，用户可以看到当前购物车中存放了哪些类型的图书，以及图书的数量、价格、折扣和合计等信息，在列表的下方列举了整个购物车的合计信息，包括购买图书的种类数量、总价格和节约款项等信息。用户可以根据自己的需要随时修改购物车中图书的数量，只需要在数量列中修改图书的数量，然后单击“更改购买数量后，请按此确认”按钮，即可修改购买图书的数量。用户可以随时删除不想要的图书。当然如果用户想要继续添加图书，可以单击“继续添加商品”按钮导航到图书浏览主界面。如果用户已经确认好购买图书的种类和数量，就可以单击“去结算中心”按钮来生成购物订单。

3. 订单子系统

在图 13-7 所示的主界面中单击“订单”链接，打开订单管理子系统的界面，如图 13-9 所示。

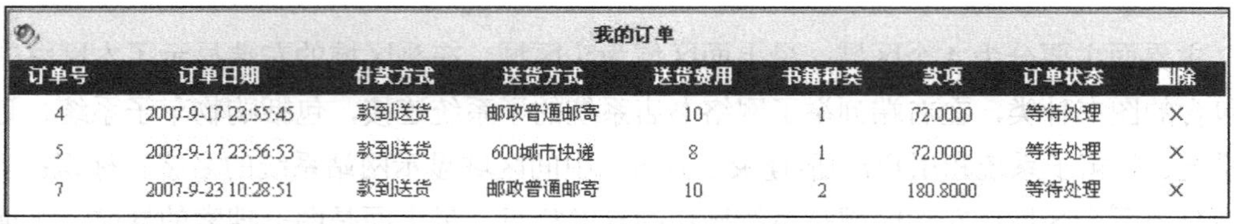

我的订单

订单号	订单日期	付款方式	送货方式	送货费用	书籍种类	款项	订单状态	删除
4	2007-9-17 23:55:45	款到送货	邮政普通邮寄	10	1	72.0000	等待处理	×
5	2007-9-17 23:56:53	款到送货	600城市快递	8	1	72.0000	等待处理	×
7	2007-9-23 10:28:51	款到送货	邮政普通邮寄	10	2	180.8000	等待处理	×

图 13-9　订单管理子系统界面

在图 13-9 中列举了当前登录用户的所有订单清单。在该列表中，用户可以看到自己拥有的订单的数量、订单日期、付款方式、送货方式、送货费用、书籍种类、款项以及订单状态。用户可以通过单击“订单号”链接来查看该订单的详细信息，也可以随时删除某个订单。

单击“订单号”链接打开某个订单的详细信息查看界面，如图 13-10 所示。

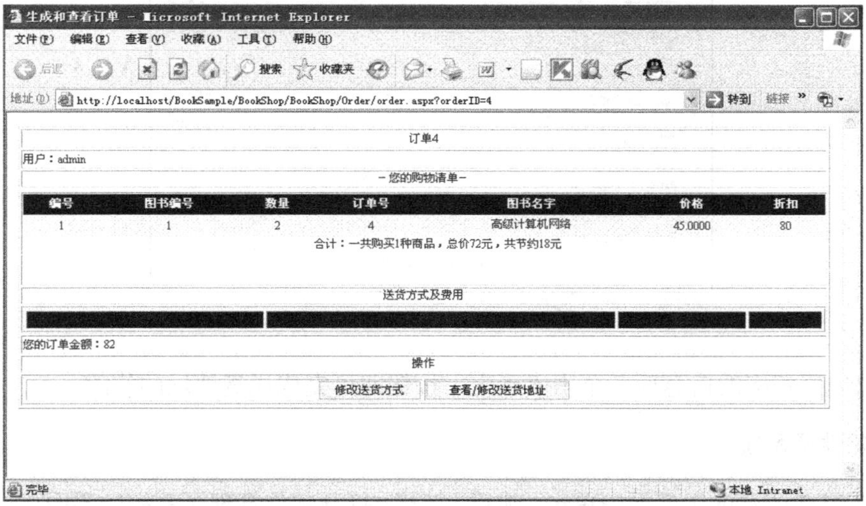

生成和查看订单 - Microsoft Internet Explorer
http://localhost/BookSample/BookShop/BookShop/Order/order.aspx?orderID=4
订单4
用户：admin
－您的购物清单－
编号 图书编号 数量 订单号 图书名字 价格 折扣
1 1 2 4 高级计算机网络 45.0000 80
合计：一共购买1种商品，总价72元，共节约18元
送货方式及费用
您的订单金额：82
操作
修改送货方式
查看/修改送货地址
完毕
本地 Intranet

图 13-10　订单详细信息查看界面

图 13-10 展现了当前图书订单的详细信息，包括购物清单列表、送货方式以及费用、订单的总金额。

单击“修改送货方式”按钮，打开如图 13-11 所示的送货方式修改界面。

修改送货方式 -- 网页对话框
修改送货方式
邮政普通邮寄
修改
关闭

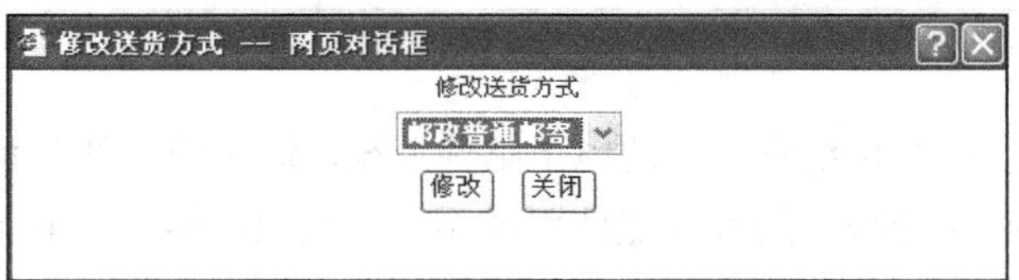

图 13-11　送货方式修改界面

在图 13-11 中，列举了本网络书店提供的送货方式，用户可以选择其中之一，然后单击“修改”按钮完成送货方式的修改。

单击图 13-10 中的“查看/修改送货地址”按钮，打开如图 13-12 所示的送货地址查看/修改界面。

图 13-12 显示了当前用户的收货地址。可以单击“修改收货地址”按钮来修改送货地址，如图 13-13 所示。

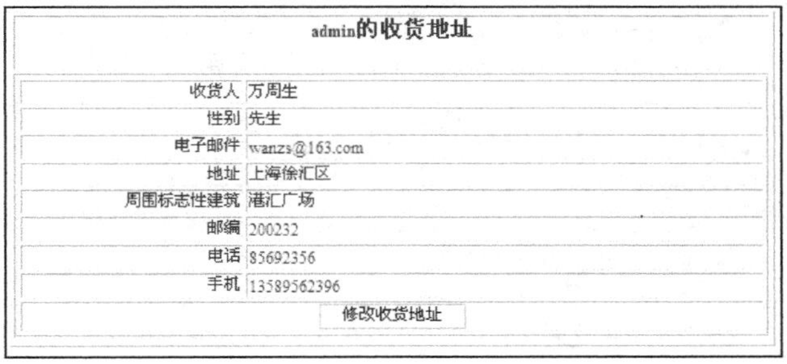

admin的收货地址
收货人 万周生
性别 先生
电子邮件 wanzs@163.com
地址 上海徐汇区
周围标志性建筑 港汇广场
邮编 200232
电话 85692356
手机 13589562396
修改收货地址

图 13-12　送货地址查看界面

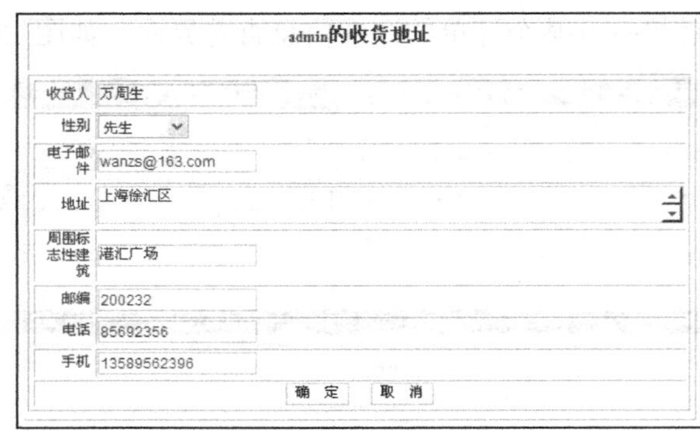

图 13-13　修改送货地址界面

用户填好相应的信息后，单击“确定”按钮即可完成送货地址的修改。

4. 邮件子系统

在图 13-7 所示的主界面中单击“邮箱”链接，打开邮件管理子系统的界面，如图 13-14 所示。

新邮件 给管理员发信

文件夹：收件箱、已发送、草稿箱、垃圾箱

文件夹名称	邮件总数	新邮件数量	文件夹大小
收件箱	1	0	0KB
已发送	0	0	0KB
草稿箱	0	0	0KB
垃圾箱	0	0	0KB

图 13-14　邮件管理子系统

邮件管理子系统不是传统意义上的电子邮件系统，这里的邮件子系统只是一个站内信箱，只有拥有该网站注册账户的人才能使用该系统，且只能给站内其他用户发送邮件。

5. 图书管理子系统

在图 13-7 所示的网络书店的主界面的下方区域就是图书管理子系统的主界面，在左侧是图书搜索和分类导航。

单击某一个图书分类导航，即可在右侧的界面中打开该类图书的列表，如图 13-15 所示。

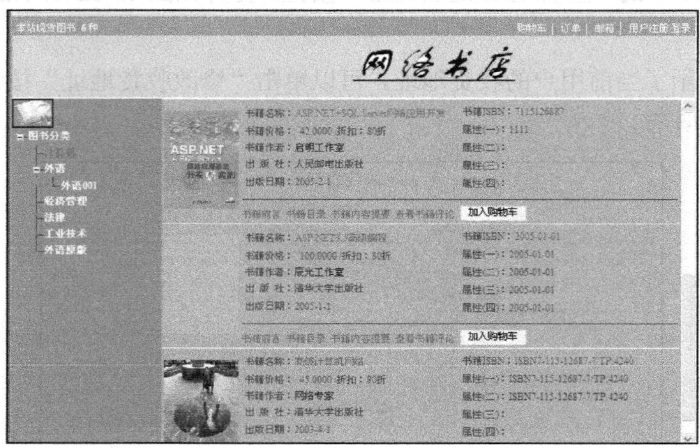

图 13-15　图书信息列表

单击图 13-15 中的“书籍名称”链接，可以查看该书籍的详细信息，如图 13-16 所示。

图 13-16 列出了要查看书籍的详细信息，包括书籍名称、书籍详细说明、书籍作者、出版社等重要的信息。

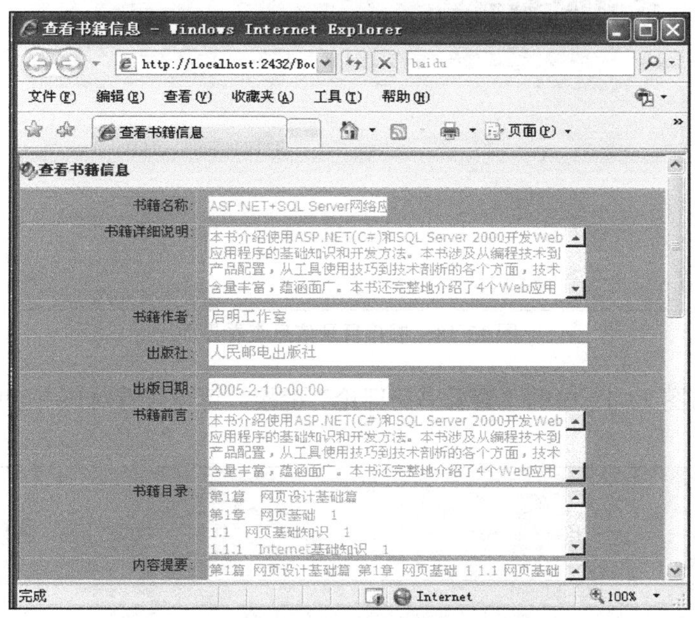

图 13-16　书籍详细信息浏览页面

单击图 13-15 中的“书籍前言”链接，可以查看该书籍的前言信息，如图 13-17 所示。

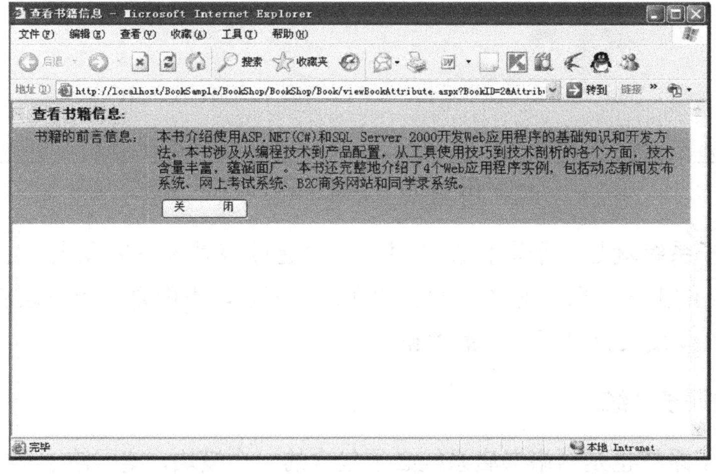

图 13-17　书籍前言信息查看界面

单击图 13-15 中的“书籍目录”链接，可以查看该书籍的目录信息，如图 13-18 所示。

单击图 13-15 中的“书籍内容提要”链接，可以查看该书籍的内容提要信息。由于界面和前面的比较相似，这里就不再列举。

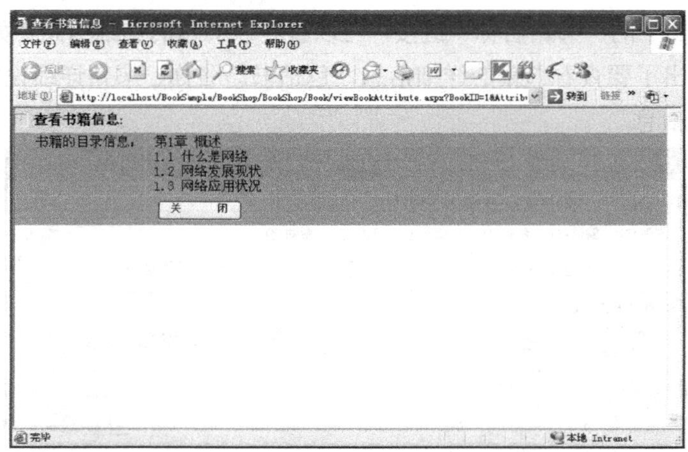

图 13-18　书籍目录信息查看界面

同样，单击图 13-15 中的“查看书籍评论”链接，可以查看对该书籍的评论信息，如图 13-19 所示。

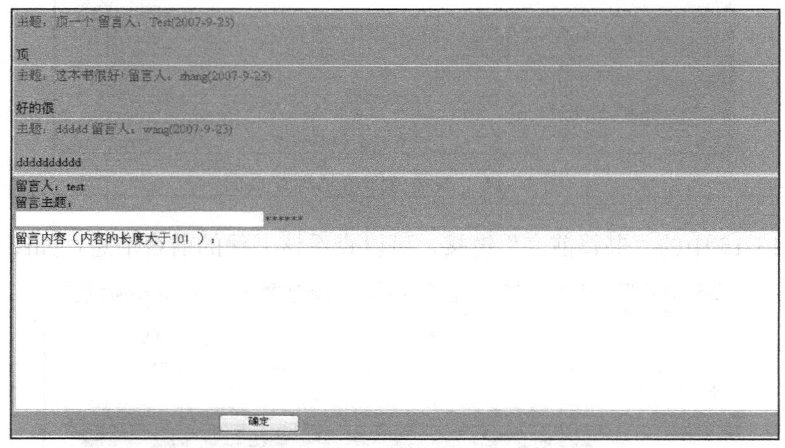

图 13-19　书籍评论界面

书籍评论子系统就是一个留言板模块，用户通过该系统可以发表自己对这本书的看法。在图 13-19 的上部是所有对该书发表的评论的列表，下面是一个发表留言的接口，用户通过该接口可以发表自己对该书的评论。

6. 登录/注册子系统

登录/注册子系统也是网络书店系统必须包含的一个模块，使用该子系统，系统可以很轻易地识别来访用户的身份，根据他们的身份来控制他们使用网络书店系统的权限。登录/注册子系统的主界面如图 13-20 所示。

图 13-20 的左侧是用户登录的界面，右侧是用户注册的界面。这里的框架设计和前面所讲的模块中的登录/注册并没有什么区别，基本上就是把前面的内容融合在网络书店系统中。但在具体实现时，这里的登录/注册和前面还是有所区别的，主要是这里加入了角色控制，不同的角色分配不同的权限。

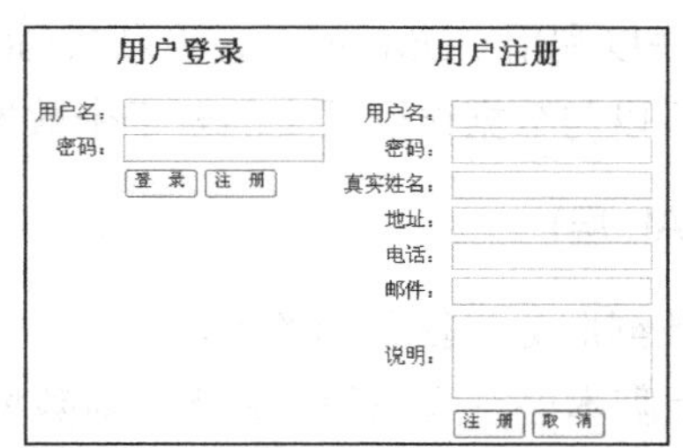

图 13-20 登录/注册子系统

以上介绍了网络书店大概的框架设计，这个网络书店系统主要包括以上所构建的 5 个子系统：购物车子系统、订单子系统、邮箱子系统、图书管理子系统和登录/注册子系统。每一个大的系统都是由若干个子系统构成的，用户在进行系统框架设计时应该分离出这些能够独立起来的子系统，这样有利于系统的进一步开发，因为任何一个小的简单的系统都会比一个复杂的系统容易开发实现。所以在进行系统开发时，不要急着去写代码，应该仔细分析系统构成。只有养成这样一个好的习惯，才能成为一个优秀的系统构建师。

13.2.3 系统程序结构设计

程序结构设计非常重要，一个好的程序结构不但能够提高系统运行的效率，而且能够提高程序开发的效率。目前比较流行的系统结构是三层结构设计，具体如下。

- 界面表示层：一般称为 Web 层。
- 业务逻辑层：一般称为 BLL 层。
- 数据访问和存储：一般称为 DAL 层。

通常逻辑上把应用程序分为以上 3 个基本层次，通过按照这些原则对应用程序进行分层，使用基于组件的编程技术，并充分利用.NET 平台与 Microsoft Windows 操作系统的功能，开发人员可以生成具有高度可伸缩性和灵活性的应用程序。

简单的分布式应用程序模型包含与中间层进行通信的客户端，中间层本身由应用程序服务器和包含业务逻辑的应用程序组成，应用程序反过来又与提供和存储数据的数据库进行通信。

1. 界面表示层(Web 层)

表示层包括到应用程序的胖客户端接口或者瘦客户端接口。胖客户端通过直接使用 Microsoft Windows 32 API 或间接通过 Windows 窗体，为操作系统的功能提供完全的编程接口，并广泛地使用组件。瘦客户端(Web 浏览器)正迅速成为许多开发人员优先选择的接口。开发人员能够生成可在 3 个应用程序层的任何一个上执行的业务逻辑。利用 ASP.NET Web 应用程序和 XML Web Services，瘦客户端能够以可视形式为应用程序提供丰富、灵活和交互的用户界面。瘦客户端还具有在平台之间提供更大程度的可移植性的优点。

2. 业务逻辑层(BLL 层)

该层被分为应用程序服务器与服务，它们可用于支持客户端。可以使用.NET

Framework 编写 Web 应用程序以利用 COM+服务、消息队列(MSMQ)、目录服务和安全性服务。应用程序服务反过来可以与数据访问层上的若干个数据服务进行交互。

3. 数据访问和存储层(DAL 层)

支持数据访问和存储的数据服务包括下列各项。

- ADO.NET：通过使用脚本语言或编程语言提供对数据的简化编程访问。
- OLE DB：由 Microsoft 开发的公认的通用数据提供程序。
- XML：用于指定数据结构的标记标准。
- LINQ 到 SQL。

这些数据访问和存储的数据服务在第 8～11 章的数据访问技术中做了详细讲解。

这个三层模型的每个部分中的元素都充分受到.NET Framework 和 Windows 操作系统的支持。它所具有的服务包括：目录、安全、管理和跨越三个层进行的通信服务。组成 Visual Studio 2010 开发系统的编程工具使开发人员能够生成跨越多层的应用程序组件。

网络书店系统应用程序结构设计就是采用了这种比较流行的分布式三层结构模型，把整个应用程序在逻辑上分为以下 3 个层次。

- 界面表示层。采用 ASP.NET 4.0 技术开发的瘦客户端(基于 Web 的页面系统)描述了系统与用户的接口。
- 业务逻辑层。采用 C#4.0 的组件技术，把诸如订单的生成、修改等业务逻辑封装在组件中。
- 数据访问和存储层。使用 ADO.NET 提供的服务 SqlClient 来构建访问 SQL Server 数据库的组件，使用 LINQ 到 SQL 构件访问 SQL Server 数据库的模型和方法。

三层模型结构关系图如图 13-21 所示。

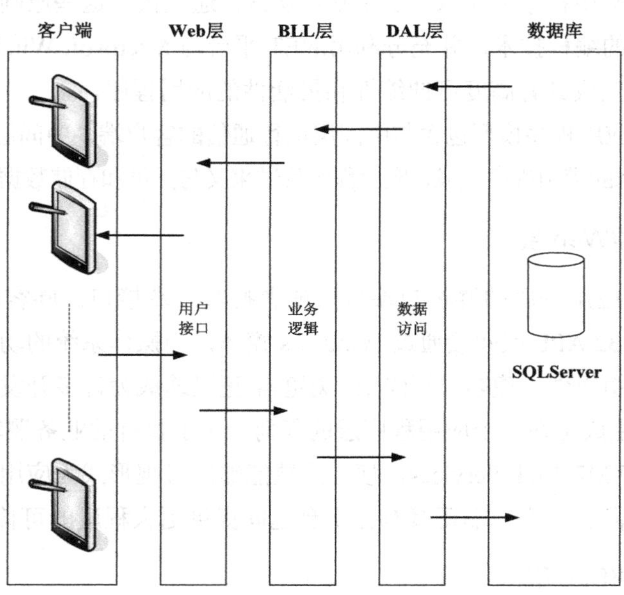

图 13-21　三层模型结构关系图

在进行应用程序设计时，有时为了业务的需要并不是单纯地遵守三层结构规则的划分。当遇到业务逻辑比较复杂的业务程序时，如果采用这种严格的三层结构，就可能需要多次访问数据库才能完成一项业务逻辑过程，这样频繁地访问数据库会占用大量的资源，造成系统运行效率下降，而 SQL Server 2008 数据库提供的存储过程则可以解决这个问题：使用存储过程来封装复杂的业务逻辑执行过程可以提高数据库访问的效率。因此在使用某些技术时，一定要根据实际需要来进行变通，设计出适合自己的应用程序结构。

13.2.4　数据库设计

支持网络书店系统的数据库是 SQL Server 2008。根据系统业务功能设计，网络书店系统的数据库包含如下几个数据表。

- Book 数据表：用来存储图书的描述信息。
- Picture 数据表：用来存储与图书相关的图片的信息。
- Category 数据表：用来存储图书分类的信息。
- Comment 数据表：用来存储图书评论的信息。
- Cart 数据表：用来存储购物车的信息。
- Folders 数据表：用来存储站内邮件文件夹的信息。
- Mails 数据表：用来存储站内邮件的信息。
- Order 数据表：用来存储订单的信息。
- OrderList 数据表：用来存储与订单相关的购物清单的信息。
- SendAddress 数据表：用来存储与订单相关的收货地址的信息。
- SendWay 数据表：用来存储网络书店可以提供的送货方式的信息。
- User 数据表：用来存储注册用户的信息。
- Role 数据表：用来存储用户的角色信息。

Book 数据表的设计视图如表 13-1 所示。

表 13-1　Book 数据表的设计视图

字段名称	字段类型	说　明	大　小
BookID	int	自动编号	
Name	varchar	书名	200
CategoryID	int	图书分类	
Desn	text	描述	16
Author	varchar	作者	200
Publish	varchar	出版社	200
PublishDate	datetime	出版日期	8
ISBN	varchar	ISBN	200
Foreword	text	前言	16

(续表)

字 段 名 称	字 段 类 型	说　　明	大　　小
List	text	目录	16
OutLine	text	书籍内容提要	16
BuyInDate	datetime	进货日期	8
Price	money	价格	8
TotalNum	int	总数量	
StoreNum	int	存货数量	
SellOrder	int	订单数量	
Attribute1	text	属性 1	16
Attribute2	text	属性 2	16
Attribute3	text	属性 3	16
Attribute4	text	属性 4	16
Attribute5	text	属性 5	16
Remark	text	备注	16
Discount	int	折扣	

Picture 数据表的设计视图如表 13-2 所示。

表 13-2　Picture 数据表的设计视图

字 段 名 称	字 段 类 型	说　　明	大　　小
PictureID	int	自动编号	
BookID	int	图书 ID	
Desn	varchar	描述	200
Url	varchar	图片位置	200
PictureType	varchar	图片类型	200
IsShow	int	是否显示	
Remark	text	备注	16

Category 数据表的设计视图如表 13-3 所示。

表 13-3　Category 数据表的设计视图

字 段 名 称	字 段 类 型	说　　明	大　　小
CategoryID	int	自动编号	
Desn	varchar	描述	200
ParentID	int	父类 ID	

(续表)

字段名称	字段类型	说　明	大　小
OrderBy	int	排序序号	
Remark	text	备注	16

Comment 数据表的设计视图如表 13-4 所示。

表 13-4　Comment 数据表的设计视图

字段名称	字段类型	说　明	大　小
CommentID	int	自动编号	
HeadLine	varchar	主题	200
Body	varchar	评论内容	500
CreateDate	date	创建日期	
BookID	int	对应书籍 ID	16
UserID	int	用户 ID	

Cart 数据表的设计视图如表 13-5 所示。

表 13-5　Cart 数据表的设计视图

字段名称	字段类型	说　明	大　小
ID	int	自动编号	
BookID	int	图书 ID	
Quantity	int	数量	
UserID	int	用户 ID	

Folders 数据表的设计视图如表 13-6 所示。

表 13-6　Folders 数据表的设计视图

字段名称	字段类型	说　明	大　小
FolderID	int	自动编号	
Name	varchar	文件夹名	200
Total	int	数量	
NoReader	int	未读邮件数量	
Contain	int	大小	
CreateDate	datetime	创建日期	
Flag	bit	文件夹类型标识	
UserID	int	用户 ID	

Mails 数据表的设计视图如表 13-7 所示。

表 13-7　Mails 数据表的设计视图

字段名称	字段类型	说　明	大　小
MailID	int	自动编号	
Title	varchar	标题	200
Body	text	邮件正文	16
FromAddress	varchar	发件人	200
ToAddress	varchar	收件人	200
SenderDate	datetime	发送日期	
Contain	int	邮件大小	
ReaderFlag	int	未读邮件标识	
FolderID	int	文件夹 ID	
UserID	int	用户 ID	

Order 数据表的设计视图如表 13-8 所示。

表 13-8　Order 数据表的设计视图

字段名称	字段类型	说　明	大　小
ID	int	自动编号	
UserID	int	用户 ID	
orderdate	datetime	下单日期	
SendWayID	int	发送方式 ID	
payway	varchar	付款方式	200
Orderstate	varchar	订单状态	200

OrderList 数据表的设计视图如表 13-9 所示。

表 13-9　OrderList 数据表的设计视图

字段名称	字段类型	说　明	大　小
ID	int	自动编号	
BookID	int	图书 ID	
Quantity	int	数量	
OrderID	int	订单 ID	

SendAddress 数据表的设计视图如表 13-10 所示。

表 13-10　SendAddress 数据表的设计视图

字 段 名 称	字 段 类 型	说　明	大　小
ID	int	自动编号	
receivename	varchar	收货人姓名	50
sex	varchar	性别：先生/女士	50
email	varchar	电子邮件	200
address	varchar	收货地址	200
postcode	varchar	邮编	50
phone	varchar	电话	50
cellphone	varchar	手机	50
UserID	int	用户 ID	
flagbuliding	varchar	周围标志性建筑	200

SendWay 数据表的设计视图如表 13-11 所示。

表 13-11　SendWay 数据表的设计视图

字 段 名 称	字 段 类 型	说　明	大　小
ID	int	自动编号	
way	varchar	方式	50
fee	float	费用	50

User 数据表的设计视图如表 13-12 所示。

表 13-12　User 数据表的设计视图

字 段 名 称	字 段 类 型	说　明	大　小
UserID	int	自动编号	
UserName	varchar	用户名	200
RealName	varchar	真实姓名	200
Password	varchar	密码	255
Address	varchar	地址	200
Phone	varchar	电话	50
Email	varchar	电子邮件	200
RoleID	int	角色 ID	
Remark	text	备注	16

Role 数据表的设计视图如表 13-13 所示。

表 13-13 Role 数据表的设计视图

字 段 名 称	字 段 类 型	说　明	大　小
RoleID	int	自动编号	
RoleName	varchar	角色名	200

以上数据表之间的关系如图 13-22 所示。

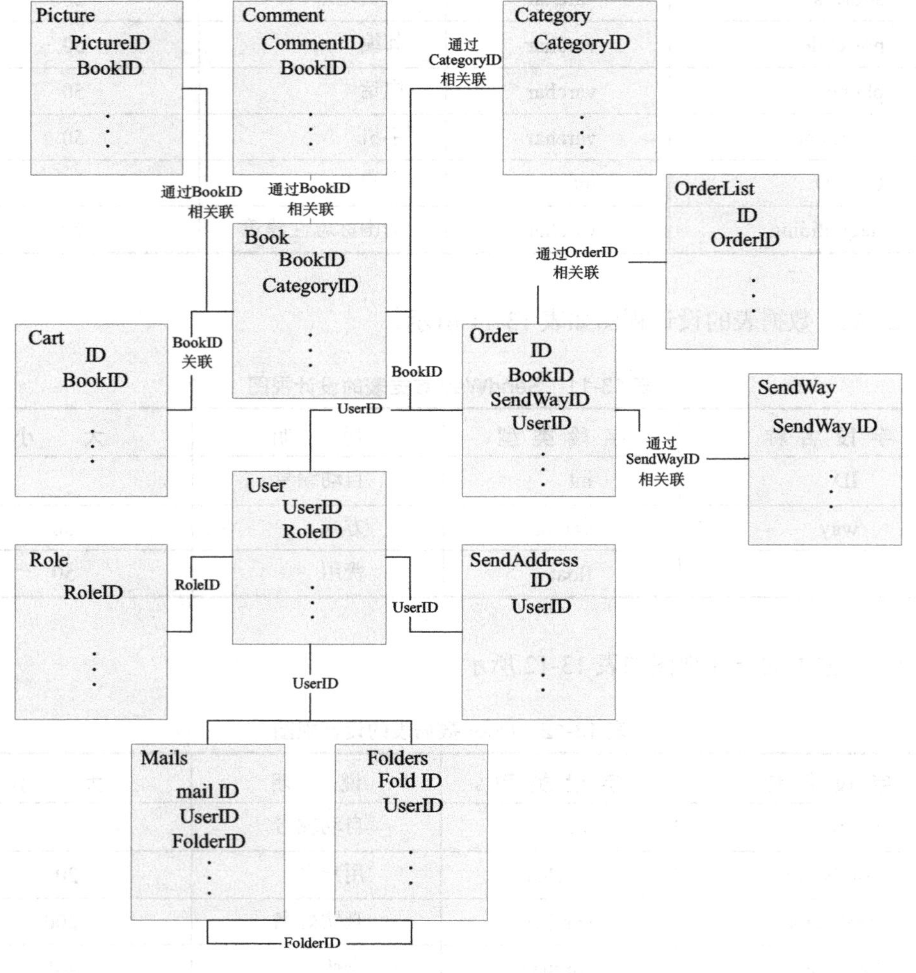

图 13-22　数据表关系图

图 13-22 描述了网络书店系统数据库表之间的关系。对于多表系统，为了能够让开发者对业务对象之间的关系有一个清晰的认识，最好使用表图的方式来把它们之间的关系做一个直观的描述。目前有相关数据库建模软件，如 ERWin、PowerDesigner 等，可以直接从数据库系统中生成表模型之间的关系图，有兴趣的读者可以研究一下。

13.3　数据访问和存储层(DAL 层)的实现

网络书店的 DAL 层实现了两种数据访问接口的定义：ADO.NET 数据访问组件和 LINQ 到 SQL 数据访问组件。

13.3.1　ADO.NET 数据访问组件

为了更方便地访问 SQL Server 2010 数据库，这里开发了名为 DAL 类空间来提供访问数据库的接口。

访问 SQL Server 数据库的方式有两种，一种是使用 SQL 命令，SQL 命令一般用于简单的数据库的访问，而且与数据库的交互具有一次性行为的特性，这时使用 SQL 命令就比较简单方便；另一种是使用存储过程，有时应用程序为了完成一项业务可能需要频繁地访问数据库，这时如果还使用 SQL 命令单行执行就会大大浪费资源，这样就需要把一个业务过程封装到存储过程中，存储过程就像一个函数，提供参数和返回值。因此编写存储过程的方式与编写函数的方式很类似，只不过存储过程是使用 SQL 语句来编写的，调用存储过程的方式和调用 SQL 命令的过程一样。

DAL 空间下包括以下几个类。

- ConfigManager 类：提供读取 web.config 文件中数据库连接字符串的功能。
- StoredProcedure 类：封装数据库访问过程。
- ExecuteSql 类：提供执行 SQL 语句的方法。
- ExecuteProcedure 类：提供执行存储过程的方法。

下面分别详细介绍以上 4 个类的实现代码。

1. ConfigManager 类

ConfigMananger 类提供读取 web.config 文件中数据库连接字符串的功能，包含一个公开的属性 DALConnectionString，通过该属性应用程序可以获得数据库连接字符串。该类的实现代码如程序清单 13.1 所示。

程序清单 13.1　ConfigMananger 类

```
using System;
using System.Configuration;
namespace DAL
{
 public class ConfigManager
{
        private    string    dalConnectionString;
        public    string DALConnectionString
```

```
9.          {
10.             get
11.             {
12.                 return dalConnectionString;
13.             }
14.         }
15.         public ConfigManager()
16.         {
17.             dalConnectionString = System.Configuration.ConfigurationSettings.AppSettings
                    ["db1ConnectionString"];
18.         }
19.     }
20. }
```

程序说明：第 7 行代码定义了一个私有变量 dalConnectionString，用来存储获取的数据库连接字符串；第 8～14 行定义了公开属性 DALConnectionString，该变量是只读的，通过该变量把获得的数据库字符串进行公开；第 15～18 行定义类 ConfigManager 的一个构造函数，其中第 17 行利用 AppSetting 字典获取数据库连接字符串。

2. StoredProcedure 类

StoredProcedure 类封装数据库访问过程。

该类的实现包含两个构造函数，其一是 StoredProcedure(string SqlText)，它是执行 SQL 命令的构造函数，其中 SqlText 表示 SQL 命令；其二是 StoredProcedure(string sprocName, SqlParameter[] parameters)，它是执行存储过程的构造函数，其中 sprocName 是存储过程名，parameters 是存储过程接受的参数。

该类提供 4 个公开函数：Dispose()用来释放数据库访问过程中占有的资源；Run()执行不返回数据的数据库访问；Run(DataTable dataTable)是 Run()的一个重载函数，执行返回数据的数据库访问；Run(out int num)也是 Run()的一个重载函数，执行只返回一个数据的数据库访问。

它还提供公开变量 ErrorMessage 来存放数据访问过程中出现的错误信息。

具体实现代码如程序清单 13.2 所示。

程序清单 13.2　StoredProcedure 类

```
using System;
using System.Data;
using System.Data.SqlClient;
using System.Diagnostics;
namespace DAL
{
sealed internal class StoredProcedure : IDisposable
{
```

```
        public string ErrorMessage = "";
         private System.Data.SqlClient.SqlCommand command;
        public StoredProcedure(string SqlText)
        {
             ConfigManager config = new ConfigManager();
            command = new SqlCommand(SqlText, new SqlConnection(config.DALConnectionString));
             command.CommandType = CommandType.Text;
             command.Connection.Open();
        }
    public StoredProcedure(string sprocName, SqlParameter[] parameters)
       {
           ConfigManager config = new ConfigManager();
          command = new SqlCommand(sprocName, new SqlConnection(config.DALConnectionString));
           command.CommandType = CommandType.StoredProcedure;
           if (parameters != null)
           {
               foreach (SqlParameter parameter in parameters)
                   command.Parameters.Add(parameter);
           }
           command.Connection.Open();
       }
        public void Dispose()
   {
        if ( command != null )
             {
               SqlConnection connection = command.Connection;
             Debug.Assert( connection != null );
             command.Dispose();
             command = null;
             connection.Dispose();
        }
   }
   public int Run()
       {
             if ( command == null )
             throw new ObjectDisposedException( GetType().FullName );
        try
             {
                  command.ExecuteNonQuery();
             return 1;
        }
        catch(Exception e)
        {
             ErrorMessage = e.Message;
```

```
53.             return 0;
54.         }
55.     }
56.     public int Run(out int num)
57.     {
58.         if (command == null)
59.             throw new ObjectDisposedException(GetType().FullName);
60.         try
61.         {
62.             num =   Convert.ToInt32(command.ExecuteScalar());
63.             return 1;
64.         }
65.         catch (Exception e)
66.         {
67.             ErrorMessage = e.Message;
68.             num = 0;
69.             return 0;
70.         }
71.     }
72.     public int Run( DataTable dataTable )
73.     {
74.         if ( command == null )
75.             throw new ObjectDisposedException( GetType().FullName );
76.         try
77.     {
78.             SqlDataAdapter dataAdapter = new SqlDataAdapter();
79.         dataAdapter.SelectCommand = command;
80.         dataAdapter.Fill( dataTable);
81.         return 1;
82.     }
83.     catch(Exception e)
84.     {
85.         ErrorMessage = e.Message;
86.         return 0;
87.     }
88. }
89.  }
90. }
```

程序说明：这段代码是 StoredProcedure 类的实现代码，StoredProcedure 类被定义为衍生类，且是内置的，并为命名空间外的应用程序调用。此外，由于该类被定义为访问 SQL Server 数据库的类，因此在程序头添加了 System.Data.SqlClient 的引用。第 9 行定义变量 ErrorMessage，用来存储错误信息。第 10 行定义 SqlCommand 对象 command，用来存储数据库访问命令。第 11～17 行定义执行 SQL 语句的构造函数。第 18～29 行定义执行存储过程的构造函数。第 30～40 行定义释放占用的资源的方法 Dispose。第 41～88 行定义了 3 个执行数据库访问过程的方法 Run。其中，第 41 行定义的方法不包含任何参数，返回值为整数；第 56 行定义的方法包含一个参数 num，通过该参数把 SQL 命令执行影响的数据行数返回；第 72 行定义的方法包含一个参数 dataTable，通过该参数把获得的数据返回。

3. ExecuteSql 类

ExecuteSql 类提供执行 SQL 语句的方法。该类提供一个公开的方法 run，该方法有 3 个重载版本，其一为 run(string sqlText)，包含一个参数接收 SQL 命令的文本，执行不返回数据的 SQL 命令；其二是 run(DataTable table,string sqlText)，参数 table 用来存储执行 SQL 命令后返回的数据，参数 sqlText 接收 SQL 命令的文本；还有一个是 run(out int num, string sqlText)，参数 num 是执行 SQL 命令后返回单个数据。

此外，该类还提供一个公开变量 ErrorMessage，用来存储 SQL 命令执行过程中出现的错误信息。实现代码如程序清单 13.3 所示。

程序清单 13.3　ExecuteSql 类

```
using System;
using System.Data;
using System.Data.SqlClient;
using System.Diagnostics;
namespace DAL
{
 public class ExecuteSql : DAO
  {
 public string ErrorMessage = "";
 public int run(string sqlText)
        {
               Debug.Assert(sproc == null);
        sproc = new StoredProcedure(sqlText);
        int flag = sproc.Run();
               this.ErrorMessage = sproc.ErrorMessage;
        sproc.Dispose();
        return flag;
 }
        public int run(DataTable table,string sqlText)
        {
               Debug.Assert(sproc == null);
               sproc = new StoredProcedure(sqlText);
               int flag = sproc.Run(table);
               this.ErrorMessage = sproc.ErrorMessage;
               sproc.Dispose();
               return flag;
        }
```

```
28.         public int run(out int num, string sqlText)
29.         {
30.             Debug.Assert(sproc == null);
31.             sproc = new StoredProcedure(sqlText);
32.             int flag = sproc.Run(out num);
33.             this.ErrorMessage = sproc.ErrorMessage;
34.             sproc.Dispose();
35.             return flag;
36.         }
37.     }
38. }
```

程序说明：这段代码定义了 ExecuteSql 类，该类继承于数据库访问基类 DAO。第 10 行定义方法 run 用来执行 SQL 命令，其参数 sqlText 用来接收传进来的 SQL 命令，不返回数据。第 19 行定义方法 run 用来执行 SQL 命令填充数据表 table。第 28 行定义方法 run 用来执行 SQL 命令返回单个数据。

4. ExecuteProcedure

ExecuteProcedure 类提供执行存储过程的方法。该类提供一个公开的方法 run，该方法有 3 个重载版本：其一是 run(string sprocName, SqlParameter[] parameters)，sprocName 为存储过程名，parameters 为存储过程接收的参数；其二是 run(DataTable table, string sprocName, SqlParameter[] parameters)，参数 table 用来存储执行存储过程后返回的数据，sprocName 为存储过程名，parameters 为存储过程接收的参数；还有一个是 run(out int num, string sprocName, SqlParameter[] parameters)，参数 num 是执行存储后返回单个数据，sprocName 为存储过程名，parameters 为存储过程接收的参数。

此外，该类还提供了一个公开变量 ErrorMessage，用来存储在执行过程中出现的错误信息。实现代码如程序清单 13.4 所示。

程序清单 13.4　ExecuteProcedure 类

```
using System;
using System.Data;
using System.Data.SqlClient;
using System.Diagnostics;
namespace DAL
{
 public class ExecuteProcedure : DAO
 {
     public string ErrorMessage = "";
      public int run(string sprocName, SqlParameter[] parameters)
     {
         Debug.Assert(sproc == null);
         sproc = new StoredProcedure(sprocName,parameters);
```

```
14.                 int flag = sproc.Run();
15.                 this.ErrorMessage = sproc.ErrorMessage;
16.                 sproc.Dispose();
17.                 return flag;
18.             }
19.             public int run(out int num, string sprocName, SqlParameter[] parameters)
20.             {
21.                 Debug.Assert(sproc == null);
22.                 sproc = new StoredProcedure(sprocName, parameters);
23.                 int flag = sproc.Run(out num);
24.                 this.ErrorMessage = sproc.ErrorMessage;
25.                 sproc.Dispose();
26.                 return flag;
27.             }
28.             public int run(DataTable table, string sprocName, SqlParameter[] parameters)
29.             {
30.                 Debug.Assert(sproc == null);
31.                 sproc = new StoredProcedure(sprocName, parameters);
32.                 int flag = sproc.Run(table);
33.                 this.ErrorMessage = sproc.ErrorMessage;
34.                 sproc.Dispose();
35.                 return flag;
36.             }
37.         }
38.     }
```

程序说明：这段代码定义了 ExecuteSql 类，该类继承于数据库访问基类 DAO。第 10～18 行定义方法 run 执行存储过程，参数 sprocName 用来接收存储过程名称，参数 parameters 用来接收参数。第 19～27 行定义方法 run 用来执行存储过程，参数 num 用来返回单条数据，参数 parameters 用来接收参数。第 28～36 行定义方法 run 用来执行存储过程返回数据表，参数 table 用来存储返回的数据，参数 sprocName 用来接收存储过程名称，参数 parameters 用来接收参数。

13.3.2　LINQ 到 SQL 数据访问组件

LINQ 到 SQL 数据访问技术提供了一种简洁的数据访问技术，通过把存储在数据库中的表和存储过程映射到编程语言中来实现数据库的操作。有关 LINQ 到 SQL 数据访问技术的详细知识可以参考第 11 章。下面详细介绍面向网络书店的 LINQ 到 SQL 数据访问组件。

创建步骤如下。

(1) 打开或创建网站项目 Sample13-1，在其目录下添加一个名为 Models 的文件夹，这个文件夹下将存放业务逻辑类和 LINQ 到 SQL 数据访问组件类。

(2) 在该文件夹下添加一个名为 DataModel 的 LINQ 到 SQL 类文件，这样就生成了一个名为 DataModelDataContext 的数据库访问类。

(3) 打开“服务资源管理器”窗口，连接到要访问的数据库 BookShopDB 并打开，找到存储过程，把这些存储过程拖曳到 DataModel.dbml 文件中即可。在 DataModel 中，并不映射表的模型，因为数据的访问都是通过存储过程来实现的，因此只需要把存储过程作为方法映射过来就行。

经过以上三步，就把 LINQ 到 SQL 数据访问组件类创建完毕，在业务逻辑类中就可以通过调用这些方法来实现数据库的方法。DataModelDataContext 类中的每个方法对应一个存储过程，有关这些存储过程的详细信息读者可以参考本书提供的代码，这里不再详细介绍。

13.4　业务逻辑层

本节讲述网络书店系统的业务逻辑层的实现。业务逻辑层应该是一个应用系统的核心，是一个应用系统的核心价值体现，因此需要非常认真地考虑如何构建业务层。下面就仔细讲述本书是如何构建网络书店系统的业务逻辑层的。

13.4.1　Book 类

Book 类用来封装对图书的业务逻辑操作。对图书业务逻辑操作一般包括如下几种。

- 获取所有图书信息列表。
- 获取某一个分类的图书信息列表。
- 获取某一书籍的详细信息。
- 获取图书种类数量。

Book 类以方法的形式封装了以上业务逻辑操作，使得表示层不用了解具体业务操作过程即可完成对该业务逻辑过程的执行，提高代码利用率和执行效率。

Book 类的定义代码放在 Models\Book.cs 文件中，如下所示。

```
using System;
using System.Data;
using System.Configuration;
using System.Linq;
using System.Web;
using System.Web.Security;
using System.Web.UI;
using System.Web.UI.HtmlControls;
using System.Web.UI.WebControls;
using System.Web.UI.WebControls.WebParts;
```

```
using System.Xml.Linq;
using System.Data.Linq;
using System.Data.Linq.Mapping;
using System.Collections.Generic;
using System.Reflection;
using System.Linq.Expressions;
using System.ComponentModel;

// <summary>
// 封装针对图书的业务逻辑操作
// </summary>
public partial class Book
{
}
```

Book 类的定义代码比较简单，前面几行代码是对要使用的类库的引用，都是一些比较常用的命名空间的引用，不明白的地方可以参考 MSDN。后面几行代码就是一个类的框架的定义，没有一个简单的构造函数，但.NET 框架会自动提供一个没有任何意义的构造函数。Book 类价值体现在封装的方法上，下面就具体讲述一下这些方法的实现过程。

1. 获取所有图书信息列表

方法 GetBooks()用来实现获取所有图书信息列表的功能，实现代码如程序清单 13.5 所示。

程序清单 13.5　方法 GetBooks()

```
1.   public   DataTable GetBooks()
2.   {
3.       DataModelDataContext data = new DataModelDataContext();
4.       var result = data.Pr_GetBooks();
5.     DataTable table = new DataTable();
6.     table = result.CopyToDataTable();
7.     return table;
8.   }
```

程序说明：这段代码定义了方法 GetBooks()，用来获取所有书籍信息。第 3 行声明了定义类型和方法的 DataModelDataContext 类的对象，它是调用模型和方法的基础。第 4 行调用方法 Pr_GetBooks 获得所有的书籍信息。第 5 行定义保存从数据库获取的结果的 DataTable。第 6 行把 LINQ 查询结果集转化为 DataTable。

2. 获取某一分类的图书信息列表

方法 GetBookByCategory()用来实现获取某一分类的图书信息列表的功能，实现代码如程序清单 13.6 所示。

程序清单 13.6　方法 GetBookByCategory()

```
1.  public DataTable GetBookByCategory(int CategoryID)
2.  {
3.    DataModelDataContext data = new DataModelDataContext();
4.    var result = data.Pr_GetBookByCategory(CategoryID);
5.    DataTable table = new DataTable();
6.    table = result.CopyToDataTable();
7.    return table;
8.  }
```

程序说明：这段代码定义了方法 GetBookByCategory()，用来实现获取某一分类的图书信息列表的功能。方法 GetBookByCategory()被定义为 public 类型，可以被任何 Book 类的实例所引用，包含输入参数 CategoryID，参数 CategoryID 用来接收某一图书分类的 ID，返回值类型为 DataTable 类型。第 3 行声明了定义类型和方法的 DataModelDataContext 类的对象，它是调用模型和方法的基础。第 4 行调用方法 Pr_GetBookByCategory 获取某一个分类的所有书籍。第 5 行定义保存从数据库获取的结果的 DataTable。第 6 行把 LINQ 查询结果集转化为 DataTable。

3. 获取某一书籍的详细信息

方法 GetSingleBook()用来实现获取某一图书的详细信息的功能，实现代码如程序清单 13.7 所示。

程序清单 13.7　方法 GetSingleBook()

```
1.  public DataTable GetSingleBook(int BookID)
2.  {
3.    DataModelDataContext data = new DataModelDataContext();
4.    var result = data.Pr_GetSingleBook(BookID);
5.    DataTable table = new DataTable();
6.    table = result.CopyToDataTable();
7.    return table;
8.  }
```

程序说明：这段代码定义了方法 GetSingleBook()，用来实现获取某一图书的详细信息的功能。方法 GetSingleBook()被定义为 public 类型，可以被任何 Book 类的实例所引用，包含输入参数 BookID。参数 BookID 用来接收某一图书的 ID，返回值类型为 DataTable 类型。第 3 行声明定义类型和方法的 DataModelDataContext 类的对象，它是调用模型和方法的基础。第 4 行调用方法 Pr_GetSingleBook 获取某一图书的详细信息。第 5 行定义保存从数据库获取的结果的 DataTable。第 6 行把 LINQ 查询结果集转化为 DataTable。

4. 获取图书种类数量

方法 GetBookKindQuantity()用来实现获取网络书店系统内容所拥有的图书种类的数

量，实现代码如程序清单 13.8 所示。

程序清单 13.8 方法 GetBookKindQuantity()

```
1.  public int GetBookKindQuantity()
2.  {
3.      DataModelDataContext data = new DataModelDataContext();
4.      var result = data.Pr_GetBookKindQuantity();
5.      int num = 0;
6.      foreach (var v in result)
7.      {
8.          num = (int)v.BookKinds;
9.      }
10.     return num;
11. }
```

程序说明：这段代码定义了方法 GetBookKindQuantity()，用来实现获取网络书店系统内容所拥有的图书种类的数量。方法 GetBookKindQuantity()被定义为 public 类型，可以被任何 Book 类的实例所引用，返回值为获取的图书种类数量。第 3 行声明了定义类型和方法的 DataModelDataContext 类的对象，它是调用模型和方法的基础。第 4 行调用方法 Pr_GetBookKindQuantity 获取图书种类的数量。第 5 行定义保存从数据库获取图书种类数量的变量 num。第 6～9 行获取查询结果。第 10 行把结果返回。

13.4.2 Category 类

Category 类用来封装对图书分类的业务逻辑操作。对图书分类的业务逻辑操作一般包括如下几种。

- 获得所有的分类。
- 获得子类别。
- 获得某一类别。

Category 类的定义文件是 Models\Category.cs。

1. 获得所有的分类

方法 GetCategorys()用来实现获取所有分类信息的功能，实现代码如程序清单 13.9 所示。

程序清单 13.9 方法 GetCategorys()

```
public DataTable GetCategorys()
{
    DataModelDataContext data = new DataModelDataContext();
    var result = data.Pr_GetCategorys();
    DataTable table = new DataTable();
```

```
6.          table = result.CopyToDataTable();
7.          return table;
8.      }
```

程序说明：这段代码定义了方法 GetCategorys()，用来实现获取所有分类信息的功能。方法 GetCategorys()被定义为 public 类型，可以被任何 Category 类的实例所引用，不包含输入参数，返回数据类型为 DataTable，表示分类信息列表。第 3 行声明了定义类型和方法的 DataModelDataContext 类的对象，它是调用模型和方法的基础。第 4 行调用方法 Pr_GetCategorys 获取某分类信息。第 5 行定义保存从数据库获取的结果的 DataTable。第 6 行把 LINQ 查询结果集转化为 DataTable。

2. 获得子类别

方法 GetSubCategorys()用来实现获取指定分类的所有子类信息的功能，实现代码如程序清单 13.10 所示。

程序清单 13.10　方法 GetSubCategorys()

```
1.  public DataTable GetSubCategorys(int CategoryID)
2.  {
3.    DataModelDataContext data = new DataModelDataContext();
4.    var result = data.Pr_GetSubCategorys(CategoryID);
5.    DataTable table = new DataTable();
6.    table = result.CopyToDataTable();
7.    return table;
8.  }
```

程序说明：这段代码定义了方法 GetSubCategorys()，用来实现获取指定分类的所有子类信息的功能。方法 GetSubCategorys()被定义为 public 类型，可以被任何 Category 类的实例所引用，包含输入参数 CategoryID，接收指定分类的 ID，返回数据类型为 DataTable，表示分类信息列表。第 3 行声明了定义类型和方法的 DataModelDataContext 类的对象，它是调用模型和方法的基础。第 4 行调用方法 Pr_GetSubCategorys 获取某一书籍的信息。第 5 行定义保存从数据库获取的结果的 DataTable。第 6 行把 LINQ 查询结果集转化为 DataTable。

3. 获得某一类别

方法 GetSingleCategory()用来实现获取指定分类的详细信息的功能，实现代码如程序清单 13.11 所示。

程序清单 13.11　方法 GetSingleCategory()

```
1.  public DataTable GetSingleCategory(int CategoryID)
2.  {
3.      DataModelDataContext data = new DataModelDataContext();
4.      var result = data.Pr_GetSingleCategory(CategoryID);
5.      DataTable table = new DataTable();
```

```
6.         table = result.CopyToDataTable();
7.         return table;
8.     }
```

程序说明：这段代码定义了方法 GetSingleCategory()，用来实现获取指定分类的所有子类信息的功能。方法 GetSingleCategory()被定义为 public 类型，可以被任何 Category 类的实例所引用，包含输入参数 CategoryID，接收指定分类的 ID，返回数据类型为 DataTable，表示分类信息列表。第 3 行声明了定义类型和方法的 DataModelDataContext 类的对象，它是调用模型和方法的基础。第 4 行调用方法 Pr_GetSingleCategory 获取某一书籍的信息。第 5 行定义保存从数据库获取的结果的 DataTable。第 6 行把 LINQ 查询结果集转化为 DataTable。

13.4.3　Comment 类

Comment 类用来封装对图书评论的业务逻辑操作。对图书评论的业务逻辑操作一般包括如下几种。

- 获得所有的评论。
- 获得某种书籍的评论。
- 获得某一评论。
- 添加评论。
- 删除评论。

Comment 类的定义文件是 Models\Comment.cs。

1. 获得所有的评论

方法 GetComments()用来实现获取所有评论信息列表的功能，实现代码如程序清单 13.12 所示。

程序清单 13.12　方法 GetComments()

```
1.  public DataTable GetComments()
2.  {
3.      DataModelDataContext data = new DataModelDataContext();
4.      var result = data.Pr_GetComments();
5.      DataTable table = new DataTable();
6.      table = result.CopyToDataTable();
7.      return table;
8.  }
```

程序说明：这段代码定义了方法 GetComments()，用来实现获取所有评论信息列表的功能。方法 GetComments()被定义为 public 类型，可以被任何 Comment 类的实例所引用，不包含输入参数，返回数据类型为 DataTable，表示评论信息列表。第 3 行声明了定义类型和方法的 DataModelDataContext 类的对象，它是调用模型和方法的基础。第 4 行调用方法

Pr_ GetComments 获取评论信息。第 5 行定义保存从数据库获取的结果的 DataTable。第 6 行把 LINQ 查询结果集转化为 DataTable。

2. 获得某种书籍的评论

方法 GetCommentByBook()用来实现获取某种书籍的评论信息列表的功能，实现代码如程序清单 13.13 所示。

程序清单 13.13　方法 GetCommentByBook()

```
1.  public DataTable GetCommentByBook(int nBookID)
2.  {
3.    DataModelDataContext data = new DataModelDataContext();
4.    var result = data.Pr_GetCommentByBook(nBookID);
5.  DataTable table = new DataTable();
6.    table = result.CopyToDataTable();
7.    return table;
8.  }
```

程序说明：这段代码定义了方法 GetCommentByBook()，用来实现获取某种书籍的评论信息列表的功能。方法 GetCommentByBook()被定义为 public 类型，可以被任何 Comment 类的实例所引用，包含输入参数 nBookID，接收书籍的 ID，返回数据类型为 DataTable，表示评论信息列表。第 3 行声明了定义类型和方法的 DataModelDataContext 类的对象，它是调用模型和方法的基础。第 4 行调用方法 Pr_GetCommentByBook 获取评论信息。第 5 行定义保存从数据库获取的结果的DataTable。第6行把LINQ查询结果集转化为DataTable。

3. 获得某一评论

方法 GetSingleComment()用来实现获取某一评论信息的功能，实现代码如程序清单 13.14 所示。

程序清单 13.14　方法 GetSingleComment()

```
1.  public DataTable GetSingleComment(int nCommentID)
2.  {
3.        DataModelDataContext data = new DataModelDataContext();
4.        var result = data.Pr_GetSingleComment(nCommentID);
5.        DataTable table = new DataTable();
6.        table = result.CopyToDataTable();
7.        return table;
8.  }
```

程序说明：这段代码定义了方法 GetSingleComment()，用来实现获取某一评论信息的功能。方法 GetSingleComment()被定义为 public 类型，可以被任何 Comment 类的实例所引用，包含输入参数 nCommentID，接收评论的 ID，返回数据类型为 DataTable，表示评论信息。第 3 行声明了定义类型和方法的 DataModelDataContext 类的对象，它是调用模型和方法的基础。第 4 行调用方法 Pr_GetSingleComment 获取评论信息。第 5 行定义保存从数据库获取的结果的 DataTable。第 6 行把 LINQ 查询结果集转化为 DataTable。

4. 添加评论

方法 AddComment()用来实现添加某一书籍的评论信息的功能，实现代码如程序清单 13.15 所示。

程序清单 13.15 方法 AddComment()

```
1.  public int AddComment(string sDesn, string sBody, int nBookID, int nUserID)
2.  {
3.     DataModelDataContext data = new DataModelDataContext();
4.     int id = data.Pr_AddComment(nBookID, sDesn, sBody, nUserID);
5.     return id;
6.  }
```

程序说明： 这段代码定义了方法 AddComment()，用来实现添加某一书籍的评论信息的功能。方法 AddComment()被定义为 public 类型，可以被任何 Comment 类的实例所引用。包含输入参数 sDesn，接收评论的标题；输入参数 sBody，接收评论的主题信息；输入参数 nBookID，接收书籍的 ID，输入参数 nUserID，接收用户的 ID；返回数据类型为 int，表示生成评论的 ID。第 3 行声明了定义类型和方法的 DataModelDataContext 类的对象，它是调用模型和方法的基础。第 4 行调用方法 Pr_ AddComment 添加评论信息。

5. 删除评论

方法 DeleteComment()用来实现删除某一评论信息的功能，实现代码如程序清单 13.16 所示。

程序清单 13.16 方法 DeleteComment()

```
1.  public void DeleteComment(int nCommentID)
2.          {
3.              DataModelDataContext data = new DataModelDataContext();
4.              data.Pr_DeleteComment(nCommentID);
5.          }
```

程序说明： 这段代码定义了方法 DeleteComment()，用来实现删除某一评论信息的功能。方法 DeleteComment()被定义为 public 类型，可以被任何 Comment 类的实例所引用，包含输入参数 nCommentID，接收评论的 ID，没有返回数据。第 3 行声明了定义类型和方法的 DataModelDataContext 类的对象，它是调用模型和方法的基础。第 4 行调用方法 Pr_DeleteComment 删除评论信息。

13.4.4 Cart 类

Cart 类用来封装对购物车的业务逻辑操作。对购物车的业务逻辑操作一般包括如下几种。

- 获得所有的购物车信息。
- 获得某个用户的购物车。
- 向购物车中放书籍。
- 修改购物车中书籍的数量。
- 从购物车中拿下某种书籍。
- 清空某个用户的购物车信息。

Cart 类的定义文件是 Models\Cart.cs。

获得所有的购物车信息的方法 GetCart()、获得某个用户的购物车的方法 GetCartByUser()、修改购物车中书籍的数量的方法 updatecart()、从购物车中拿下某种书籍的方法 deletecart()和清空某个用户的购物车信息的方法 deletecartbyUser()以及向购物车中放书籍的方法 add()实现起来比较简单，这里就不再详细介绍。

13.4.5 Order 类

Order 类用来封装对购物订单的业务逻辑操作。对购物订单的业务逻辑操作一般包括如下几种。

- 生成订单。
- 修改送货方式。
- 修改付款方式。
- 修改订单状态。
- 获得所有订单。
- 获得某个用户的所有订单。
- 获得某个订单的信息。
- 删除订单。

Order 类的定义文件是 Models\Order.cs。

获得所有的修改用户送货方式的方法 updatesendway()、修改付款方式的方法 updatepayway()、修改订单状态的方法 updatestate()、获得所有订单的方法 getorder()、获得某个用户的所有订单的方法 getorderbyuser()、获得某个订单的信息的方法 getorderbyID()和删除订单的方法 deleteset()以及生成订单的方法 add()实现代码与前面介绍的几个类非常相似，这里就不再详细介绍。

13.4.6　Folders 类和 Mails 类

Folders 类和 Mails 类共同封装了站内邮件系统的业务逻辑的实现。

Folders 类实现的业务逻辑包括如下几种。

- 获取所有指定用户的所有文件夹。
- 获取指定用户的邮件总数和未读邮件总数。
- 获取指定用户的单个文件夹。

Folders 类的定义文件是 Models\Folders.cs。

Mails 类实现的业务逻辑包括如下几种。

- 获取指定用户的所有邮件。
- 获取某个文件夹的邮件。
- 获取单个邮件的记录。
- 阅读邮件。
- 保存邮件。
- 发送邮件。
- 移动邮件。
- 删除邮件。

Mails 类的定义文件是 Models\Mails.cs。

Folders 类和 Mails 类实现的业务逻辑都比较简单，这里就不再详细介绍，读者可以参考本书提供的源代码。

13.4.7　User 类

User 类封装了对用户的业务逻辑操作，主要包括注册用户信息、修改用户信息、认证用户信息等操作。

User 类的定义文件是 Models\User.cs。

1. 注册

方法 register()用来实现注册用户信息的功能，实现代码如程序清单 13.17 所示。

程序清单 13.17　方法 register()

```
public int register(string UserName, string RealName, string Password,
string Address, string phone, string Email, int RoleID, string Remark)
{
 DataModelDataContext data = new DataModelDataContext();
return data.Pr_Register(UserName, RealName, Password,Address, phone, Email, RoleID, Remark);
}
```

程序说明：这段代码定义了方法 register()，用来实现注册用户信息的功能。方法 register()被定义为 public 类型，可以被任何 User 类的实例所引用，输入参数 UserName 表示用户名，RealName 表示用户真实姓名，Password 表示密码，Address 表示地址，phone 表示电话，Email 表示电子邮件，RoleID 表示用户角色，Remark 表示备注，返回值类型为 int 类型，表示用户注册后获得 ID。第 3 行声明了定义类型和方法的 DataModelDataContext 类的对象，它是调用模型和方法的基础。第 4 行调用方法 Pr_Register 实现注册用户信息。

2. 认证用户

方法 IdentifyUser()用来实现认证用户的功能，实现代码如程序清单 13.18 所示。

程序清单 13.18　方法 IdentifyUser()

```
1.  public int IdentifyUser(string username, string password)
2.  {
3.   DataModelDataContext data = new DataModelDataContext();
4.   var result = data.Pr_IdentifyUser(username, password);
5.   DataTable table = new DataTable();
6.   table = result.CopyToDataTable();
7.   if (table != null)
8.   {
9.       if (Convert.ToInt32(table.Rows[0][0].ToString()) != 0)
10.           return Convert.ToInt32(table.Rows[0][0].ToString());
11.      else
12.           return -1;
13.   }
14.   else
15.      return 0;
16.  }
```

程序说明：这段代码定义了方法 IdentifyUser()，用来实现认证用户的功能。方法 IdentifyUser()被定义为 public 类型，可以被任何 User 类的实例所引用。输入参数 username 表示用户名，password 表示密码，返回值类型为 int 类型，表示用户认证是否成功。第 3 行声明了定义类型和方法的 DataModelDataContext 类的对象，它是调用模型和方法的基础。第 4 行调用方法 Pr_IdentifyUser 实现认证用户。第 5 行定义保存从数据库获取的结果的 DataTable。第 6 行把 LINQ 查询结果集转化为 DataTable。第 7～15 行判断认证是否成功。

3. 修改用户信息

方法 Updateset()用来实现修改用户信息的功能，实现代码如程序清单 13.19 所示。

程序清单 13.19　方法 Updateset()

```
public void Updateset(int userID, string RealName,
 string Address, string phone, string Email, string Remark)
```

```
2.  {
3.      DataModelDataContext data = new DataModelDataContext();
4.      data.Pr_UpdateUser(userID,UserName, RealName,Address, phone, Email, RoleID, Remark);
5.  }
```

程序说明：这段代码定义了方法 Updateset()，用来实现修改用户信息的功能。方法 Updateset()被定义为 public 类型，可以被任何 User 类的实例所引用。输入参数 userID 表示要修改的用户的 ID，UserName 表示用户名，RealName 表示用户真实姓名，Address 表示地址，phone 表示电话，Email 表示电子邮件，RoleID 表示用户角色，Remark 表示备注，没有返回值。第 3 行声明了定义类型和方法的 DataModelDataContext 类的对象，它是调用模型和方法的基础。第 4 行调用方法 Pr_UpdateUser 实现修改用户信息。

4. 修改密码

方法 changepassword()用来实现修改用户密码的功能，实现代码如程序清单 13.20 所示。

程序清单 13.20　方法 changepassword()

```
1.  public void changepassword(int userID, string Password)
2.  {
3.      DataModelDataContext data = new DataModelDataContext();
4.      data.Pr_changepassword(userID, Password);
5.  }
```

程序说明：这段代码定义了方法 changepassword()，用来实现修改用户密码的功能。方法 changepassword()被定义为 public 类型，可以被任何 User 类的实例所引用，输入参数 userID 表示要修改的用户的 ID，Password 表示密码，没有返回值。第 3 行声明了定义类型和方法的 DataModelDataContext 类的对象，它是调用模型和方法的基础。第 4 行调用方法 Pr_ changepassword 实现修改用户密码。

13.5　表示层的实现

网络书店系统比前面几章所讲解的模块实现复杂多了，包含的界面也很多，做好界面的设计和展示工作是非常重要的。下面就几个主要的界面实现的过程做一个详细的讲解。

13.5.1　书籍信息浏览功能

实现书籍信息浏览功能的步骤如下。

(1) 打开或创建项目 BookShop。

(2) 添加文件夹 Book。

(3) 在 Book 文件夹中添加页面 BrowserBook.aspx，打开“源”视图，添加界面设计代码。由于代码段比较长这里就不列举出来，详细代码可参考本书提供的参考代码。

页面 BrowserBook.aspx 主要由 DataGrid 控件组成，DataGrid 控件用来显示图书信息列表，并使用模板列来绑定书籍的属性信息，还建立了书籍其他信息的链接，创建了“加入购物车”按钮。

页面 BrowserBook.aspx 的运行效果如图 13-15 所示。

(4) 打开文件 BrowserBook.aspx.cs。

(5) 添加 DataGrid 的 ItemCommand 事件函数，代码如程序清单 13.21 所示。

程序清单 13.21　DataGrid 的 ItemCommand 事件函数

```
1.  protected void BookList_ItemCommand(object source, DataGridCommandEventArgs e)
2.   {
3.       if (e.CommandName.ToLower() == "add")
4.           {
5.               if (Session["userID"] == null)
6.               {
7.                   Response.Redirect("~/user/Login.aspx");
8.               }
9.               Sample21_1.Models.Cart cart = new Sample21_1.Models.Cart();
10.               int bookID = Convert.ToInt32(e.CommandArgument.ToString());
11.               int userID = Convert.ToInt32(Session["userID"].ToString());
12.               int quantity = 1;
13.               cart.add(bookID, quantity, userID);
14.               Response.Write("<script>window.alert('恭喜您，添加该书籍到购物车成功！')
                  </script>");
15.           }
16.   }
```

程序说明：第 3 行判断触发 DataGrid 控件的 ItemCommand 事件的命令是 add。第 5～8 行判断用户是否登录，若没有登录则导航到登录界面。第 9 行定义购物车类 Cart 对象 cart。第 10 行获得书籍的编码存储在 bookID 中。第 11 行获得用户编码存储在 userID。第 12 行设置书籍数量初始值 quantity。第 13 行调用 add 方法把选择的书籍添加到购物车中。第 14 行提示添加书籍成功。

(6) 添加函数 BindBookData()，实现根据指定的图书分类来绑定相应的图书列表信息，代码如程序清单 13.22 所示。

程序清单 13.22　函数 BindBookData()

```
private void BindBookData(int nCategoryID)
     {
         Sample21_1.Models.Book book = new Sample21_1.Models.Book();
         DataTable table = new DataTable();
```

```
5.              table = book.GetBookByCategory(nCategoryID);
6.              BookList.DataSource = table.DefaultView;
7.              BookList.DataBind();
8.          }
```

程序说明：第 3 行定义类 Book 对象 book。第 4 行定义存储数据的 DataTable 对象 table。第 5 行调用方法 GetBookByCategory 根据传入的分类编号获得该类书籍的信息。第 6 行和第 7 行把获得的数据信息绑定到 DataGrid 控件中。

(7) 添加页面类的 Page_Load 事件处理函数，实现代码如程序清单 13.23 所示。

程序清单 13.23　页面类的 Page_Load 事件处理函数

```
1.  protected void Page_Load(object sender, EventArgs e)
2.          {
3.              if (Request.Params["CategoryID"] != null)
4.              {
5.                  nCategoryID = Int32.Parse(Request.Params["CategoryID"].ToString());
6.              }
7.              if (!Page.IsPostBack)
8.              {
9.                  if (nCategoryID > -1)
10.                 {
11.                     BindBookData(nCategoryID);
12.                 }
13.             }
14.         }
```

程序说明：第 3～6 行获得书籍分类的编码。第 7～13 行调用方法 BindBookData 进行书籍信息的显示。

13.5.2　书籍评论功能

实现书籍评论功能的步骤如下。

(1) 打开项目 BookShop。

(2) 在 Book 文件夹中添加页面 ViewBookComment.aspx，打开“源”视图，添加界面设计代码。由于代码段比较长这里就不列举出来，详细代码可参考本书提供的参考代码。

页面 ViewBookComment.aspx 主要分为三个区域：最上面是书籍信息的简单展示；中间是评论信息的列表展示，由 DataGrid 来显示评论信息的列表；最下面是发表评论的接口界面。

页面 ViewBookComment.aspx 的运行效果如图 13-19 所示。

(3) 打开文件 ViewBookComment.aspx.cs。

(4) 添加书籍信息绑定函数 BindBookData()，代码如程序清单 13.24 所示。

程序清单 13.24　书籍信息绑定函数 BindBookData()

```
1.  private void BindBookData(int nBookID)
2.          {
3.              DataTable table = new DataTable();
4.              Sample21_1.Models.Book book = new Sample21_1.Models.Book();
5.              table = book.GetSingleBook(nBookID);
6.              if (table.Rows.Count > 0)
7.              {
8.                  sName = table.Rows[0]["Name"].ToString();
9.                  sAuthor = table.Rows[0]["Author"].ToString();
10.                 sPublish = table.Rows[0]["Publish"].ToString();
11.                 sPublishDate = table.Rows[0]["PublishDate"].ToString();
12.                 sPrice = table.Rows[0]["Price"].ToString();
13.                 sISBN = table.Rows[0]["ISBN"].ToString();
14.                 sAttribute1 = table.Rows[0]["Attribute1"].ToString();
15.                 sAttribute2 = table.Rows[0]["Attribute2"].ToString();
16.                 sAttribute3 = table.Rows[0]["Attribute3"].ToString();
17.                 sAttribute4 = table.Rows[0]["Attribute4"].ToString();
18.                 BookPicture.ImageUrl = "../" + table.Rows[0]["Url"].ToString();
19.             }
20.         }
```

程序说明：第 3～5 行根据传入的书籍编号获得书籍的详细信息，存储在变量 table 中。第 6～19 行把书籍的详细信息绑定在对应的控件中。

(5) 添加书籍的评论信息绑定函数 BindBookCommentData()，代码如程序清单 13.25 所示。

程序清单 13.25　书籍的评论信息绑定函数 BindBookCommentData()

```
1.  private void BindBookCommentData(int nBookID)
2.          {
3.              Sample21_1.Models.Comment comment = new Sample21_1.Models.Comment();
4.              DataTable table = new DataTable();
5.              table = comment.GetCommentByBook(nBookID);
6.              CommentList.DataSource = table.DefaultView;
7.              CommentList.DataBind();
8.          }
```

程序说明：第 3～5 行根据书籍的编码获得有关书籍的评论信息。第 6 行和第 7 行把获得的信息绑定到 CommentList 中。

(6) 添加页面类的 Page_Load 事件处理函数，实现代码如程序清单 13.26 所示。

程序清单 13.26　页面类的 Page_Load 事件处理函数

```
1.  protected void Page_Load(object sender, EventArgs e)
2.  {
3.          if (Request.Params["BookID"] != null)
4.          {
5.              nBookID = Int32.Parse(Request.Params["BookID"].ToString());
6.          }
7.              this.UserName.Text = Session["username"].ToString();
8.              if (nBookID > -1)
9.              {
10.                 if (!Page.IsPostBack)
11.                 {
12.                     BindBookData(nBookID);
13.                 }
14.                 BindBookCommentData(nBookID);
15.             }
16. }
```

程序说明： 第 3～6 行获得书籍的编码。第 7 行获得当前的用户名。第 12 行调用方法 BindBookData 显示当前书籍的详细信息。第 14 行调用方法 BindBookCommentData 显示有关当前书籍的评论信息。

(7) 添加确认提交评论的“确定”按钮的事件函数，实现代码如程序清单 13.27 所示。

程序清单 13.27　确认提交评论的“确定”按钮的事件函数

```
1.  protected void SureBtn_Click(object sender, EventArgs e)
2.          {
3.              if (Session["UserID"] == null)
4.              {
5.                  Response.Write("<script>window.alert('你还没有登录，现在不能对书籍评论！')
                        </script>");
6.                  return;
7.              }
8.              Sample21_1.Models.Comment comment = new Sample21_1.Models.Comment();
9.              comment.AddComment(Title.Text, Comment.Text, nBookID, Int32.Parse
                    (Session["UserID"].ToString()));
10.         }
```

程序说明： 第 3～7 行判断用户是否登录，如不登录则用户不能发表评论。第 9 行调用 Comment 类的方法 AddComment 添加该书籍的评论。

13.5.3　购物车功能

实现购物车功能的步骤如下。

(1) 打开项目 BookShop。

(2) 添加文件夹 Cart。

(3) 在 Cart 文件夹中添加页面 cart.aspx，打开“源”视图，添加界面设计代码。由于代码段比较长这里就不列举出来，详细代码可参考本书提供的参考代码。

页面 cart.aspx 主要分为两个区域：上面是书籍清单信息列表，使用 GridView 控件来显示，并采用模板列让用户可以随时修改相应书籍的数量，在 GridView 控件下面有一个确认购买数量的按钮，在按钮的右边使用 Label 控件显示购物车汇总信息；下面区域是购物车业务操作区，主要包含两个按钮，“继续添加商品”按钮用来返回书籍浏览区继续添加书籍，“去结算中心”按钮用来完成生成订单业务操作。

页面 cart.aspx 的运行效果如图 13-8 所示。

(4) 添加购物车数据绑定函数 ShowShoppingCartInfo()，代码如程序清单 13.28 所示。

程序清单 13.28　购物车数据绑定函数 ShowShoppingCartInfo()

```
private void ShowShoppingCartInfo()
    {
        try
        {
            int kind;
            double money;
            double discount;
            Sample21_1.Models.Cart cart = new Sample21_1.Models.Cart();
            DataTable table = new DataTable();
            table = cart.GetCartByUser(Convert.ToInt32(Session["userID"].ToString()));
            cart.GetCartByUser(Convert.ToInt32(Session["userID"].ToString()), out kind, out
                money, out discount);
            if (table.Rows.Count > 0)
            {
                OrderFormList.DataSource = table.DefaultView;
                OrderFormList.DataBind();
                Message.Visible = false;
                this.lbl_kind.Text = kind.ToString();
                this.lbl_money.Text = money.ToString();
                this.lbl_discount.Text = discount.ToString();
                this.Panel1.Visible = true;
            }
            else
            {
```

```
24.                     Message.Visible = true;
25.                 }
26.             }
27.             catch
28.             {
29.                 Message.Visible = true;
30.                 this.Panel1.Visible = false;
31.             }
32.         }
```

程序说明：第 10 行和第 11 行调用业务层的 Cart 类的方法 GetCartByUser()获取购物车书籍清单信息和购物车汇总信息。第 14～20 行在页面显示购物车的信息。

(5) 添加“去结算中心”按钮的单击事件函数，代码如程序清单 13.29 所示。

程序清单 13.29　“去结算中心”按钮的单击事件函数

```
1.  protected void CheckShopCart_Click(object sender, EventArgs e)
2.   {
3.         Response.Redirect("~/Order/order.aspx");
4.  }
```

程序说明：第 3 行把用户导航到生成订单的页面。

(6) 添加 GridView 控件的 ItemCommand 事件函数，代码如程序清单 13.30 所示。

程序清单 13.30　GridView 控件的 ItemCommand 事件函数

```
1.  protected void OrderFormList_ItemCommand(object source, DataGridCommandEventArgs e)
2.      {
3.          if (e.CommandName.ToLower() == "delete")
4.          {
5.              Sample21_1.Models.Cart cart = new Sample21_1.Models.Cart();
6.              cart.deletecart(Convert.ToInt32(e.Item.Cells[0].Text.ToString()));
7.              ShowShoppingCartInfo();
8.          }
9.      }
```

程序说明：第 3 行判断触发事件的命令是 delete，第 5 行和第 6 行调用方法 deletecart 删除对应的书籍信息，第 7 行重新绑定页面。

(7) 添加确认购买数量的按钮的单击事件函数，代码如程序清单 13.31 所示。

程序清单 13.31　确认购买数量的按钮的单击事件函数

```
protected void Button1_Click(object sender, EventArgs e)
    {
        try
        {
```

```
5.                  Sample21_1.Models.Cart cart = new Sample21_1.Models.Cart();
6.                  for (int i = 0; i < this.OrderFormList.Items.Count; i++)
7.                  {
8.          cart.updatecart(Convert.ToInt32(this.OrderFormList.Items[i].Cells[0].Text.ToString()),
              Convert.ToInt32(this.OrderFormList.Items[i].Cells[2].Text.ToString()));
9.                  }
10.                  ShowShoppingCartInfo();
11.             }
12.             catch
13.             {
14.             }
15.         }
```

程序说明：第 6～9 行循环购物车中书籍项目信息，然后更新每一条书籍的数量。第 10 行重新绑定页面。

当用户修改购物车中书籍的数量后，单击此按钮，则程序会遍历购物车商品信息，发现修改后就调用业务层 Cart 类的 updatecart()方法修改相应书籍的数量信息。

13.5.4　订单生成与修改功能

实现订单生成与修改功能的步骤如下。

(1) 打开项目 BookShop。

(2) 添加文件夹 Order。

(3) 在 Order 文件夹中添加页面 order.aspx，打开“源”视图，添加界面设计代码。由于代码段比较长这里就不列举出来，详细代码可参考本书提供的参考代码。

页面 order.aspx 主要分为三个区域：上面区域是书籍清单信息列表，使用 GridView 控件来显示，在 GridView 控件下面是使用 Label 控件显示订单汇总信息；中间区域用来显示订单的其他信息；下面区域是订单业务操作区，主要包含两个按钮，“修改送货方式”按钮用来实现送货方式修改，“查看/修改送货地址”按钮用来实现送货地址的查看和修改。

页面 order.aspx 的运行效果如图 13-10 所示。

(4) 添加订单信息绑定函数 DataBind()，代码如程序清单 13.32 所示。

程序清单 13.32　订单信息绑定函数 DataBind()

```
private void DataBind(int orderID)
    {
        try
        {
            int kind;
            double money;
            double discount;
            this.lbl_orderID.Text = orderID.ToString();
```

```
9.                  this.lbl_username.Text = Session["username"].ToString();
10.                 Sample21_1.Models.Order order = new Sample21_1.Models.Order();
11.                 Sample21_1.Models.OrderList orderList = new Sample21_1.Models.OrderList();
12.                 DataTable table1 = new DataTable();
13.                 DataTable table2 = new DataTable();
14.                 table1 = orderList.getorderlistbyOrderID(orderID);
15.                 this.GridViewOrderList.DataSource = table1.DefaultView;
16.                 this.GridViewOrderList.DataBind();
17.                 orderList.getorderlistbyOrderID(orderID, out kind, out money, out discount);
18.                 this.lbl_kind.Text = kind.ToString();
19.                 this.lbl_money.Text = money.ToString();
20.                 this.lbl_discount.Text = discount.ToString();
21.                 this.Panel1.Visible = true;
22.                 table2 = order.getorderbyID(orderID);
23.                 this.lbl_sendway.Text = table2.Rows[0]["way"].ToString();
24.                 this.lbl_fee.Text = table2.Rows[0]["fee"].ToString();
25.                 this.lbl_summoney.Text = Convert.ToString(money + Convert.ToDouble
                        (table2.Rows[0]["fee"].ToString()));
26.             }
27.             catch
28.             {
29.                 Response.Redirect("~/ErrorPage.aspx");
30.             }
31.         }
```

程序说明：第 8 行绑定订单号。第 9 行绑定用户名。第 14～16 行获得订单中包含书籍项目的列表并绑定在 GridViewOrderList 中进行显示。第 17～20 行绑定书籍的种类、总钱数和节省钱数。第 22～25 行绑定该订单的发送方式、发送费用以及总的费用。

(5) 添加页面类的 Page_Load 事件处理函数，实现代码如程序清单 13.33 所示。

程序清单 13.33　页面类的 Page_Load 事件处理函数

```
protected void Page_Load(object sender, EventArgs e)
    {
        if (Session["userID"] == null)
        {
            Response.Redirect("~/user/Login.aspx");
        }
        if (Request.QueryString["orderID"] != null)
        {
            orderID = Convert.ToInt32(Request.QueryString["orderID"].ToString());
             DataBind(orderID);
         }
         else
         {
```

```
14.                 Sample21_1.Models.Order order = new Sample21_1.Models.Order();
15.                 int flag = order.add(Convert.ToInt32(Session["userID"].ToString()), out orderID);
16.                 if (flag == 1)
17.                 {
18.                     DataBind(orderID);
19.                 }
20.                 else
21.                 {
22.                     Response.Redirect("~/ErrorPage.aspx");
23.                 }
24.             }
25.             if (!this.Page.IsPostBack)
26.             {
27.                 this.tr_ChangeSengWay.Visible = false;
28.                 Sample21_1.Models.SendWay sendway = new Sample21_1.Models.SendWay();
29.                 DataTable table = new DataTable();
30.                 table = sendway.getallway();
31.                 this.way.DataTextField = "way";
32.                 this.way.DataValueField = "ID";
33.                 this.way.DataSource = table.DefaultView;
34.                 this.way.DataBind();
35.             }
36.         }
```

程序说明：第 3～6 行判断用户是否登录，没有登录就导航到登录页面。第 7～11 行获得订单编号，并在页面上显示订单的详细信息。第 12～24 行创建一个新订单，并在页面上显示订单的信息。第 25～35 行绑定可供选择的发货方式下拉列表。

13.5.5　站内邮件功能

站内邮件不同于传统邮件，但操作界面的设计却非常相似，因此这里不再详细介绍，读者可以参考本书提供的源代码。

站内邮件与传统邮件的区别如下。

(1) 邮件地址不需要使用传统格式，使用站内注册的账户即可。

(2) 邮件发送和接收不需要访问邮件服务器，邮件的流转只是在站内进行，发送邮件的过程其实就是向指定用户的收件箱中插入一条邮件主体信息，接收邮件则是从收件箱中读取数据，这中间少了邮件服务器中转的过程。

其实站内邮件和传统邮件的最本质的区别就是少了邮件服务器中转的过程。

程序清单 13.34 是发送邮件的实现过程。

程序清单 13.34　发送邮件

```
1.  protected void NewBtn_Click(object sender, EventArgs e)
2.      {
3.          try
4.          {
5.              Sample21_1.Models.Mails mails = new Sample21_1.Models.Mails();
6.              int nContain = 0;
7.              string from = Session["username"].ToString();
8.               nContain += from.Length;
9.               nContain += this.Title.Text.ToString().Length;
10.              nContain += this.Body.Text.ToString().Length;
11.              nContain += this.To.Value.ToString().Length;
12.              mails.SendMail(this.Title.Text.ToString(), this.Body.Text.ToString(), from,
                   this.To.Value.ToString(), nContain, Convert.ToInt32(Session["userID"]));
13.              Response.Redirect("~/Mail/MailDesktop.aspx");
14.          }
15.          catch (Exception ee)
16.          {
17.          }
18.     }
```

程序说明：第 5 行定义业务层 Mails 类的对象 mails，第 7 行获得发件人用户名，第 8～11 行获取邮件的大小，第 12 行调用方法 SendMail()发送邮件。

13.6　小　　结

本章介绍了使用 ASP.NET、AJAX、LINQ 到 SQL 和 SQL Server 数据库进行网络书店系统的开发过程，基本上是按照软件系统开发的流程来介绍的。从最初需求分析到系统模块的划分以及系统框架的初步设计，然后选择系统程序结构，这里采用现在比较流行的三层结构模型，接着进行数据库的详细设计，确定各个对象之间的管理并用相应的关系图把它们之间的关系表示出来，最后做的工作就是编码实现这个系统，按照三层程序结构逐层开发程序代码。当然如果是一个团队来协同开发，可以先定义各层之间的接口，然后分配人员同时开发各层。在网络书店系统开发过程中还介绍了如何对系统进行模块划分，把该系统按照功能分割成不同的子模块：书籍模块、留言板模块(书籍评论功能)、邮件模块和用户注册/验证模块等。在进行系统开发时，可以让不同的小组来开发不同的模块，最后把这些模块集成起来，这样可以提高系统开发效率。希望通过本章这个比较大一点的系统开发过程的介绍能够带给读者一些帮助，使读者在今后的软件系统开发过程中少走一些弯路。